全国优秀教材二等奖

中国电力教育协会职业院校
电力技术类专业精品教材

安全用电

（第四版）

吴新辉　汪祥兵　　编
严　涛　主审

中国电力出版社
CHINA ELECTRIC POWER PRESS

内 容 提 要

本书为中国电力教育协会职业院校、电力技术类专业精品教材，连续入选“十二五”“十三五”“十四五”职业教育国家规划教材，并于2021年荣获全国优秀教材二等奖。

全书共分八章，主要内容包括人身触电及防护、电气绝缘及电气试验、过电压及其防护、电气设备安全检查和电气安全用具、电气工作安全措施和电气装置的防火与防爆、客户事故调查与管理。

本书再版过程中，新配套了丰富的数字化教学资源，包括适应教学内容的多媒体课件、记录生产现场安全措施的视频、反映各类安全工器具的工作原理的动画。此外，还配备了试题库，包含各类试题700余道。

本书主要作为高职高专院校电力技术类专业教学用书，也可作为函授及工程技术人员的参考用书。

图书在版编目（CIP）数据

安全用电/吴新辉，汪祥兵编. —4版. —北京：中国电力出版社，2019.7（2025.2重印）
“十二五”职业教育国家规划教材
ISBN 978-7-5198-3858-4

Ⅰ.①安… Ⅱ.①吴… ②汪… Ⅲ.①安全用电—高等职业教育—教材 Ⅳ.①TM92

中国版本图书馆CIP数据核字（2019）第237476号

出版发行：中国电力出版社
地　　址：北京市东城区北京站西街19号（邮政编码100005）
网　　址：http：//www.cepp.sgcc.com.cn
责任编辑：乔　莉（010-63412535）
责任校对：黄　蓓
装帧设计：郝晓燕
责任印制：吴　迪

印　　刷：北京雁林吉兆印刷有限公司
版　　次：2007年2月第一版　2019年7月第四版
印　　次：2025年2月北京第三十四次印刷
开　　本：787毫米×1092毫米　16开本
印　　张：12
字　　数：291千字
定　　价：35.00元

※前 言

随着社会经济的高速发展，电已经走进了千家万户。电能的大规模使用给人们的生活带来了极大的便利，但若使用不当，不仅会给个人生活带来不幸和痛苦，也会给国家经济带来重大的损失。本书的再版编写旨在帮助学生熟悉防止人身触电的技术措施，懂得触电急救，掌握电气设备防火防爆技术、扑灭电气火灾方法，以及学会电气安全用具的使用，掌握分析和处理用电事故的方法。

全书共分为八章，第一章阐述人身触电及防护措施，第二章阐述电介质在电场作用下的极化现象和电气绝缘试验，第三章阐述过电压产生和防雷设备的应用，第四章介绍电气设备安全检查的内容，第五章介绍安全组织措施、技术措施和操作安全技术，第六章电气安全用具的正确使用，第七章介绍电气防火防爆的措施和扑灭电气火灾的方法，第八章阐述用电事故调查和管理。

本书第二至四章和第八章由吴新辉编写，其余章节由汪祥兵编写；安全案例由严涛和吴舒编写，习题解答第一至三章由汪洋编写、第四至八章由何续编写，信息化配套资源由刘诗涵、汪洋和何续完成，全书由吴新辉统稿。本书由严涛担任主审。

本书编写团队的成员既有一线教学经验丰富的职业院校教师，也有来自行业企业的能工巧匠。团队成员的多样化不仅保证了本书鲜明的行业特点，极佳地适应了职业教育教学的改革需要，还能紧跟产业发展趋势和行业人才需求，将产业发展中形成的新安全技术、新安全工艺、新安全规范纳入教材内容，反映了典型岗位群职业能力要求。

为学习贯彻落实党的二十大精神，本书根据《党的二十大报告学习辅导百问》《二十大党章修正案学习问答》，在数字资源中设置了“二十大报告及党章修正案学习辅导”栏目，以方便师生学习。

本书在编写过程中收集和参阅了各方面的资料，有关现场工作人员给予了大力的支持和帮助，并提出了宝贵的意见和建议。在此一并致以衷心的感谢。

由于水平有限，疏误之处在所难免，恳请读者批评指正。

编 者

2022 年 11 月

目 录

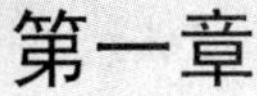

人身触电及防护

在电能的生产、传输和使用过程中，如果人们不懂得电的安全知识、不采取可靠的防护措施或者违反有关的安全规程或规定，就可能发生人身触电事故。触电事故是较为常见的电气事故，其特征是突发性大、死亡率高。因此，触电事故是各个行业、人们生活乃至整个社会都应重视和预防的，也是电气安全技术工作的重点。各行各业要严格重视“安全第一、预防为主、综合治理”。本章将介绍人身触电的方式、防止发生触电事故的技术措施及触电急救的方法。

第一节　触电及触电方式

一、触电

人体触及带电体并形成电流通路，造成对人体的伤害称为触电。

电作用于人体的机理是一个很复杂的问题，其影响因素很多。对于同样的情况，不同的人产生的生理效应不尽相同，即使是同一个人，在不同的环境、不同的生理状态下，生理效应也不相同。通过大量的研究表明，电对人体的伤害主要来自电流。

电流流过人体时，电流的热效应会引起肌体烧伤、炭化，或在某些器官上产生损坏其正常功能的高温；肌体内的体液或其他组织会发生分解作用，从而使各种组织的结构和成分遭到严重的破坏；肌体的神经组织或其他组织因受到刺激而兴奋，内分泌失调，使人体内部的生物电遭到破坏；产生一定的机械外力引起肌体的机械性损伤。因此，电流流过人体时，人体会产生不同程度的刺麻、酸疼、打击感，并伴随不自主的肌肉收缩、心慌、惊恐等症状，伤害严重时会出现心律不齐、昏迷、心跳呼吸停止直至死亡的严重后果。

电流对人体的伤害可以分为两种类型，即电伤和电击。

1. 电伤

电伤是指由于电流的热效应、化学效应和机械效应对人体的外表造成的局部伤害，如电灼伤、电烙印、皮肤金属化等。

（1）电灼伤。电灼伤一般分为接触灼伤和电弧灼伤两种。接触灼伤发生在高压触电事故时，电流流过人体皮肤的进、出口处。一般进口处比出口处灼伤严重，接触灼伤的面积较小，但深度大，大多为三度灼伤，灼伤处呈现黄色或褐黑色，并可累及皮下组织、肌腱、肌肉及血管，甚至使骨骼呈现炭化状态，一般需要治疗的时间较长。

当发生带负荷误拉、合隔离开关及带地线合隔离开关时，所产生的强烈电弧都可能引起电弧灼伤，其情况与火焰烧伤相似，会使皮肤发红、起泡，组织烧焦、坏死。

（2）电烙印。电烙印发生在人体与带电体之间有良好接触的部位处。在人体不被电击的情况下，在皮肤表面留下与带电体接触时形状相似的肿块痕迹。电烙印边缘明显，颜色呈灰黄色，有时在触电后，电烙印并不立即出现，而在相隔一段时间后才出现。电烙印一般不发臭或化脓，但往往造成局部的麻木和失去知觉。

（3）皮肤金属化。皮肤金属化是由于高温电弧使周围金属熔化、蒸发并飞溅渗透到皮肤表面形成的伤害。皮肤金属化以后，表面粗糙、坚硬，金属化后的皮肤经过一段时间后方能自行脱离，对身体机能不会造成不良的后果。

电伤在不是很严重的情况下，一般无致命危险。

2. 电击

电击是指电流流过人体内部造成人体内部器官的伤害。当电流流过人体时会造成人体内部器官（如呼吸系统、血液循环系统、中枢神经系统等）发生生理或病理变化，工作机能紊乱，严重时会导致人体休克乃至死亡。

电击使人致死的原因有三个方面：①因流过心脏的电流过大、持续时间过长，引起“心室纤维性颤动”而致死；②因电流作用使人产生窒息而死亡；③因电流作用使心脏停止跳动而死亡。其中“心室纤维性颤动”致死所占比例最大。

电击是触电事故中后果最严重的一种，绝大部分触电死亡事故都是电击造成的。通常所说的触电事故，主要是指电击。

电击伤害的影响因素主要有如下几方面：

（1）电流强度及电流持续时间。当不同大小的电流流经人体时，往往有各种不同的感觉，通过的电流越大，人体的生理反应越明显，感觉也越强烈。按电流通过人体时的生理机能反应和对人体的伤害程度，可将电流分成以下三级。

1）感知电流，是指人体能够感觉，但不遭受伤害的电流。感知电流通过人体时，人体有麻酥、灼热感。通过对人体直接进行的大量试验表明，对于不同的人、不同的性别，感知电流是不相同的。如取其平均值，成年男性的平均感知电流约为 1.1mA，成年女性的平均感知电流约为 0.7mA。

感知电流还和电流的频率有关，随着频率的增加，感知电流的数值将相应地增加。例如，对于男性来说，当频率从 50Hz 增加到 5000Hz 时，感知电流将从 1.1mA 增加到 7mA。直流电对人体的伤害较轻，此时男性的感知电流为 5.2mA，女性的感知电流约为 3.5mA。

2）摆脱电流，是指人体触电后，不需要任何外来帮助的情况下，能够自主摆脱的最大电流。摆脱电流通过人体时，人体除有麻酥、灼热感外，主要是疼痛、心律障碍感。摆脱电流是一项十分重要的安全指标，正常人在规定的时间内，反复经受摆脱电流，不会有严重的后果。

试验研究表明，成年男性的平均摆脱电流约为 16mA，女性的为 10.5mA。为安全起见，考虑多方面的因素，规定正常成年男性的允许摆脱电流为 9mA，女性的为 6mA。

3）致命电流，是指人体触电后危及生命的电流。电击使人致死的主要原因是“心室纤维性颤动”，所以致命电流也称为心室颤动电流或致颤电流。

心室颤动电流与电流流过人体的路径和持续时间有着密切的关系。电流持续时间越长，电流对人体的危害越严重。这是因为时间越长，人体内积累的外能量越多，人体电阻因出汗及电流对人体组织的电解作用而变小，使伤害程度进一步增加；另外，人的心脏每收缩、舒张一次，中间约有 0.1s 的间隙，在这 0.1s 的时间内，心脏对电流最敏感，若电流在这一瞬间通过心脏，即使电流很小（几十毫安），也会引起心室颤动。显然，电流的持续时间越长，重合这段危险期的几率越大，危险性也越大。一般认为，工频电流 15～20mA 以下及直流 50mA 以下，对人体是安全的，但如果持续时间很长，即使电流小到 8～10mA，也可能使人致命。

（2）人体电阻。人体触电时，流过人体的电流在接触电压一定时由人体的电阻决定，人体电阻越小，流过的电流则越大，人体所遭受的伤害也越大。

人体的不同部分（如皮肤、血液、肌肉及关节等）对电流呈现出一定的阻抗，即人体电阻。其大小不是固定不变的，它决定于许多因素，如接触电压、电流途径、持续时间、接触面积、温度、压力、皮肤厚薄及完好程度、潮湿、脏污程度等。总的来讲，人体电阻由体内电阻和表皮电阻组成。

1）体内电阻，是指电流流过人体时，人体内部器官呈现的电阻。它的数值主要决定于电流的通路。当电流流过人体内的不同部位时，体内电阻呈现的数值不同。电阻最大的通路是从一只手到另一只手，或从一只手到另一只脚或双脚，这两种电阻基本相同；电流流过人体其他部位时，呈现的体内电阻都小于这两种电阻。一般认为，人体的体内电阻为500Ω左右。

2）表皮电阻，是指电流流过人体时，两个不同触电部位皮肤上的电极和皮下导电细胞之间的电阻之和。表皮电阻随外界条件的不同而在较大范围内变化。当电流、电压、电流频率及持续时间、接触压力、接触面积、温度增加时，表皮电阻会下降；当皮肤受伤甚至破裂时，表皮电阻会随之下降，甚至降为零。可见，人体电阻是一个变化范围较大，且决定于许多因素的变量，只有在特定条件下才能测定。不同条件下的人体电阻见表1-1，一般情况下，人体电阻可按1000～2000Ω考虑，在安全程度要求较高的场合，人体电阻可按不受外界因素影响的体内电阻（500Ω）来考虑。

表1-1　　不同条件下的人体电阻

作用于人体的电压（V）	人体电阻（Ω）			
	皮肤干燥	皮肤潮湿	皮肤湿润	皮肤浸入水中
10	7000	3500	1200	600
25	5000	2500	1000	500
50	4000	2000	875	440
100	3000	1500	770	375
250	2000	1000	650	325

注　1. 表内数值的前提：电流为基本通路，接触面积较大。
2. 皮肤潮湿相当于有水或汗痕。
3. 皮肤湿润相当于有水蒸气或特别潮湿的场合。
4. 皮肤浸入水中相当于游泳池内或浴池中，基本上是体内电阻。
5. 此表数值为大多数人的平均值。

（3）作用于人体的电压。作用于人体的电压对流过人体电流的大小有直接的影响。当人体电阻一定时，作用于人体的电压越高，则流过人体的电流越大，其危险性也越大。实际上，流过人体电流的大小，也并不与作用于人体的电压成正比。由表1-1可知，随着作用于人体电压的升高，人体电阻下降，导致流过人体的电流迅速增加，对人体的伤害也就更加严重。

（4）电流路径。电流流过人体的路径不同，使人体出现的生理反应及对人体的伤害程度是不同的。电流流过心脏、脊椎和中枢神经系统等要害部位时，伤害程度严重，特别是心脏，是人体最软弱的器官，其危害性最大。试验表明，同样大小的电流流过人体的路径不同时，流过心脏的电流大小不相同，由此造成的电击危险性也不相同。人体内不同电流路径对心脏电流的影响，可由心脏电流系数表示。心脏电流系数是指从左手到双脚的心室颤动电流与任一电流路径的心室颤动电流的比值。不同电流路径的心脏电流系数见表 1-2。

由表 1-2 可以看出，胸至左手是最危险的电流路径；其次是胸至右手。对经常发生的触电的四肢来说，左手至左脚、右脚或双脚是最危险的电流路径；脚至脚的电流路径偏离心脏较远，从心脏流过的电流小，但也不能忽视，不能说没有危险。例如，由跨步电压而造成的触电，开始也是从经过两脚，但由于痉挛而摔倒，电流就会流过其他重要部位，同样会造成严重的后果。

表 1-2　　不同电流路径的心脏电流系数

电流路径	心脏电流系数	电流路径	心脏电流系数
左手至左脚、右脚或双脚；双手至双脚	1.0	背部至左手	0.7
左手至右手	0.4	胸部至右手	1.3
右手至左脚、右脚或双脚	0.8	胸部至左手	1.5
背部至右手	0.3	臀部至左手、右手或双手	0.7

（5）电流种类及频率的影响。电流种类不同，对人体的伤害程度则不一样。当电压在 250～300V 以内时，触及频率为 50Hz 的交流电，比触及相同电压的直流电的危险性大 3～4 倍。不同频率的交流电对人体的影响也不相同。通常，50～60Hz 的交流电，对人体危险性最大。低于或高于此频率的电流对人体的伤害程度要显著减轻。但高频率的电流通常以电弧的形式出现，因此有灼伤人体的危险。

（6）人体状态的影响。电流对人体的作用与人的年龄、性别、身体及精神状态有很大的关系。一般情况下，女性比男性对电流敏感，小孩比成人敏感。在同等的触电情况下，妇女和小孩更容易受到伤害。此外，患有心脏病、精神病、结核病、内分泌器官疾病或酒醉的人，因触电造成的伤害都将比正常人严重；相反，一个身体健康、经常从事体力劳动和体育锻炼的人，由触电引起的后果相对会轻一些。

二、人体的触电方式

人体的触电方式有直接触电和间接触电及与带电体的距离小于安全距离的触电。

1. 人体与带电体的直接接触触电

人体与带电体的直接接触触电可分为单相触电和两相触电。

（1）单相触电。人体接触三相电网中带电体中的某一相时，电流通过人体流入大地，这种触电方式称为单相触电。

电网可分为大接地短路电流系统和小接地短路电流系统。由于这两种系统中性点的运行方式不同，发生单相触电时，电流经过人体的路径及大小就不一样，触电危险性也不相同。

1）中性点直接接地系统的单相触电。以 380/220V 的低压配电系统为例，当人体触及某一相导体时，相电压作用于人体，电流经过人体、大地、系统中性点接地装置、中性线形成闭合回路，如图 1-1（a）所示。由于中性点接地装置的电阻 R_0 比人体电阻小得多，则相电压几乎全部加在人体上。设人体电阻 R_r 为 1000Ω，电源相电压 U_{ph} 为 220V，则通过人体的电流 I_r 约为 220mA，足以使人致命。一般情况下，人脚上穿有鞋子，有一定的限流作用；人体与带电体之间以及站立点与地之间也有接触电阻，所以实际电流较 220mA 要小，因此人体触电后，有时可以摆脱。但人体触电后由于遭受电击的突然袭击，慌乱中易造成二次伤害事故（例如空中作业触电时摔到地面等）。所以电气工作人员工作时应穿合格的绝缘鞋；在配电室的地面上应垫有绝缘橡胶垫，以防止触电事故的发生。

2）中性点不接地系统的单相触电。如图 1-1（b）所示，当人站立在地面上，接触到该系统的某一相导体时，由于导线与地之间存在对地阻抗 Z_c（由线路的绝缘电阻 R 和对地电容 C 组成），则电流以人体接触的导体、人体、大地、另外两相导线对地阻抗 Z_c 构成回路，通过人体的电流与线路的绝缘电阻及对地电容的数值有关。在低压系统中，对地电容 C 很小，通过人体的电流主要决定于线路的绝缘电阻 R。正常情况下，R 相当大，通过人体的电流很小，一般不致造成对人体的伤害；但当线路绝缘下降，R 减小时，单相触电对人体的危害仍然存在。而在高压系统中，线路对地电容较大，则通过人体的电容电流较大，将危及触电者的生命。

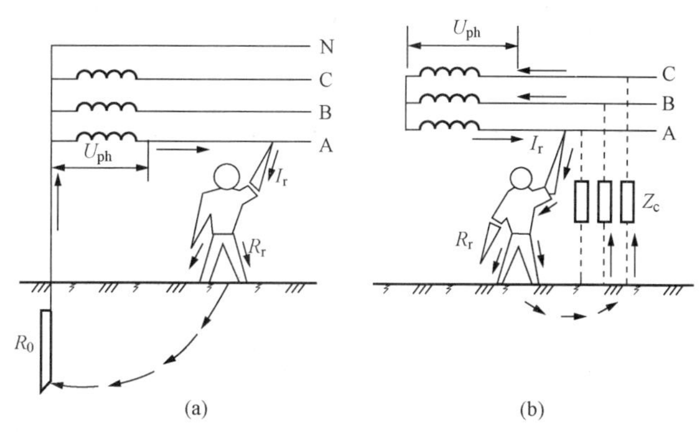

图 1-1　单相触电示意图
（a）中性点直接接地系统的单相触电；
（b）中性点不接地系统的单相触电

（2）两相触电。当人体同时接触带电设备或线路中的两相导体时，电流从一相导体经人体流入另一相导体，构成闭合回路，这种触电方式称为两相触电，如图 1-2 所示。此时，加在人体上的电压为线电压，它是相电压的$\sqrt{3}$倍。通过人体的电流与系统中性点的运行方式无关，其大小只决定于人体电阻和人体与相接触的两相导体的接触电阻之和。因此，它比单相触电的危险性更大，例如，380/220V 低压系统线电压为 380V，设人体电阻 R_r 为 1000Ω，则通过人体的电流 I_r 可达 380mA，足以致人死亡。电气工作中两相触电多在带电作业时发生，由于相间距离小，安全措施不周全，使人体直接或通过作业工具同时触及两相导体，造成两相触电。

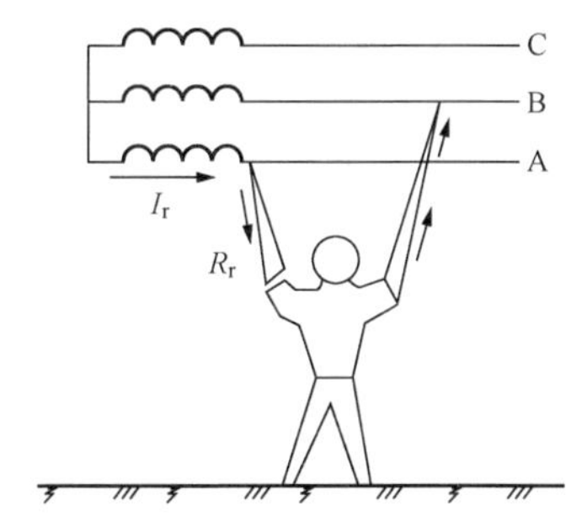

图 1-2　两相触电示意图

2. 间接触电

间接触电是由于电气设备绝缘损坏发生接地故障，设备金属外壳及接地点周围出现对地电压引起的。它包括跨步电压触电和接触电压触电。

（1）跨步电压触电。当电气设备或载流导体发生接地故障时，接地电流将通过接地体流向大地，并在大地中的接地体周围作半球形的散流，如图 1-3 所示。

在以接地故障点为球心的半球形散流场中，靠近接地点处的半球面上，电流密度线密，离开接地点的半球面上的电流密度线疏，且越远越疏；另一方面，靠近接地点处的半球面的截面积较小，电阻大，离开接地点处的半球面面积大，电阻减小，且越远电阻越小。因此，在靠近接地点处沿电流散流方向取两点，其电位差比远离接地点处同样距离的两点间的电位

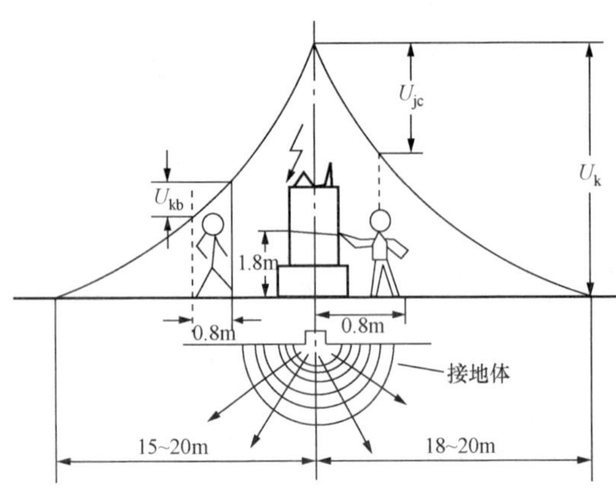

图 1-3　接地电流的散流场、地面电位分布示意图

U_k—接地短路电压；U_{jc}—接触电压；U_{kb}—跨步电压

差大，当离开接地故障点 20m 以外时，这两点间的电位差即趋于零。将两点之间的电位差为零的地方称为电位的零点，即电气上的“地”。显然，该接地体周围，对“地”而言，接地点处的电位最高为 U_k，离开接地点处，电位逐步降低，其电位分布呈伞形下降，此时，人在有电位分布的故障区域内行走时，其两脚之间（一般为 0.8m 的距离）呈现出电位差，此电位差称为跨步电压 U_{kb}，如图 1-3 所示。

由跨步电压引起的触电叫跨步电压触电。由图 1-3 可见，在距离接地故障点 8～10m 以内，电位分布的变化率较大，人在此区域内行走，跨步电压高，就有触电的危险；在离接地故障点 8～10m 以外，电位分布的变化率较小，人的一步之间的电位差较小，跨步电压触电的危险性明显降低。人在受到跨步电压的作用时，电流将从一只脚经腿、胯部、另一只脚与大地构成回路，虽然电流没有通过人体的全部重要器官，但当跨步电压较高时，触电者脚发麻、抽筋，跌倒在地，跌倒后，电流可能会改变路径（如从手至脚）而流经人体的重要器官，使人致命。因此，发生高压设备、导线接地故障时，在室内人不得接近接地故障点 4m 以内（因室内狭窄，地面较为干燥，离开 4m 之外一般不会遭到跨步电压的伤害），室外不得接近距故障点 8m 以内。如果要进入此范围内工作，为防止跨步电压触电，进入人员应穿绝缘鞋。

当电流流过避雷针或者避雷器动作，其接地体周围的地面也会出现伞形电位分布，同样会发生跨步电压触电。

（2）接触电压触电。在正常情况下，电气设备的金属外壳是不带电的，由于绝缘损坏，设备漏电，使设备的金属外壳带电。接触电压是指人触及漏电设备的外壳，加于人手与脚之间的电位差 U_{jc}（脚距漏电设备 0.8m，手触及设备处距地面垂直距离 1.8m），如图 1-3 所示由接触电压引起的触电称为接触电压触电。

若设备的外壳不接地，在此接触电压下的触电情况与单相触电情况相同；若设备外壳接地，则接触电压为设备外壳对地电位与人站立点的对地电位之差，如图 1-3 所示。当人需要接近漏电设备时，为防止接触电压触电，应戴绝缘手套、穿绝缘鞋。

3. 与带电体的距离小于安全距离的触电

当人体与带电体（特别是高压带电体）的空气间隙小于一定的距离时，虽然人体没有接触带电体，也可能发生触电事故。这是因为空气间隙的绝缘强度是有限度的，当人体与带电体的距离足够近时，人体与带电体间的电场强度将大于空气的击穿场强，空气将被击穿，带电体对人体放电，并在人体与带电体间产生电弧，此时人体将受到电弧灼伤及电击的双重伤害。这种与带电体的距离小于安全距离的弧光放电触电事故多发生在高压系统中。此类事故的发生，大多是工作人员误入带电间隔，误接近高压带电设备所造成的。因此，为防止这类事故的发生，国家有关标准规定了不同电压等级的最小安全距离，工作人员距带电体的距离不允许小于此距离值。

第二节　防止发生触电事故的措施

一、发生触电事故的主要原因及规律

造成人身触电事故的原因很多，但归纳起来大致有如下几方面：

（1）缺乏电气安全知识。攀爬高压线杆及高压设备；架空线附近放风筝；不明导线用手错抓误碰；低压架空线路断线后不停电，用手接触；在安全措施不完善时带电作业；中性线作地线使用；带电体任意裸露，随意摆弄电器；没有经过电工专业培训，进行电器的安装、接线、私拉乱接等造成本人和他人的触电事故。

（2）违反操作规程。带电拉合隔离开关或跌落式熔断器；在高压线路下违章建筑施工；带电进行线路或电气设备的操作而又未采取必要的安全措施；误入带电间隔，误登带电设备；带电修理电动工具；带电移动电气设备；不遵守安全规章规程，违章操作或约时停、送电；抢救触电者时，用手直接拉伤员，从而使救护人员触电等。

（3）设备不合格。高低压线路安全距离不够；电力线路与通信线路同杆近距离架设；用电设备进出线绝缘破坏或没有进行绝缘处理，导致设备外壳带电；设备超期使用绝缘老化等。

（4）维修管理不善。架空线断线未及时处理；设备损坏没有及时更换；临时线路不按规定装设或不装设保护装置等。

通过对触电死亡事故统计材料的分析，可以大致总结出以下几方面的规律性：

（1）触电事故的发生与季节有关。人身触电事故大多发生在六、七、八三个月，这三个月发生的触电死亡事故，一般占全年的65%～70%。这是因为夏季天气潮湿多雨，使电气设备的绝缘性能下降，而且人体也因天热多汗，绝缘电阻下降，特别是在人们赤足或只穿布鞋，在地面较为潮湿的情况下，由于地面导电性好，从而增加了人身触电的可能性。

（2）触电事故多发生在低压电气设备上。统计数字表明，在380V及以下供用电系统中发生的触电事故约占全部事故的80%以上，可见低压触电事故占绝大多数。主要原因是由于低压电气设备分布很广，人们与其接触机会较多而造成的，所以对低压电气设备要经常进行维修和检查，以防止事故的发生。

（3）触电事故多发生在缺乏电气基本知识的人员身上。某地区的统计资料表明，两年内发生的20次触电事故中，由于缺乏电气基本知识而造成触电死亡的共17次，占全部事故的80%以上。

（4）触电事故与工作环境和生产性质有一定的关系。按生产行业分类，冶金、矿业、建筑施工、机械等部门的触电事故较多。统计资料表明，这些行业的触电事故约占全部触电事故的50%以上。

此外，从触电方式上看，单相触电事故和人体的某一部位触及一相带电导体所造成的触电事故占绝大多数。

由于发生触电时，电流大部分或全部从人体内部通过，故触电伤者的外观烧伤现象一般并不严重，大多只留下几处放电斑点，这也是触电的另一个特点。

二、防止人身触电的技术措施

防止人身触电最根本的是对电气工作人员或用电人员进行安全教育和管理，做到思想重视、措施落实和组织保证，严格执行有关安全用电和安全工作规程，防患于未然。同时，对

设备本身或工作环境采取一定的技术措施也是行之有效的办法。

防止人身触电的技术措施包括绝缘和屏护措施，在容易触电的场合采用安全电压，电气设备进行安全接地，采用剩余电流保护装置等。

（一）绝缘和屏护

将带电体进行绝缘，以防止与带电部分有任何接触的可能，是防止人身直接触电的基本措施之一。任何电气设备和装置，都应根据其使用环境和条件，对带电部分进行绝缘防护。绝缘性能都必须满足该设备国家现行的绝缘标准，并能耐受运行中容易受到的电、热、化学及机械力等的作用。为保证人身安全，一方面要选用合格的电器设备或导线，另一方面要加强设备检查，掌握设备绝缘性能，发现问题及时处理，防止发生触电事故。

电气工作人员在工作中应尽可能停电操作，操作前要验电，防止突然来电，并与附近没停电的设备保持安全距离。如确实需要在低压情况下带电工作，要遵守带电作业的相关规定。在绝缘站台、垫上工作，穿绝缘鞋、戴绝缘手套，使用有绝缘手柄的工具等都是防止人体接入电流回路、电流流过人体发生触电的绝缘措施。

屏护就是用遮栏、护罩、护盖等将带电体隔离，防止工作人员无意识地触及或过分接近带电体。在屏护上应有醒目的带电标识，使人认识到越过屏护会有触电危险而不故意触及。屏护应牢固地固定在应有的位置上，有足够的稳定性和持久性，与带电体之间保持足够的安全距离。需要移动或打开屏护时，必须使用钥匙等专用工具，还应有可靠的闭锁，保证在供电确已切断、设备无电的情况下才能打开屏护，屏护恢复后方可恢复供电。这些都能防止人体直接接触带电体而造成直接触电。

（二）采用安全电压

在人们容易触及带电体的场所，动力、照明电源采用安全电压，是防止人体触电的重要措施之一。

安全电压是为防止触电事故而采用的由特定电源供电的电压系列。通过人体的电流决定于加于人体的电压和人体电阻，安全电压就是根据人体允许通过的电流（30mA）与人体电阻（1700Ω）的乘积为依据确定的。我国规定的安全电压额定值是交流 42、36、24、12、6V，空载交流电压的最大值是 50V，直流安全电压的上限是 72V。

采用安全电压可有效地防止触电事故的发生，但由于工作电压降低，要传输一定的功率，工作电流就必须增大，这就要求增加低压回路导线的截面积，使投资费用增加。一般安全电压只适用于小容量的设备，如行灯、机床局部照明灯及危险度较高的场所中使用的电动工具等。采用安全电压的电气设备、用电电器应根据使用场所的环境、使用方式和人员因素等，选用国家标准规定的不同等级的安全电压额定值。如手提式照明灯、安全灯、危险环境的携带式电动工具，在无特殊的安全结构和安全措施情况下，应采用 36V 安全电压；在金属容器内、隧道内、矿井内等工作地点，以及较狭窄、有金属导体管板或金属壳体、粉尘多或潮湿环境使用的手提式照明灯，应采用 24V 或 12V 安全电压。安全电压等级系列不适用于水下等特殊场所，也不适用于插入人体内部的带电医疗设备。

采用降压变压器（即行灯变压器）取得安全电压时，必须采用双绕组变压器而不能采用自耦变压器，以使一、二次绕组之间只有电磁耦合而不直接发生电的联系。此外，安全电压的供电网络必须有一点接地（中性线或某一相线），以防止电源电压偏移引起触电危险。

采用安全电压并不意味着是绝对安全。如人体在汗湿、皮肤破裂等情况下长时间触及电源，也可能发生电击伤害。当电气设备电压超过 24V 安全电压等级时，还要采取防止直接接触带电体的保护措施。另外，由于电流刺激，要采取预防可能引起的高空坠落、摔倒等二次性伤害事故。

（三）安全接地

安全接地包括电气设备外壳（或构架）保护接地、保护接中性线或中性线的重复接地，是防止接触电压触电和跨步电压触电的根本方法。

1. 保护接地

保护接地是将一切正常时不带电而在绝缘损坏时可能带电的金属部分（如各种电气设备的金属外壳、配电装置的金属构架等）与独立的接地装置相连，从而防止工作人员触及时发生触电事故。它是防止接触电压触电的一种技术措施。

保护接地是利用接地装置足够小的接地电阻值，降低故障设备外壳可导电部分对地电压，减小人体触及时流过人体的电流，达到防止接触电压触电的目的。

保护接地分中性点不接地系统的保护接地和中性点接地系统的保护接地。

（1）中性点不接地系统的保护接地。在中性点不接地系统中，用电设备一相绝缘损坏，外壳带电。如果设备外壳没有接地，如图 1 - 4（a）所示，则设备外壳上将长期存在着电压（接近于相电压），当人体触及电气设备外壳时，就有电流流过人体，其值为

$$I_r = \frac{3U_{ph}}{|3R_r + Z_c|} \tag{1 - 1}$$

接触电压

$$U_{jc} = \frac{3U_{ph}R_r}{|3R_r + Z_c|} \tag{1 - 2}$$

式中　I_r——流过人体电流，A；

U_{jc}——作用于人体的接触电压，V；

R_r——人体电阻，Ω；

Z_c——电网对地绝缘阻抗，Ω；

U_{ph}——系统运行相电压，V。

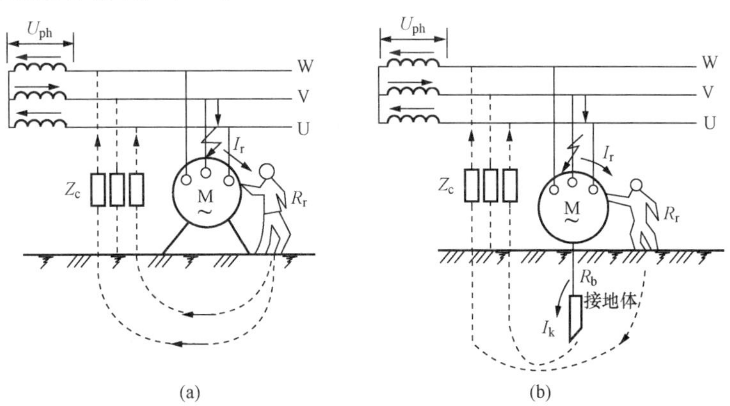

图 1 - 4　中性点不接地系统的保护接地原理

（a）没采用保护接地时；（b）采用保护接地时

但若采用保护接地，如图 1 - 4（b）所示，保护接地电阻 R_b 与人体电阻 R_r 并联，由于 $R_b \ll R_r$，设备对地电压及流过人体的电流可近似为

$$U_{jc}=\frac{3U_{ph}R_b}{|3R_b//R_r+Z_c|}\approx\frac{3U_{ph}R_b}{|3R_b+Z_c|} \tag{1-3}$$

$$I_r=\frac{U_{jc}}{R_r}=\frac{3U_{ph}R_b}{|3R_b+Z_c|R_r} \tag{1-4}$$

式中 R_b——保护接地电阻，Ω。

比较式(1-2)与式(1-3)，由于 Z_c 远大于 R_r、R_b，所以其分母近似相等；而分子因 R_b 远小于 R_r，使得接地后对地电压大大降低。同样由式(1-1)与式(1-4)得知，保护接地后，人体触及设备外壳时流过的电流也大大降低。由此可见，只要适当地选择 R_b 即可避免人体触电。

例如，220/380V 中性点不接地系统，对地阻抗 Z_c 取绝缘电阻 7000Ω，有设备发生单相碰壳。若没有保护接地，有人触及该设备外壳，人体电阻 R_r 为 1000Ω，则流过人体电流约为 66mA；但如果该设备有保护接地，接地电阻 $R_b=4\Omega$，则流过人体电流约为 0.26mA，显然，该电流不会危及人身安全。

同样，即使在 6～10kV 中性点不接地系统中，若采用保护接地，尽管其电压等级较高，也能减小设备发生碰壳而人体触及设备时流过人体的电流，减小触电的危险性，如果进一步采取相应的防范措施，增大人体回路的电阻，例如人脚穿胶鞋，也能将人体电流限制在 50mA 之内，保证人身安全。

（2）中性点直接接地系统的保护接地。在中性点直接接地系统中，若不采用保护接地，当人体接触一相碰壳的电气设备时，人体相当于发生单相触电，如图 1-5（a）所示，流过人体的电流及接触电压为

$$I_r=\frac{U_{ph}}{R_r+R_0} \tag{1-5}$$

$$U_{jc}=\frac{U_{ph}}{R_r+R_0}R_r \tag{1-6}$$

式中 R_0——中性点接地电阻，Ω；

U_{ph}——电源相电压，V。

以 380/220V 低压系统为例，若人体电阻 $R_r=1000\Omega$，$R_0=4\Omega$，则流过人体电流 $I_r\approx$ 220mA，作用于人体电压 $U_{jc}\approx$220V，足以使人致命。

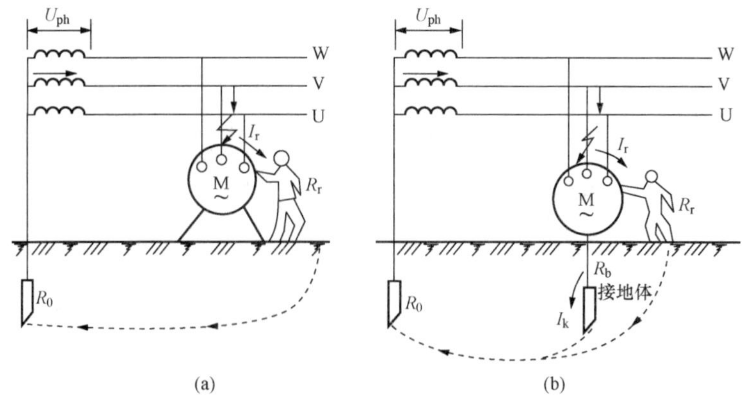

图 1-5 中性点接地系统保护接地原理

（a）无保护接地时；（b）有保护接地时

若采用保护接地，如图 1-5（b）所示，电流将经人体电阻 R_r 和设备接地电阻 R_b 的并联支路、电源中性点接地电阻、电源形成回路，设保护接地电阻 $R_b=4\Omega$，流过人体的电流及接触电压为

$$I_r=\frac{U_{jc}}{R_r}=\frac{U_{ph}}{R_r}\frac{R_b}{R_0+R_b}\approx 110\text{mA} \tag{1-7}$$

$$U_{jc}=I_dR_b=U_{ph}\frac{R_b}{R_0+R_b//R_r}\approx U_{ph}\frac{R_b}{R_0+R_b}=110\text{V} \tag{1-8}$$

110mA 的电流虽比未装保护接地时的小，但对人身安全仍有致命的危险。所以，在中性点直接接地的低压系统中，电气设备的外壳采用保护接地，仅能减轻触电的危险程度，并不能保证人身安全；在高压系统中，其作用就更小。

2. 保护接中性线及中性线重复接地

(1) 保护接中性线。在中性点直接接地的低压供电网络中，一般采用的是三相四线制的供电方式。将电气设备的金属外壳与电源（发电机或变压器）接地中性线做金属性连接，这种方式称为保护接中性线，如图 1-6 所示。

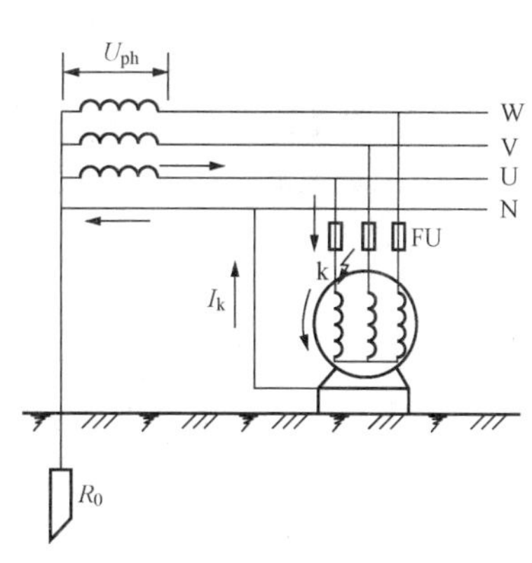

图 1-6 保护接中性线

采用保护接中性线时，当电气设备某相绝缘损坏碰壳，接地短路电流流经短路线和接地中性线构成回路。由于接地中性线阻抗很小，接地短路电流 I_k 较大，足以使线路上（或电源处）的自动断路器或熔断器以很短的时限将设备从电网中切除，使故障设备停电。另外，人体电阻远大于接中性线回路中的电阻，即使在故障未切除前，人体触到故障设备外壳，接地短路电流几乎全部通过接中性线回路，也使流过人体的电流接近于零，确保人身的安全。

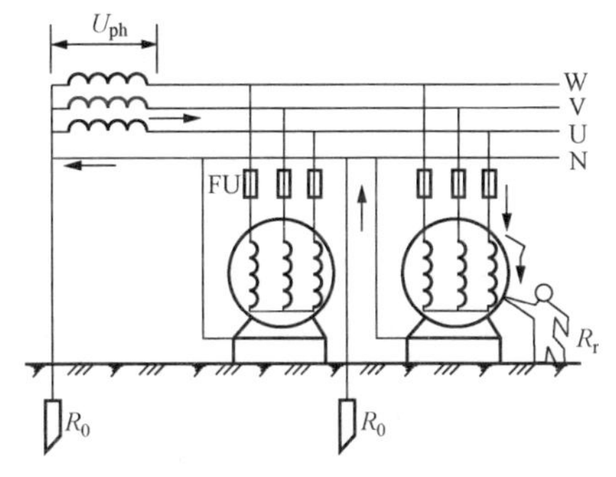

图 1-7 中性线的重复接地

(2) 中性线的重复接地。运行经验表明，在保护接中性线的系统中，只在电源的中性点处接地还是不够安全的，为了防止接地中性线的断线而失去保护接中性线的作用，还应在中性线的一处或多处通过接地装置与大地连接，即中性线重复接地，如图 1-7 所示。

在保护接中性线的系统中，若中性线不重复接地，当中性线断线时，只有断线处之前的电气设备的保护接中性线才有作用，人身安全得以保护；在断线处之后，当设备某相绝缘损坏碰壳时，设备外壳带有相电压，仍有触电的危险。即使相线不碰壳，在断线处之后的负载群中，如果出现三相负载不平衡（如一相或两相断开），也会使设备外壳出现危险的对地电压，危及人身安全。

采用了中性线重复接地后，若中性线断线，断线处之后的电气设备相当于进行了保护接地，其危险性相对减小。

3. 安全接地的注意事项

电气设备的保护接地、保护接中性线及中性线重复接地都是为了保证人身安全的，统称

为安全接地。为了使安全接地切实发挥作用，应注意以下问题：

（1）在同一系统（同一台变压器或同一台发电机供电的系统）中，只能采用一种安全接地的保护方式，即不可一部分设备采用保护接地，一部分设备采用保护接中性线，否则当保护接地的设备一相漏电碰壳时，接地电流经保护接地体、电流中性点接地体构成回路，使中性线带上危险电压，危及人身安全。

（2）将接地电阻控制在允许范围之内。如低压电气设备及变压器的接地电阻不大于4Ω；当变压器总容量不大于100kV·A时，接地电阻不大于10Ω；重复接地的接地电阻每处不大于10Ω；对变压器总容量不大于100kV·A的电网，每处重复接地的电阻不大于30Ω，且重复接地不应少于三处；高压和低压电气设备共用同一接地装置时，接地电阻不大于4Ω等。

（3）中性线的主干线不允许装设开关或熔断器。

（4）各设备的保护接中性线不允许串接，应各自与中性线的干线直接相连。

（5）在低压配电系统中，不准将三孔插座上接电源中性线的孔同接地线的孔串接，否则中性线松掉或折断，就会使设备金属外壳带电；若中性线和相线接反，也会使外壳带上危险电压。

4. 保护接地和接中性线的应用范围

供配电系统中的下列设备和部件需要采用接地或接中性线来保护。

（1）电机、变压器、断路器和其他电气设备的金属外壳或基础。

（2）电气设备的传动装置。

（3）互感器的二次绕组。

（4）屋内外配电装置的金属或钢筋混凝土构架。

（5）配电盘、保护盘和控制盘的金属框架。

（6）交、直流电力和控制电缆的金属外皮，电力电缆接头的金属外壳和穿线钢管等。

（7）居民区中性点非直接接地架空电力线路的金属杆塔和钢筋混凝土杆塔或构架。

（8）带电设备的金属护网。

（9）配电线路杆塔上的配电装置、断路器和电容器等的金属外壳。

（四）采用剩余电流保护装置

剩余电流保护装置是指电路中带电导体对地故障所产生的剩余电流超过规定值时，能够自动切断电源或报警的保护装置，包括各类剩余电流动作保护功能的断路器、移动式剩余电流动作保护装置和剩余电流动作电气火灾监控系统、剩余电流继电器及其组合电器等。在低压电网中安装剩余电流保护装置是防止人身触电、电气火灾及电气设备损坏的一种有效的防护措施。国际电工委员会通过制定相应的规程，在低压电网中大力推广使用剩余电流保护装置。

对于触电的保护装置，我国经历了由电压动作型到电流动作型的发展过程，目前我国使用的保护装置都是电流动作型的，即剩余电流保护装置。

1. 剩余电流保护装置的工作原理

剩余电流保护装置的工作原理如图1-8所示。在电路中没有发生人身触电、设备漏电、接地故障时，通过剩余电流保护装置电流互感器一次绕组电流的相量和等于零，即

$$\dot{I}_{L1}+\dot{I}_{L2}+\dot{I}_{L3}+\dot{I}_{N}=0$$

则电流 $\dot{I}_{L1}$、$\dot{I}_{L2}$、$\dot{I}_{L3}$和 $\dot{I}_N$ 在电流互感器中产生磁通的相量和等于零，即

$$\dot{\Phi}_{L1}+\dot{\Phi}_{L2}+\dot{\Phi}_{L3}+\dot{\Phi}_N=0$$

这样在电流互感器的二次绕组中不会产生感应电动势，剩余电流保护装置不动作。

当电路中发生人身触电、设备漏电、接地故障时，接地电流 $\dot{I}_N$ 通过故障设备、设备的接地电阻 R_A、大地及直接接地的电源中性点构成回路，通过互感器一次绕组电流的相量和不等于零，即

$$\dot{I}_{L1}+\dot{I}_{L2}+\dot{I}_{L3}+\dot{I}_N\neq 0$$

剩余电流互感器中二次绕组产生磁通的相量和不等于零，即

$$\dot{\Phi}_{L1}+\dot{\Phi}_{L2}+\dot{\Phi}_{L3}+\dot{\Phi}_N\neq 0$$

在电流互感器的二次绕组中产生感应电动势，此电动势直接或通过电子信号放大器加在脱扣绕组上形成电流。二次绕组中产生的感应电动势的大小随着故障电流的增加而增加，当接地故障电流增加到一定值时，脱扣绕组中的电流驱使脱扣机构动作，使主开关断开电路，或使报警装置发出报警信号。

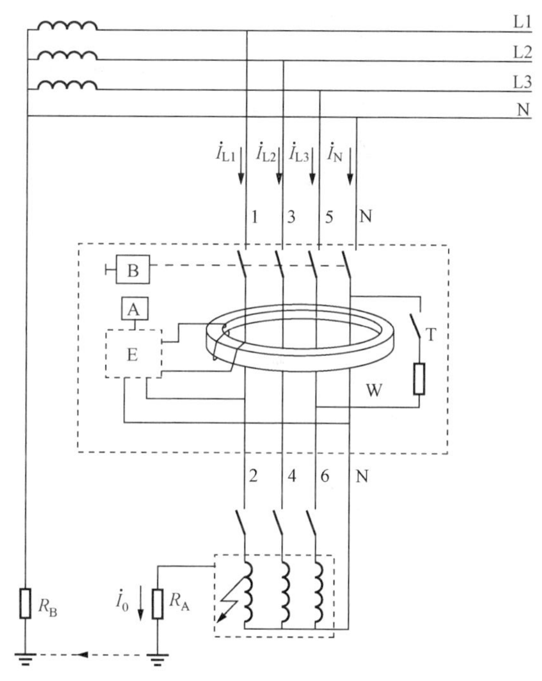

图 1-8　剩余电流保护装置的工作原理图

A—判别元件（剩余电流脱扣器）；B—执行元件（机械开关电器或报警装置）；
E—电子信号放大器；R_A—设备接地的接地电阻；R_B—电源接地的接地电阻；
T—试验装置；W—检测元件（剩余电流互感器）

注：电磁式剩余电流保护装置没有电子信号放大器。

2. 剩余电流保护装置的结构

剩余电流保护装置的主要元器件的结构如图 1-8 所示。

（1）剩余电流互感器。剩余电流互感器是一个检测元件，原理结构如图 1-9 所示，其主要功能是把一次回路检测到的剩余电流 I_1 变换成二次回路的输出电压 U_2，U_2 施加到剩余电流脱扣器的脱扣绕组上，推动脱扣器动作；或通过信号放大装置，将信号放大以后施加

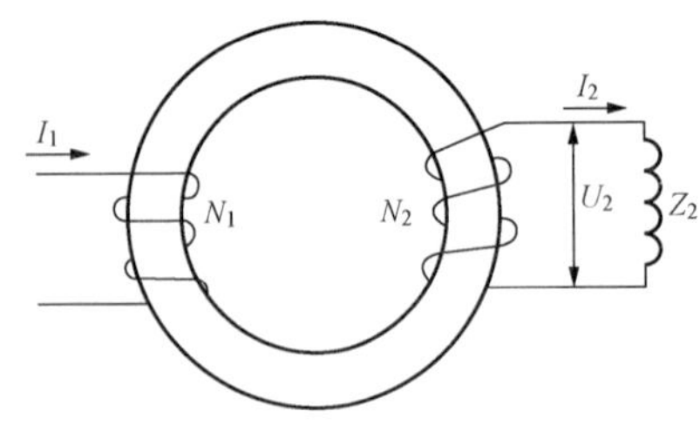

图 1-9 剩余电流互感器的工作原理图

到脱扣绕组上，使脱扣器动作。

剩余电流互感器是剩余电流保护装置的一个重要元件，其工作性能的优劣将直接影响剩余电流保护装置的性能和工作可靠性。剩余电流保护装置的电流互感器一般采用空心式的环形互感器，即主电路的导线（一次回路导线 N_1）从互感器中间穿过，二次回路导线（N_2）缠绕在环形铁心上，通过互感器的铁心实现一次回路和二次回路之间的电磁耦合。

（2）脱扣器。剩余电流保护装置的脱扣器是一个判别元件，用来判别剩余电流是否达到预定值，从而确定剩余电流保护装置是否应该动作。动作功能与电源电压无关的剩余电流保护装置采用灵敏度较高的释放式脱扣器，动作功能与电源电压有关的剩余电流保护装置采用拍合式脱扣器或螺管电磁铁。

（3）信号放大装置。剩余电流互感器二次回路的输出功率很小，一般仅达到微伏安的等级。在剩余电流互感器和脱扣器之间增加一个信号放大装置，不仅可以降低对脱扣器灵敏度的要求，而且可以减少对剩余电流互感器输出信号的要求，减轻互感器的负担，从而可以大大缩小互感器的质量和体积。信号放大装置一般采用电子式放大器。早期的电子放大器由分立电子元件构成，目前多采用集成电路。随着电子技术和计算机技术的发展，有的剩余电流保护装置开始采用微处理器进行放大、运算、处理和控制，不仅进一步提高了装置的保护性能和可靠性，还大大扩展了其功能，使剩余电流保护装置具有剩余电流测量、显示、报警及通信等多种功能。

（4）执行元件。根据剩余电流保护装置的功能不同，执行元件也不同。对于剩余电流断路器，其执行元件是一个可开断主电路的机构开关电器。对于剩余电流继电器，其执行元件一般是一对或几对控制触头，输出机械开闭信号。

剩余电流断路器有整体式和组合式。整体式装置的检测、判别和执行元件在一个壳体内，或由剩余电流元件模块与断路器接装而成；组合式剩余电流断路器常采用剩余电流继电器与交流接触器或断路器组装而成，剩余电流继电器的输出触头控制绕组或断路器分离脱扣器，从而控制主电路的接通和分断。

剩余电流继电器的输出触头执行元件，通过控制可视报警或声音报警装置和电路，可以组成剩余电流报警装置。

3. 剩余电流保护装置的应用

（1）剩余电流保护的方式。低压电网进行剩余电流保护的方式有两种：一是在电路末端或小分支回路中普遍安装动作电流在 30mA 及以下的高灵敏度剩余电流保护装置；二是在低压电网的出线端、主干线、分支回路和线路末端，按照线路和负载的重要性以及不同的要求，全面安装各种额定电流、各种剩余电流动作时间特性的保护装置，实行分级保护。对较大的低压电网分级保护可进行如下配置：第一级保护为全网总保护或主干线保护；第二级为分支回路的保护；第三级为线路末端保护。末端保护即是将剩余电流保护装置根据用电设备的需要装在电气设备的电源端、住宅的进线或室内电源插座上。

（2）必须安装剩余电流保护装置的设备和场所。必须安装剩余电流保护装置的设备和场所有：①属于Ⅰ类的移动式电气设备及手持式电动工具；②生产用的电气设备；③施工工地的电气机械设备；④安装在户外的电气装置；⑤临时用电的电气设备；⑥机关、学校、宾馆、饭店、企事业单位和住宅等除壁挂式空调电源插座外的其他电源插座或插座回路；⑦游泳池、喷水池、浴池的电气设备；⑧安装在水中的供电线路和设备；⑨医院中可能直接接触人体的电气医用设备；⑩其他需要安装剩余电流保护装置的场所。

低压配电线路根据具体情况采用二级或三级保护时，在总电源端、分支线首端或线路末端（农村集中安装电表箱、农业生产设备的电源配电箱）安装剩余电流保护装置。

对切断电源会造成事故或重大经济损失的电气装置或场所，应安装报警式剩余电流保护装置，如公共场所的通道照明和应急照明、消防和防盗报警电源、确保公共场所安全的设备以及其他不允许停电的特殊设备和场所。

(3) 剩余电流保护装置选用。剩余电流保护装置的选用，应根据系统的保护方式、使用目的、安装场所、电压等级、被控制回路的泄漏电流以及用电设备的接地电阻值等因素来决定。

对于全网总保护或主干线保护，剩余电流保护装置动作电流一般在 100～500mA，动作时间为 0.1～0.2s；对于分支回路和末端保护，安装在前述需要进行保护的场所和用电设备的供电回路中，剩余电流保护装置动作电流一般在 30mA 及以下，动作时间为 0.1s。

对于额定电压为 220V 或 380V 的固定式用电设备，如水泵、磨粉机等，以及其他容易和人接触的电气设备，当这些设备的金属外壳接地电阻在 500Ω 以下时，单机配用可选择动作电流为 30～50mA 的剩余电流保护装置；对于额定电流在 100A 以上的大型电气设备，或者带有多台电气设备的供电线路，可以选用 50～100mA 动作的剩余电流保护装置；当用电设备的接地电阻在 100Ω 以下时，也可以选用动作电流为 200～500mA 的剩余电流保护装置。一般可以选用动作时间小于 0.1s 的快速动作型产品，有些较重要的电气设备，为了减少偶然停电事故，也可以选用动作时间为 0.2s 的延时性保护装置。

对于额定电压为 220V 的家用电器，由于经常要和没有经过安全用电专业训练的居民接触，发生触电的危险性更大，因此应在家庭进户线的电能表后面安装动作电流为 30mA 和 0.1s 以内动作的小容量漏电开关或剩余电流保护插座。

在潮湿或环境恶劣的用电场所以及Ⅰ类移动式电动工具和设备等，可安装动作电流为 15mA 和 0.1s 以内动作的剩余电流保护装置，或动作电流为 6～10mA 的反时限特性剩余电流保护装置。一般建筑施工工地的用电设备，可选择动作电流为 15～30mA 和 0.1s 以内动作的剩余电流保护装置。

在医院中使用的医疗电气设备，可在供电回路中选用动作电流为 6mA 和 0.1s 以内动作的剩余电流保护装置。

4. 剩余电流保护装置的运行与维护

由于剩余电流保护装置是涉及人身安全的重要装置，因此日常工作中要按照国家有关剩余电流保护装置运行的规定，做好运行维护工作，发现问题及时处理。

(1) 剩余电流保护装置不允许在 TN－C 系统中使用，只允许在中性线和保护线分开的 TN－C－S、TN－S 系统中使用，或在 TT 系统中使用。使用时负载侧的 N 线，只能作为中性线，不得与其他回路共用，且不能重复接地。

(2) 根据电气线路的正常剩余电流，选择剩余电流保护装置的额定剩余动作电流。

选择剩余电流保护装置的额定剩余动作电流值时，应充分考虑到被保护线路和设备可能发生的正常剩余电流值。必要时可通过实际测量取得被保护线路或设备的剩余电流值。选用的剩余电流保护装置的额定剩余不动作电流，应不小于电气线路和设备的正常剩余电流的最大值的 2 倍。

（3）剩余电流保护装置投入运行后，应每年对保护系统进行一次普查。普查重点项目有：测试剩余电流动作电流值；测量电网和电气设备的绝缘电阻；测量中性点泄漏电流，消除电网中的各种漏电隐患；检查变压器和电机接地装置有无松动现象。

（4）每月至少对保护装置用试跳装置试验一次，雷雨季节应增加试验次数。每当雷击或其他原因使保护动作后，应做一次试验。

（5）退出运行的剩余电流保护装置再次使用前，应按规定的项目进行动作特性试验。剩余电流保护装置进行动作特性试验时，应使用经国家有关部门检测合格的专用测试仪器，严禁利用相线直接触碰接地装置的试验方法。

（6）剩余电流保护装置动作后，经检查未发现事故原因时，允许试送电一次，如果再次动作，应查明原因找出故障，必要时对其进行动作特性试验，不得连续强行送电；除经检查确认为剩余电流保护装置本身发生故障外，严禁私自撤除剩余电流保护装置强行送电。

（7）定期分析剩余电流保护装置的运行情况，及时更换有故障的剩余电流保护装置。

（8）在保护范围内发生人身触电伤亡事故，应检查保护装置动作情况，分析未能起到保护作用的原因，在未调查清楚之前，不得改动保护装置。

第三节 触 电 急 救

人身触电事故时有发生，但触电并不等于死亡。用正确的方法快速对触电者施救，多数触电者是可以“起死回生”的。

触电往往是在意外中发生的，对触电者施救属于紧急救护，根据《国家电网公司电力安全工作规程（变电部分）》的规定，紧急救护通则如下：

（1）紧急救护的根本原则是在现场采取积极措施保护伤员的生命，减轻伤情，减少痛苦，并根据伤情需要，迅速联系医疗部门救治。急救成功的条件是动作快、操作正确，任何拖延和操作错误都会导致伤员的伤情加重或死亡。

（2）要认真观察伤员全身的情况，防止伤情恶化。发现伤员意识不清、瞳孔扩大无反应、呼吸和心跳停止时，应立即在现场就地抢救，用心肺复苏法支持呼吸和循环，对脑、心等重要器官供氧。心脏停止跳动后，只有分秒必争地迅速抢救，救活的可能才较大。

（3）现场工作人员都应定期进行培训，掌握紧急救护法，会正确脱离电源、会心肺复苏法、会止血、会包扎、会转移搬运伤员、会处理急救外伤或中毒等。

（4）生产现场和经常有人工作的场所应配备急救箱，存放急救用品，并指定专人经常检查、补充或更换。

触电急救应分秒必争，一经明确心跳、呼吸停止的，立即就地迅速用心肺复苏法进行抢救，并坚持不断地进行，同时及早与医疗急救中心（医疗部门）联系，争取医务人员接替救治。在医务人员未接替救治前，不应放弃现场抢救，更不能只根据没有呼吸或脉搏的表现，擅自判定伤员死亡，放弃抢救。只有医生有权作出伤员死亡的诊断。与医务人员接替时，应提醒医务人员在触电者转移到医院的过程中不得间断抢救。

触电急救的关键是迅速脱离电源及正确的现场的救护。经验证明，在触电后1min内急救，有60%～90%救活的可能；在1～2min内急救，有45%救活的可能；如果经过6min才进行急救，那么只有10%～20%救活的可能；超过6min，救活的可能性就更小了，但是仍有救活的可能。

一、脱离电源

脱离电源，就是要把触电者接触的那一部分带电设备的所有断路器（开关）、隔离开关（刀闸）或其他断路设备断开；或设法将触电者与带电设备脱离开。在脱离电源过程中，救护人员也要注意保护自身的安全。如触电者处于高处，应采取相应措施，防止该伤员脱离电源后自高处坠落形成复合伤。

1. 低压触电可采用下列方法使触电者脱离电源

(1) 如果触电地点附近有电源开关或电源插座，可立即拉开开关或拔出插头，断开电源。但应注意到拉线开关或墙壁开关等只控制一根线的开关，有可能因安装问题只能切断中性线而没有断开电源的相线。

(2) 如果触电地点附近没有电源开关或电源插座（头），可用有绝缘柄的电工钳或有干燥木柄的斧头切断电线，断开电源。

(3) 当电线搭落在触电者身上或压在身下时，可用干燥的衣服、手套、绳索、皮带、木板、木棒等绝缘物作为工具，拉开触电者或挑开电线，使触电者脱离电源。

(4) 如果触电者的衣服是干燥的，又没有紧缠在身上，可以用一只手抓住他的衣服，拉离电源。但因触电者的身体是带电的，其鞋的绝缘也可能遭到破坏，救护者不得接触触电者的皮肤，也不能抓他的鞋。

(5) 若触电发生在低压带电的架空线路上或配电台架、进户线上，对可立即切断电源的，则应迅速断开电源，救护者迅速登杆或登至可靠地方，并做好自身防触电、防坠落安全措施，用带有绝缘胶柄的钢丝钳、绝缘物体或干燥不导电物体等工具将触电者脱离电源。

2. 高压触电可采用下列方法之一使触电者脱离电源

(1) 立即通知有关供电单位或客户停电。

(2) 戴上绝缘手套，穿上绝缘靴，用相应电压等级的绝缘工具按顺序拉开电源开关或熔断器。

(3) 抛掷裸金属线使线路短路接地，迫使保护装置动作，断开电源。注意抛掷金属线之前，应先将金属线的一端固定可靠接地，然后另一端系上重物抛掷，注意抛掷的一端不可触及触电者和其他人。另外，抛掷者抛出线后，要迅速离开接地的金属线8m以外或双腿并拢站立，防止跨步电压伤人。在抛掷短路线时，应注意防止电弧伤人或断线危及人员安全。

3. 脱离电源后救护者应注意的事项

(1) 救护者不可直接用手、其他金属及潮湿的物体作为救护工具，而应使用适当的绝缘工具。救护者最好用一只手操作，以防自己触电。

(2) 防止触电者脱离电源后可能的摔伤，特别是当触电者在高处的情况下，应考虑防止坠落的措施。即使触电者在平地，也要注意触电者倒下的方向，注意防摔。救护者在救护中也应注意自身的防坠落、摔伤措施。

（3）救护者在救护过程中特别是在杆上或高处抢救伤者时，要注意自身和被救者与附近带电体之间的安全距离，防止再次触及带电设备。电气设备、线路的电源即使已断开，对未做安全措施挂上接地线的设备也应视作有电设备。救护者登高时应随身携带必要的绝缘工具和牢固的绳索等。

（4）如事故发生在夜间，应设置临时照明灯，以便于抢救，避免意外事故，但不能因此延误切除电源和进行急救的时间。

二、现场就地急救

触电者脱离电源以后，现场救护人员应迅速对触电者的伤情进行判断，对症抢救。同时设法联系医疗急救中心（医疗部门）的医生到现场接替救治。要根据触电伤员的不同情况，采用不同的急救方法。

1. 触电者伤情的判断

（1）触电者神志清醒、有意识，心脏跳动，但呼吸急促、面色苍白，或曾一度休克、但未失去知觉。此时不能用心肺复苏法抢救，应将触电者抬到空气新鲜、通风良好的地方躺下，安静休息1～2h，让他慢慢恢复正常。天凉时要注意保温，并随时观察呼吸、脉搏变化。条件允许，送医院进一步检查。

（2）触电者神志不清，判断意识无，有心跳，但呼吸停止或极微弱时，应立即用仰头抬颌法，使气道开放，并进行口对口人工呼吸。此时切记不能对触电者施行心脏按压。如此时不及时用人工呼吸法抢救，触电者将会因缺氧过久而引起心跳停止。

（3）触电者神志丧失，判定意识无，心跳停止，但有极微弱的呼吸时，应立即施行心肺复苏法抢救。不能认为尚有微弱呼吸，只需做胸外按压，因为这种微弱呼吸已起不到人体需要的氧交换作用，如不及时人工呼吸即会发生死亡，若能立即施行口对口人工呼吸法和胸外按压，就能抢救成功。

（4）触电者心跳、呼吸停止时，应立即进行心肺复苏法抢救，不得延误或中断。

（5）触电者和雷击伤者心跳、呼吸停止，并伴有其他外伤时，应先迅速进行心肺复苏急救，然后再处理外伤。

（6）发现杆塔上或高处有人触电，要争取时间及早在杆塔上或高处开始抢救。触电者脱离电源后，应迅速将伤员扶卧在救护人的安全带上（或在适当地方躺平），然后根据伤者的意识、呼吸及颈动脉搏动情况来进行前（1）～（5）项不同方式的急救。应提醒的是高处抢救触电者，迅速判断其意识和呼吸是否存在是十分重要的。若呼吸已停止，开放气道后立即口对口（鼻）吹气2次，再测试颈动脉，如有搏动，则每5s继续吹气1次；若颈动脉无搏动，可用空心拳头叩击心前区2次，促使心脏复跳。为使抢救更为有效，应立即设法将伤员营救至地面，并继续按心肺复苏法坚持抢救。

2. 心肺复苏法

触电伤员呼吸和心跳均停止时，应立即按心肺复苏支持生命的三项基本措施，正确地进行就地抢救。

（1）畅通气道。若触电者呼吸停止，重要的是始终确保气道畅通。如发现伤员口内有异物，可将其身体及头部同时侧转，迅速用一根手指或用两手指交叉从口角处插入，取出异物。操作中要防止将异物推到咽喉深部。

畅通气道可以采用仰头抬颌法，如图 1 - 10 所示。用一只手放在触电者前额，另一只手的手指将其下颌骨向上抬起，两手协同将头部推向后仰，舌根随之抬起。严禁用枕头或其他物品垫在触电者头下，头部抬高前倾，会更加重气道阻塞，且使胸外按压时流向脑部的血流减少，甚至消失。

（2）口对口（鼻）人工呼吸。在保持触电者气道通畅的同时，救护人员在触电者头部的右边或左边，用一只手捏住触电者的鼻翼，深吸气，与伤员口对口紧合，在不漏气的情况下，连续大口吹气两次，每次 1～1.5s，如图 1 - 11 所示。如两次吹气后试测颈动脉仍无搏动，可判断心跳已经停止，要立即同时进行胸外按压。

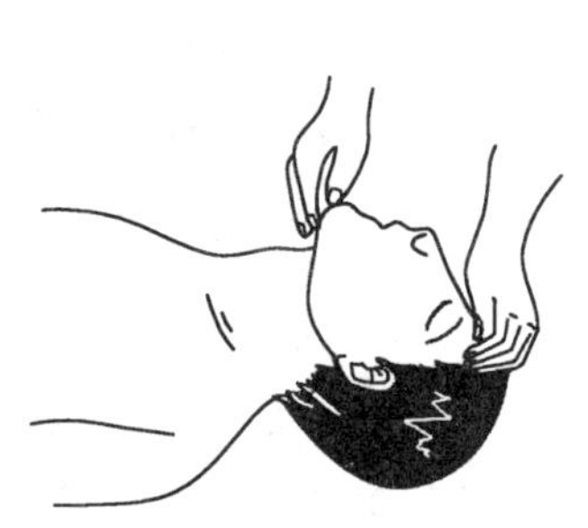

图 1 - 10 仰头抬颌法

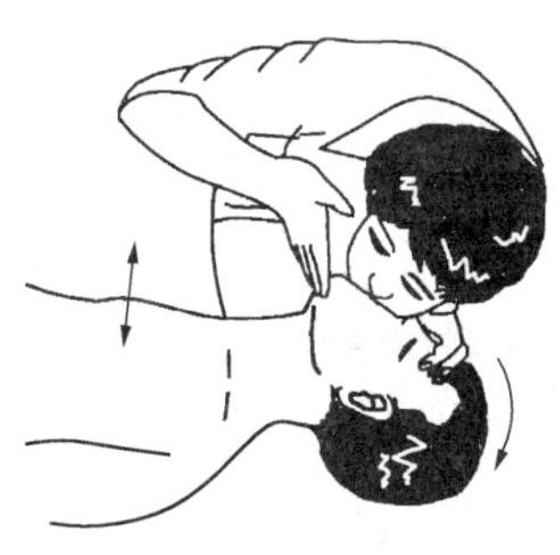

图 1 - 11 口对口人工呼吸

除开始大口吹气两次外，正常口对口（鼻）人工呼吸的吹气量不需过大，但要使触电者的胸部膨胀，每 5s 吹一次（吹 2s，放松 3s）。对触电的小孩，只能小口吹气。

救护者换气时，放松触电者的嘴和鼻，使其自动呼气，吹气时如有较大阻力，可能是头部后仰不够，应及时纠正。

触电者如牙关紧闭，可口对鼻人工呼吸。口对鼻人工呼吸时，要将伤员嘴唇紧闭，防止漏气。

（3）胸外按压。胸外按压是现场急救中使触电者恢复心跳的唯一手段。

首先，要确定正确的按压位置，正确的按压位置是保证胸外按压效果的重要前提。确定正确按压位置的步骤如下：

1）右手的食指和中指沿触电者的右侧肋弓下缘向上，找到肋骨和胸骨接合点的中点。

2）两手指并齐，中指放在切迹中点（剑突底部），食指放在胸骨下部。

3）另一只手的掌根紧挨食指上缘，置于胸骨上，即为正确的按压位置，如图 1 - 12 所示。

另外，正确的按压姿势是达到胸外按压效果的基本保证。正确的按压姿势如下：

1）使触电者仰面躺在平硬的地方，救护人员立或跪在伤员一侧肩旁，救护人员的两肩位于伤员胸骨正上方，两臂伸直，肘关节固定不屈，两手掌根相叠，手指翘起，不接触触电者的胸壁。

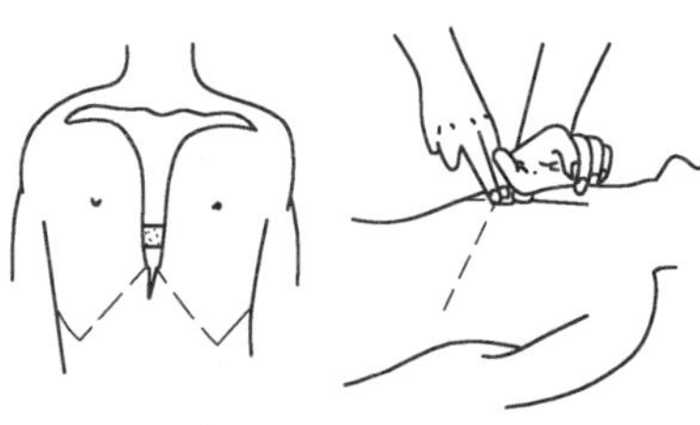

图 1 - 12 正确的按压位置

2）以髋宽关节为支点，利用上身的重力，垂直将正常成人胸骨压陷3～5cm（儿童和瘦弱者酌减）。

3）压至要求程度后，立即全部放松，但放松时救护者的掌根不得离开胸壁，如图1-13所示。

图1-13 胸外心脏按压的姿势

按压必须有效，有效的标志是按压过程中可以触及颈动脉搏动。操作频率介绍如下：

1）胸外按压要以均匀速度进行，每分钟80次左右，每次按压和放松的时间相等。

2）胸外按压与口对口（鼻）人工呼吸同时进行，其节奏为：单人抢救时，每按压15次后吹气2次，反复进行；双人抢救时，每按压5次后由另一个人吹气1次，反复进行。

3）按压吹气1min后，应用看、听、试的方法在5～7s时间内完成对伤员呼吸和心跳是否恢复的再判定。若判定颈动脉已有搏动但无呼吸，则暂停胸外按压，而再进行2次口对口人工呼吸，接着每5s吹气1次。如脉搏和呼吸均未恢复，则继续坚持心肺复苏法抢救。

3. 现场急救的注意事项

（1）现场急救贵在坚持，在医务人员来接替抢救前，现场人员不得放弃现场急救。

（2）心肺复苏应在现场就地进行，不要为方便而随意移动伤员，如确需移动时，抢救中断时间不应超过30s。

（3）现场触电急救，对采用肾上腺素等药物应持慎重态度，如果没有必要的诊断设备条件和足够的把握，不得乱用。

（4）对触电过程中的外伤特别是致命外伤（如动脉出血等）也要采取有效的方法处理。

案例

案例1 缺乏安全用电常识导致人身伤亡

2011年9月14日晚9时许，某电力安装公司工作人员在一工地内紧急修理大吊车。当时正下雨，一位电工在工地临时安装了一盏碘钨灯照明，电线接在工地移动配电箱上，照明灯靠在大吊车上。两个工人当时均穿着胶鞋站在车旁，并顺势将手搭在车身上。突然，随着两声惨叫，两人全身不停颤抖，随后倒地不省人事。最终一人当场死亡，另一人在送往医院后因抢救无效死亡。

专家点评：导致惨剧发生的最主要原因在于参与抢修的工作人员缺乏相应的用电安全常识。因为当时正在下雨，碘钨灯就靠在车身上，此时碘钨灯外壳发生漏电，再加上雨水导电，虽然两名死者当晚都穿着绝缘胶鞋，但胶鞋却因为浸湿而失去了绝缘作用，因而造成了事故的发生。

案例 2 触电后抢救成功

某轧钢厂工人小王接班后焊轧槽，施焊时触电倒在地上，工人小李发现后，马上拉下开关断电。现场工艺技术员小谢刚好赶到，见小王休克，马上进行人工胸外按压，几分钟后小王缓过气来，工人们见小王没啥问题，就用木板把小王抬到车间门口，放到地上，此时小王又休克了。

电工班班长听说有人触电，马上从值班室赶到现场，看到有人准备把小王送到医院，马上制止，叫人打 120 急救电话的同时，马上进行人工呼吸，经过几分钟的人工呼吸，小王又呼吸，此时急救车赶到，经过医院的救治，小王保住了生命。

专家点评：触电后，拉闸断电及时，行动快；现场工人具有触电急救的知识，并进行了正确的救护。

思考题

1. 电流对人体的伤害有哪些？影响电击对人体伤害程度的因素有哪些？
2. 人体触电的方式有哪些？
3. 什么叫跨步电压触电？什么叫接触电压触电？
4. 发生触电事故的原因有哪些？防止发生触电事故的技术措施有哪些？
5. 什么叫保护接地、保护接中性线？其原理分别是什么？
6. 什么叫中性线重复接地？有什么作用？
7. 对同一电源供电系统保护接地和接中性线有什么规定？
8. 什么是安全电压？我国安全电压等级有哪些？
9. 低压电网进行剩余电流保护的方式有哪些？
10. 使触电者脱离高压电源的方法有哪些？
11. 触电急救应遵循哪些安全措施？

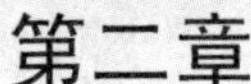

第二章

电气绝缘及电气试验

电介质是一种电阻率很高的材料，在电气设备中，电介质主要起绝缘作用。工程上所用的电介质按其状态可分为气体、液体和固体三类。在外加电场较低时，电介质会产生极化、电导、损耗等物理现象，这些现象对电介质的绝缘性能会产生重要的影响；在外加电场较高时，电介质可能会丧失其绝缘性能而产生击穿现象。因此，对电介质在电场作用下电气性能的讨论，在工程实际中有着重要的现实意义。

第一节 电介质的极化

电介质在电场作用下所发生的束缚电荷的弹性位移和极性分子转向的现象称为电介质的极化。电介质的分子结构不同，极化的形式也不同。极化的基本形式有电子式极化、离子式极化、偶离子式极化和空间电荷极化四种。

一、电子式极化

图 2-1 所示为电子式极化的示意图。将原子中的电子用一个静止的负电荷替代，使其在远处所产生的电场保持不变，则该等效负电荷所处的位置即为电子的作用中心。无外电场时，正电荷的作用中心与负电荷的作用中心（即电子运动轨道中心）重合，原子对外不显极性，如图 2-1（a）所示。在外电场作用时，电子运动轨道发生了变形，并且与原子核间发生了相对位移，正电荷作用中心与负电荷作用中心不再重合，如图 2-1（b）所示。这种由电子发生相对位移形成的极化称为电子式极化。

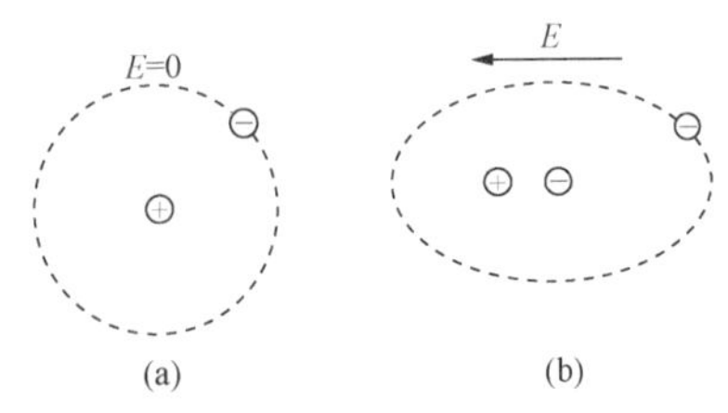

图 2-1　电子式极化示意图

（a）极化前；（b）极化后

电子式极化存在于一切电介质中。其特点如下：

（1）极化过程所需的时间极短，约 10^{-15}s。

（2）极化过程中没有能量损耗。这种极化在去掉外电场后，由于正、负电荷的相互吸引将自动回到原来的非极性状态，故没有能量损耗。

（3）温度对极化过程影响很小。

（4）极化过程与频率无关。

二、离子式极化

离子式极化发生于离子结构的电介质中。固体无机化合物（如云母、陶瓷、玻璃等）的分子多属于离子结构。在无外电场作用时，介质内大量离子对的偶极矩互相抵消，故平均偶极矩为零，介质对外没有极性，如图 2-2（a）所示。在有外电场作用时，正、负离子沿电场向相反的方向发生偏移，使平均偶极矩不再为零，介质对外呈现出极性，如图 2-2（b）所示。这种由离子的位移形成的极化称为离子式极化。

离子式极化的特点如下：

(1) 极化过程所需的时间很短，约为 10^{-13}s。

(2) 极化过程中没有能量损耗。

(3) 极化过程与频率无关。

(4) 温度对极化过程有影响。温度升高时，一方面离子间的结合力降低，使极化程度增大；另一方面离子的密度降低，又使极化程度降低。一般前者的影响大于后者，所以这种极化的极化程度随温度的升高而增大。

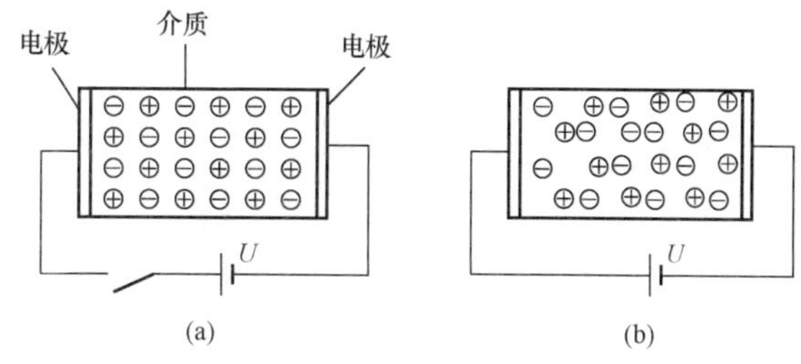

图 2-2　离子式极化示意图

(a) 极化前；(b) 极化后

三、偶极子式极化

极性电介质的分子本身就是一个偶极子，如橡胶、胶木、纤维等。在没有外电场作用时，单个的偶极子对外具有极性，但各个偶极子处于不停的热运动中，排列无规则，对外的作用互相抵消，整个介质对外不呈现极性，如图 2-3 (a) 所示。在有外电场作用时，偶极子受电场力的作用发生转向，并沿电场方向定向排列，对外呈现出极性，如图 2-3 (b) 所示。这种由偶极子转向造成的极化称为偶极子式极化。

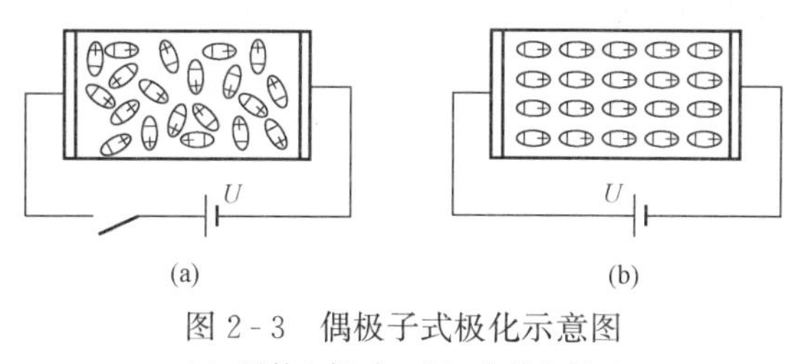

图 2-3　偶极子式极化示意图

(a) 无外电场时；(b) 有外电场时

偶极子式极化的特点如下：

(1) 极化过程所需的时间较长，约为 10^{-10}～10^{-2}s，故极化程度与外加电压的频率有较大关系。频率很高时，由于偶极子的转向跟不上电场方向的变化，因而极化减弱。

(2) 极化过程中有能量损耗。因偶极子在转向时要克服分子间的吸引力而消耗能量，消耗掉的能量在偶极子复原时不可能收回，故这种极化存在能量损耗。

(3) 温度对极化过程影响很大。温度升高时，一方面电介质分子的结合力减弱，使极化程度增大；另一方面分子热运动加剧，妨碍偶极子沿电场方向转向，使极化程度减小。电介质总体上的极化程度随温度的变化取决于这两个相反过程的相对强弱。

四、空间电荷极化

上述的三种极化都是由电介质中束缚电荷的位移或转向形成的，而空间电荷极化则是由电介质中自由离子的移动形成的。

夹层极化是最常见的一种空间电荷极化形式，下面以平行板电极间的双层电介质为例来说明夹层极化的过程。

如图 2-4 (a) 所示，将直流电压 U 突然加在两平行板电极上，由图 2-4 (b) 所示的等值电路，在开关 S 刚合闸瞬间（相当于加很高频率的电压），两层介质上的电压分配与各层电容成反比，即

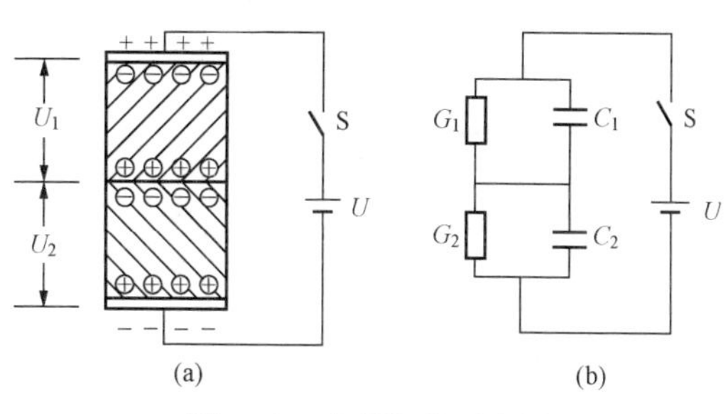

图 2-4　夹层极化示意图

(a) 示意图；(b) 等值电路图

$$\left.\frac{U_1}{U_2}\right|_{t\to 0}=\frac{C_2}{C_1} \tag{2-1}$$

到达稳态时，各层上的电压与各层的电导成反比，即

$$\left.\frac{U_1}{U_2}\right|_{t\to \infty}=\frac{G_2}{G_1} \tag{2-2}$$

因

$$\frac{C_2}{C_1}\neq\frac{G_2}{G_1} \tag{2-3}$$

则有

$$\left.\frac{U_1}{U_2}\right|_{t\to 0}\neq\left.\frac{U_1}{U_2}\right|_{t\to \infty} \tag{2-4}$$

所以合闸后，两层介质上的电压有一个重新分配的过程，即 C_1、C_2 上的电荷要重新分配。设 $U_{1t\to 0}<U_{1t\to\infty}$，则有 $U_{2t\to 0}>U_{2t\to\infty}$。继而 C_1 则要从电源再吸收一部分电荷（称为吸收电荷），C_2 上的一部分电荷要经 G_2 放掉，结果使两层介质的分界面上出现了不等量的异号电荷，从而显示出电的极性（分界面上正电荷比负电荷多，呈现正极性，否则，呈现负极性）。这种使夹层电介质分界面上出现电荷积聚的过程称为夹层式极化。

由以上分析可知，夹层电介质分界面上电荷的积聚是通过电介质的电导进行的，因电介质的电导一般很小，对应的时间常数很大，故夹层极化的过程非常缓慢，它的完成时间从几十分之一秒到几分钟，甚至更长时间。夹层极化只在低频时才来得及完成。显然，夹层极化过程中有能量损耗。

五、相对介电系数

当电极间为真空时，在电场的作用下，极板上的电荷量为 Q_0，如图 2-5（a）所示。极板间的电容计算式为

$$C_0=\frac{Q_0}{U}=\frac{\varepsilon_0 S}{d} \tag{2-5}$$

式中 C_0——真空中的电容，F；

Q_0——真空中的极板上电荷量，C；

ε_0——真空中介电常数，$\varepsilon_0=8.86\times10^{-14}$ F/cm；

S——极板面积，cm^2；

d——极板距离，cm。

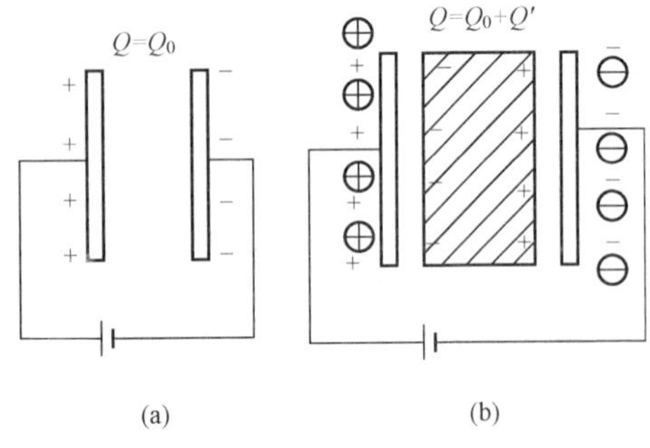

图 2-5 介质在电场中的电荷分布

（a）极板间为真空；（b）极板间加上介质

当电极间放入电介质后，在靠近电极的电介质表面形成束缚电荷 Q'，它将从电源吸引一部分额外电荷来“中和”，使极板上储存的电荷增加，因此极板间的电容为

$$C=\frac{Q_0+Q'}{U}=\frac{\varepsilon S}{d} \tag{2-6}$$

用式(2-6) 除以式(2-5)，有 $\frac{C}{C_0}=\frac{\varepsilon}{\varepsilon_0}=\varepsilon_r$，$\varepsilon_r$ 称为电介质相对介电常数，它是表征电介质在电场作用下极化程度的物理量。

ε_r 值由电介质的材料决定，并且与温度、频率

等因素有关。气体电介质因密度很小，极化程度很弱，因而一切气体的 ε_r 应用时都可看作 1。在工频电压下，温度为 20℃时，常用的液体和固体电介质的 ε_r 大多在 2～6 之间，见表 2-1。

表 2-1　常用电介质的相对介电常数

材料类别		名称	相对介电常数 ε_r（工频 20℃）
液体介质	弱极性	变压器油	2.2～2.5
		硅有机油	2.2～2.8
	极性	蓖麻油	4.5
	强极性	丙酮	22
		酒精	33
		纯水（20℃）	81
固体介质	中性或弱极性	石蜡	2.0～2.5
		聚乙烯	2.25～2.35
		聚苯乙烯	2.5～3.1
		聚四氟乙烯	2.0～2.2
		松香	2.5～2.6
		沥青	2.6～2.7
	极性	油浸纸	3.3
		酚醛树脂塑料	4～4.5
		聚氯乙烯	3.2～4.0
		有机玻璃	3.3～4.5
	离子性	云母	5～7
		电瓷	5.5～6.5

六、电介质极化在工程上的意义

（1）选择电介质时，除应注意电气强度等要求之外，还应注意 ε_r 的大小。例如：用作电容器的绝缘介质，希望 ε_r 大些，这样电容器单位容量的体积和质量就可以减小；用作其它电气设备的绝缘介质，则希望 ε_r 小些。如电缆绝缘介质的 ε_r 越小，则充电电流和极化而引起的损耗越小。

（2）几种绝缘介质组合在一起使用时，应注意各种材料 ε_r 的配合。因为在交流和冲击电压下，串联电介质场强的分布与 ε_r 成反比。

（3）介质损耗与介质的极化类型有关，介质损耗是影响绝缘劣化和热击穿的一个重要因素。如极性介质的 ε_r 大，往往损耗也大。

（4）在绝缘预防性试验中，空间电荷极化现象可用来判断绝缘受潮的情况。

第二节　电介质的电导

一、电介质的电导

从电导机理来看，电介质的电导可分为离子电导和电子电导。离子电导是以离子为载流体，而电子电导是以自由电子为载流体。理想的电介质是不含带电质点的，更没有自由电子。但实际工程上所用的电介质或多或少总含有一些带电质点（主要是杂质离子），这些离子与电介质分子联系非常弱，甚至成自由状态；有些电介质在电场或外界因素影响下（如紫外线辐射），本身就会离解成正负离子。它们在电场的作用下，沿电场方向移动，形成了电导电流，这就是离子电导电流。电介质中的自由电子，则主要是在高电场的作用下，离子与电介质分子碰撞、游离激发出来的。这些电子在电场作用下移动，形成电子电导电流。当电介质中出现电子电导电流时，就表明电介质已经被击穿，因而不能再作为绝缘体使用。因此，一般说电介质的电导都是指离子性电导。

二、气体电介质中的电导

正常情况下，气体为极好的电介质，电导非常小。图 2-6 是气体介质的电流密度与电场强度 E 的关系曲线。在场强极小时（阶段Ⅰ），气体中的电流密度 j 大致与外施场强成正比，基本上符合欧姆定律，如

$$j = rE \tag{2-7}$$

式中 r——电导率；

E——电场强度。

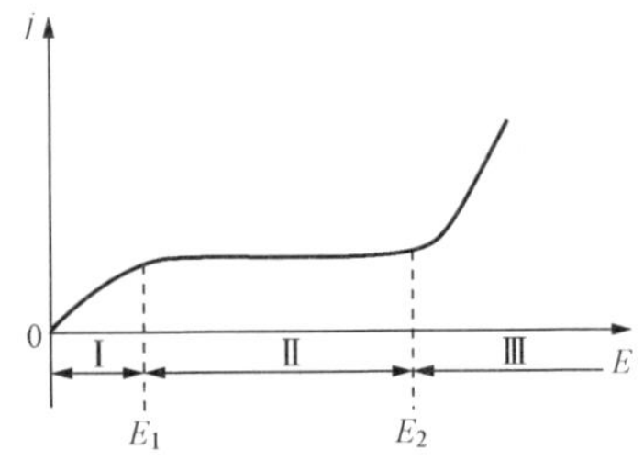

图 2-6　气体介质的电流密度与电场强度 E 的关系曲线

但场强稍为增大（阶段Ⅱ）时，电流达到饱和状态，不再随外施场强的增加而上升。这是因为在此阶段，电流全取决于由外界游离因子（如辐射等）引起的气体电介质电离而出现的带电粒子。只有当外施场强显著增强，电介质进入电子碰撞游离阶段，如大于 E_2 时，因碰撞游离，才使带电粒子急剧增多，即气体电介质已接近击穿了。

由图 2-6 可见，$E_1 \sim E_2$ 的饱和段比较宽，气体电介质在工程应用上总是处于饱和条件下的。因此，对气体电介质不能以电导率作为其电气绝缘特性。因为在饱和电流的条件下，电流密度不随电场强度变化而变化，电导率就没有意义。又由于气体的电导很小，故只要气体的工作场强低于游离场强，就不必考虑气体的电导。

三、液体电介质中的电导

液体介质中形成电导电流的带电质点主要有两种：一种是电介质分子或杂质分子离解而成的离子，另一种是较大的胶体（如绝缘油中的悬浮物）带电质点。前者叫做离子电导，后者叫做电泳电导。两者只是带电质点大小上的差别，其导电性质是一样的。中性和弱极性的液体电介质，其分子的离解度小，其电导率就小。介电常数大的极性和强极性液体电介质的离解作用是很强的，液体中的离子数多，电导率就大。因此，在一般情况下，极性和强极性（如水、醇类等）的液体不能用作绝缘材料。工程上常用的液体电介质，如变压器油、漆和树脂以及它们的溶剂（如四氯化碳、苯等），都属于中性和弱极性。这些电介质在很纯净的情况下，其电导率是很小的。但工程上通常用的液体电介质难免含有杂质，这样就会增大其电导率。

四、固体电介质的电导

固体电介质的电导分为体积电导和表面电导两部分。体积电导在很大程度上取决于电介质中所含的杂质离子，特别对于中性及弱极性电介质，杂质离子起主要作用。体积电导的电流密度 j_{10}，在电场强度较低时，它与电场强度成正比，符合欧姆定律，即

$$j_{i0} = r_{i0}E \tag{2-8}$$

式中　r_{i0}——体积电导率。

当电场强度较高时，体积电导电流密度与电场强度成指数关系，即

$$j_{i0} = r_{i0}e^{CE} \tag{2-9}$$

式中　C——常数；

E——电场强度。

固体电介质的表面电导主要取决于它表面吸附导电杂质（如水分和污染物）的能力及其分布状态。只要电介质表面出现很薄的吸附杂质膜，表面电导就比体积电导大得多。极性电介质的表面与水分子之间的附着力远大于水分子的内聚力（因为水也是极性的），就很容易吸附水分，而且吸附的水分湿润整个表面，形成连续水膜，这叫做亲水性的电介质。这种电介质表面电导较大，如云母、玻璃、纤维材料等。不含极性分子的电介质表面与水分子之间的附着力小于水分子的内聚力，不容易吸附水分，只在表面形成分散孤立的水珠，不构成连续的水膜，这叫做憎水性电介质。其表面电导较小，如石蜡、聚苯乙烯等。还有一些材料能部分溶于水或胀大（如赛璐珞），其表面电导也很大。表面粗糙或多孔的电介质也更容易吸附水分和污染物。在实际测试工作中，有时表面电导远大于体积电导，所以在测量绝缘泄漏电流或绝缘电阻时，要注意屏蔽和具体分析测试结果。

五、电介质电导在工程上的意义

（1）电介质电导的倒数即为介质的绝缘电阻。绝缘电阻包括体积绝缘电阻和表面绝缘电阻两部分，通常说的绝缘电阻一般是指体积绝缘电阻。通过测量绝缘电阻，可判断绝缘是否受潮或有其他劣化现象。

（2）多层介质串联时，在直流电压下各层的稳态电压分布与各层介质的电导成反比，故对于直流设备应注意电导率的合理配合。

（3）电介质的电导对电气设备的运行有重要的影响。电导产生的能量损耗使设备发热，为限制设备的温度升高，有时必须降低设备的工作电流。在一定的条件下，电导损耗还可能导致介质发生热击穿。

第三节　电 介 质 的 损 耗

一、介质损耗的基本概念

1. 电介质的等值电路

在图 2 - 4（a）中串联的两层不同均匀介质的平行平板电极上突然加上直流电压 U，流过介质的电流 I 与时间 t 的关系如图 2 - 7 所示。电流的这种变化规律是由加压后介质内所发生的物理过程引起的。加压后两极间真空和无损极化（电子式极化和离子极化）要在外回路形成电流 I_c。由于无损极化是瞬间完成的，故 I_c 具有瞬间脉冲性质。除无损极化外，介质还会发生有损极化（偶极子转向极化和空间电荷极化），此类极化会在外回路造成吸收电流 I_a，因有损极化（主要是空间电荷极化）进行得非常缓慢，故 I_a 的衰减也比较慢。电介质还存在电导，它会在外回路形成恒定的电流 I_g（称为泄漏电流）。上述三个电流分量叠加，即为外回路电流 I。

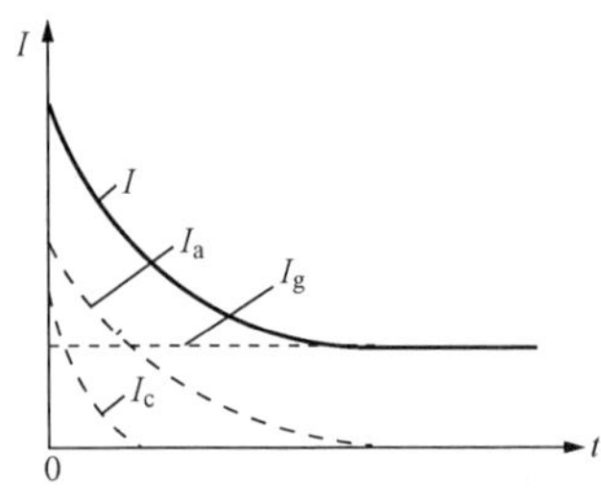

图 2-7 直流电压下流过介质的电流 I 与时间 t 的关系

根据电流 I 各分量的特点，可构造出双层不同均匀介质串联时的等值电路，如图 2-8 所示。其中：C_0 为反映真空和无损极化所形成的电容；C_a 为反映有损极化所形成的电容；R_a 为反映有损极化的等效电阻；R_g 为介质的绝缘电阻。事实上，该等值电路不仅适合于多层串联介质或不均匀介质，而且适合于均匀介质，只不过此时不存在夹层极化，流过 R_a、C_a 支路的电流仅为偶极子式极化形成的电流，衰减很快。

在交流电压的作用下，电介质的等值电路还可进一步简化。图 2-8 中的电压和电流都可以用相量表示，其相量关系如图 2-9 所示。将 $\dot{I}_a$ 分解成有功电流（$\dot{I}_{ar}$）和无功电流（$\dot{I}_{ac}$）两个分量后，流过介质的总电流 $\dot{I}$ 实际上由介质的总的有功电流分量 $\dot{I}_R$ 和无功电流分量 $\dot{I}_{Cp}$ 组成。因此等值电路可以简化为图 2-10 所示的并联等值电路。

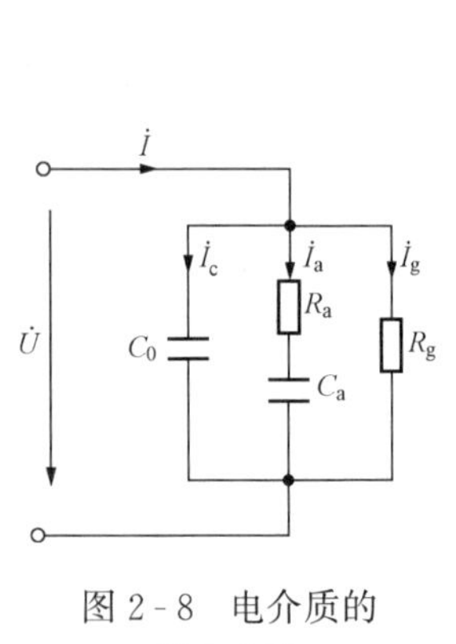

图 2-8 电介质的等值电路

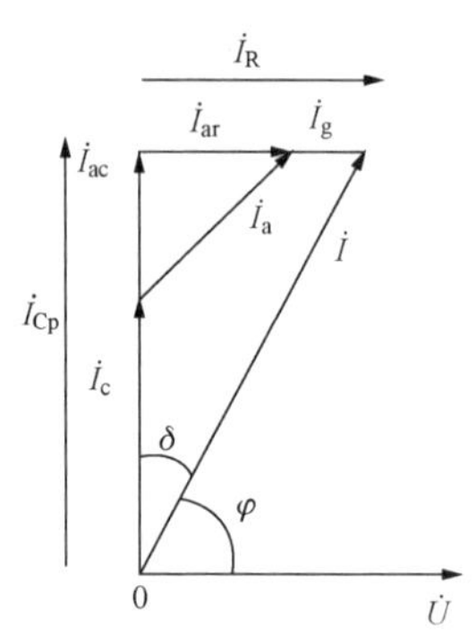

图 2-9 交流电压下电介质的电流相量图

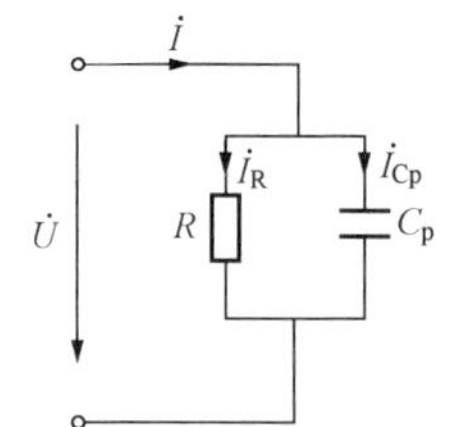

图 2-10 交流电压下电介质的并联等值电路

在交流电压下，介质的等值电路还可简化为图 2-11（a）所示的两元件串联的等值电路，其相量图表示于图 2-11（b）中。

2. 介质损失角正切值

当给介质上施加相对较低的电压（小于介质中发生游离的电压）时，介质中的能量损耗有两种：一种是有损极化引起的损耗，另一种是电导引起的损耗。介质的能量损耗简称为介质损耗。

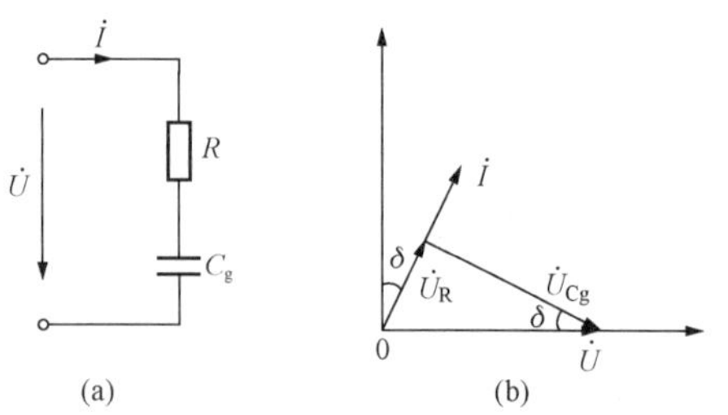

图 2-11 交流电压下电介质的并联等值电路和相量图

（a）串联的等值电路；（b）相量图

在直流电压下，介质只在加压时发生一次极化，这一次极化产生的能量损耗与电压长期作用下的电导损耗相比完全可以忽略，故可认为直流下只有电导损耗。电导损耗用电导率即可表达。在交流电压下，介质除电导损耗外，还有周期性极化引起的极化损耗，这时总的介质损耗需引入一个新的物理量来表示。

在图 2-9 中，φ 为功率因数角，φ 的余角 δ 称为介质损失角，其正切 $\tan\delta$ 与图 2-10 中介质的并联等值电路中的元件参数及介质的有功功率 P 存在如下关系

$$\tan\delta = \frac{I_R}{I_{Cp}} = \frac{U/R}{U\omega C_P} = \frac{1}{\omega RC_P} \tag{2-10}$$

$$P = UI_R = UI_{Cp}\tan\delta = U^2\omega C_P\tan\delta \tag{2-11}$$

对于图 2 - 11 的串联等值电路可得到

$$\tan\delta = \frac{U_R}{U_{Cg}} = \frac{IR}{I/\omega C_g} = \omega RC_g \tag{2-12}$$

$$P = I^2R = \frac{U^2R}{R^2+(1/\omega C_g)^2} = \frac{U^2\omega^2RC_g^2}{1+(\omega RC_g)^2} = \frac{U^2\omega C_g\tan\delta}{1+\tan^2\delta} \tag{2-13}$$

$\tan\delta$ 通常很小，故对串联等值电路可得

$$P = U^2\omega C_g\tan\delta \tag{2-14}$$

由此可见，不论对介质的并联等值电路还是串联等值电路，在外加电压的大小、频率及试品尺寸一定时，$\tan\delta$ 与 P 成正比，故 $\tan\delta$ 可反映出介质在交流电压下损耗的大小。

有功功率 P 虽然也能反映交流电压下介质损耗的大小，但它与试验时所加的电压、试品尺寸等有关，不同试品间难以相互比较，故用 P 表示介质损耗是不便的。$\tan\delta$ 是介质有功电流和无功电流的比值，它如同介质的介电常数和电导率一样，仅取决于介质本身的特性和状况，与电压（在电压不是很高时）和试品尺寸无关，因而不同试品的 $\tan\delta$ 可相互比较。故工程上可用 $\tan\delta$ 来衡量介质损耗的大小。

二、气体电介质的损耗

当加在气体上的电压小于其发生碰撞游离的电压时，气体中的损耗主要是电导损耗，损耗极小（$\tan\delta < 10^{-8}$）。但当加在气体上的电压超过其开始发生碰撞游离的电压时，损耗将随电压的升高急剧增大，如图 2 - 12 所示。此时的损耗主要是由气体分子发生游离而消耗电场能量造成的，称为游离损耗。

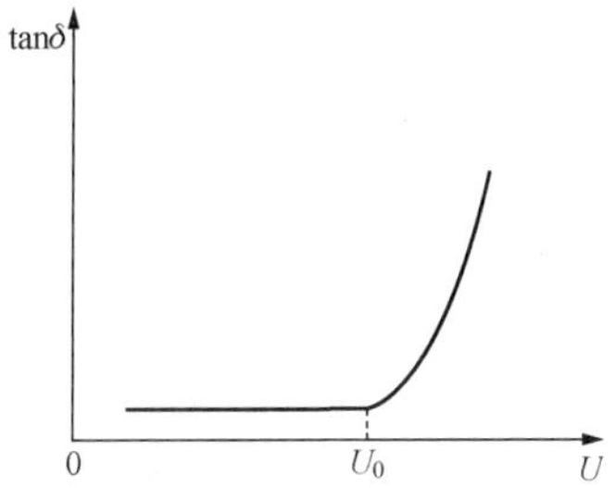

图 2 - 12　气体的 $\tan\delta$ 与电压 U 的关系

三、液体电介质的损耗

中性或弱极性液体介质的损耗主要由电导引起，损耗较小。影响损耗大小的因素及损耗与影响因素的关系也与电导相似。$\tan\delta$ 与温度 t 和外加电压 U 的关系分别如图 2 - 13 和图 2 - 14所示。

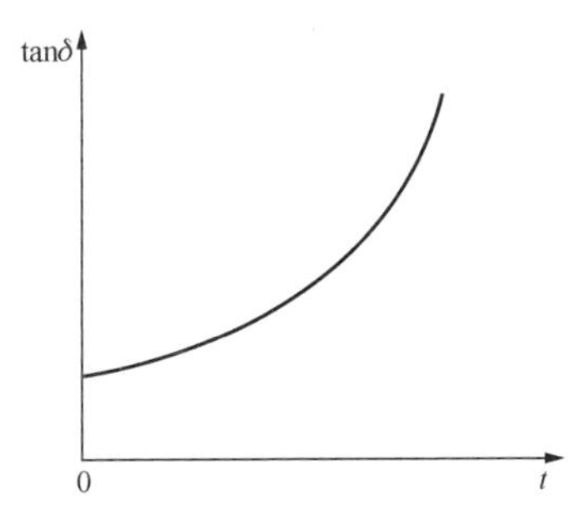

图 2 - 13　中性液体电介质的 $\tan\delta$ 与温度 t 的关系

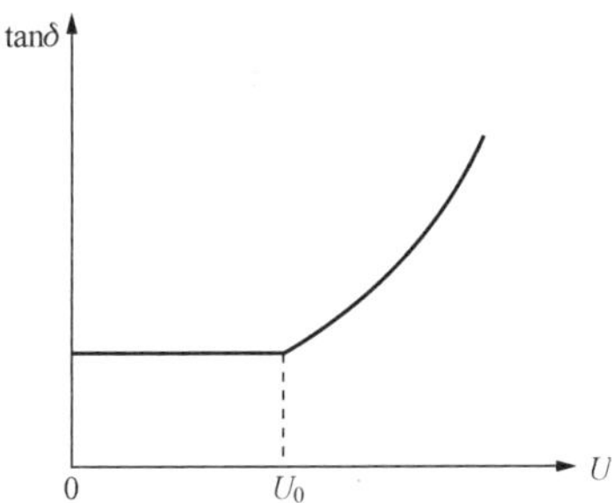

图 2 - 14　中性液体电介质的 $\tan\delta$ 与电压 U 的关系

极性液体以及极性与中性液体的混合物（如电缆胶是极性液体松香和弱极性液体变压

器油的混合物）既有电导损耗又有极化损耗，它们的 $\tan\delta$ 要比中性液体的大。影响中性液体电介质 $\tan\delta$ 的因素除温度、外加电压的大小外还与电压的频率有关。中性液体电介质的 $\tan\delta$ 与温度的关系如图 2－15 所示。图中的曲线 1 可以这样解释：当温度 $t<t_1$ 时，因温度较低，电导和极化损耗都较小，随着温度的升高，液体的黏度下降，偶极子式极化增强，极化损耗增大，同时电导损耗也略有增大，故中性液体电介质的 $\tan\delta$ 增大，直到 $t=t_1$ 时达到极大值；当 $t_1<t<t_2$ 时，随着温度的升高，分子热运动加快，妨碍了偶极子有序的转向，所以极化损耗随着温度的升高而减小。虽然电导损耗在一定范围内是增大的，但增大的程度比电导损耗减小的程度小，故总的 $\tan\delta$ 是下降的，在 $t=t_2$ 时达到极小值；当 $t>t_2$ 时，电导损耗随温度升高急剧增大，极化损耗占总损耗的比重变得很小，因而 $\tan\delta$ 又随温度的升高而增大。由于极性液体的黏度与温度间存在这样的规律，所以在使用含极性液体的混合物时要注意选择混合的比例，使出现 $\tan\delta$ 极大值的温度不在混合物的工作范围之内。

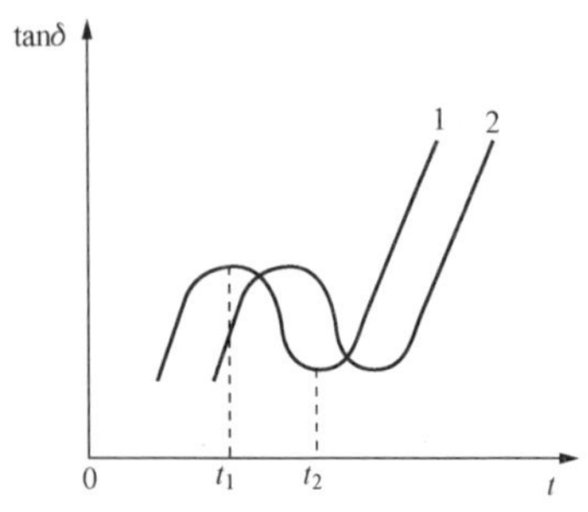

图 2－15　极性液体电介质的 $\tan\delta$ 与温度 t 的关系

1—频率为 f_1；2—频率为 f_2（$f_2>f_1$）

从图 2－15 中还可看到，频率增大时，整个曲线向右移动，即 $\tan\delta$ 的极大值出现在较高的温度下，这是因为频率高时偶极子的转向来不及充分进行，要使极化进行得充分，就必须减小黏度，也就是必须升高温度。

极性液体的 $\tan\delta$ 与外加电压的关系与中性液体类似。在频率不太高的一定范围内，随着频率的升高，偶极子往复转向的频率加快，介质损耗增大。在频率大于某一数值后，由于偶极子质量的惯性及相互间的摩擦作用，来不及随电压极性的改变而转向，故此时介质损耗随频率的升高而减小。

四、固体电介质的损耗

与液体介质类似，中性和弱极性固体介质如石蜡、聚乙烯等，其损耗主要由电导引起，因它们的电导极小，故 $\tan\delta$ 很小。极性固体介质如纸、聚氯乙烯、有机玻璃等，既有电导损耗也有极化损耗，故它们的 $\tan\delta$ 较大。此外，固体介质有些是离子结构的，它们的损耗与离子的结构特性有关。结构紧密的离子晶体在不含有使晶格畸变的杂质时，损耗主要由电导引起，所以 $\tan\delta$ 很小，如云母就属于此类。结构不紧密的离子结构的固体，因存在有损耗的离子松弛极化，故 $\tan\delta$ 较大，玻璃、陶瓷等就属于此类。固体介质的 $\tan\delta$ 与温度、频率和外加电压的关系与液体介质类似。

五、电介质的损耗在工程上的意义

（1）选用绝缘介质时，必须注意材料的 $\tan\delta$。$\tan\delta$ 越大，介质的损耗也越大，交流下发热也越严重。这不仅使介质容易劣化，严重时还可能导致热击穿。

（2）绝缘受潮时其 $\tan\delta$ 会增大，绝缘中存在气隙或大量气泡时，在高电压下 $\tan\delta$ 也会显著增大，因此通过测量 $\tan\delta$ 和 $\tan\delta$-U 的关系曲线，可发现绝缘是否受潮或存在分层、开裂等缺陷。测量 $\tan\delta$ 是绝缘预防性试验中的一个基本项目。

（3）使用电气设备时必须注意它们对频率、温度和电压的要求，超过规定的范围时，不仅对电气设备本身的绝缘不利，还可能给其他工作带来不良影响。

第四节　电介质的击穿

当施加于电介质上的电压超过某临界值时，通过电介质的电流剧增，电介质发生破坏或分解，直至电介质丧失固有的绝缘性能，这种现象叫做电介质击穿。电介质发生击穿时的临界电压值称为击穿电压 U_b，击穿时的电场强度称为击穿场强 E_b。在均匀电场中 E_b 和 U_b 的关系为

$$E_b = \frac{U_b}{d} \tag{2-15}$$

式中　d——击穿处电介质的厚度。

一、气体电介质的击穿

在本章第二节中曾提到，加在电介质上的电压超过气体的饱和电流阶段之后，即进入电子碰撞游离阶段，带电质点（主要是电子）在电场中获得巨大的能量，从而将气体分子碰撞游离成正离子和电子。新形成的电子又在电场中积累能量去碰撞其他分子，使其游离，如此连锁反应，便形成了电子崩，电子崩向阳极发展，最后形成一个具有高电导的通道，导致气体击穿。

气体电介质击穿电压与气压、温度、电极形状及气隙距离有关，因此在实际工作中要考虑这些影响因素并进行校正。

几种典型电极在不同距离的空气间隙击穿电压如图 2-16 所示。

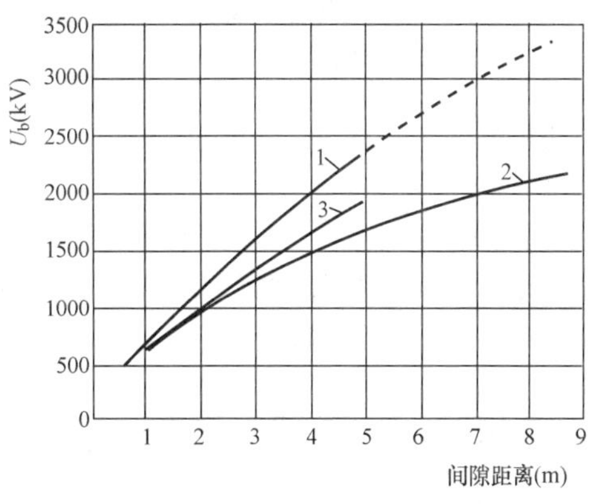

图 2-16　几种典型电极在不同距离的空气间隙击穿电压

1—环对环，棒对棒；2—环对垂直平面，球对平面；3—导线对杆塔

从图 2-16 中可以看到，在短间隔距离内，各种间隙的击穿电压相差较小，在 2m 以上时差别就逐渐增大，所以对于长间隙的试验研究就更为重要。因此，在设计高压工程时（特别是超、特高电压输配电工程），除了考虑自然条件的影响外，对实际存在的各种复杂的电极形式要进行模拟试验，才能得到正确的数据。

二、液体电介质的击穿

在纯净的液体电介质中，其击穿也是由于游离所引起，但工程上用的液体电介质或多或少总会有杂质，如工程用的变压器油，其击穿则完全是由杂质所造成的。在电场作用下，变压器中的杂质如水泡、纤维等聚集到两电极之内，由于它们的介电常数比油的大得多（纤维为 $\varepsilon=7$，水为 $\varepsilon=81$，油为 $\varepsilon=2.3$），将被吸向电场较集中的区域，可能顺着电力线排列起来，即顺电场方向构成“小桥”。小桥的电导和介电常数都比油大，因而使小桥及其周围的电场更为集中，降低了油的击穿电压。若杂质较多，还可构成贯穿整个电极间隙的小桥。有时，由于较大的电导电流使小桥发热，形成油或水分局部气化，生成的气泡也沿着电力线排列形成击穿。变压器油中最常见的杂质有水分、纤维、灰尘、油泥和溶解的气体等。水分对变压器击穿强度的影响更大，由图 2-17 可以看出，含有 0.03%水分的变压

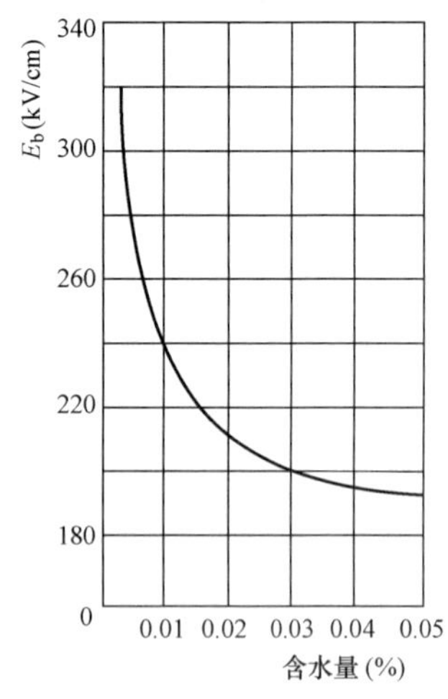

图 2-17　变压器的击穿场强和其含水量的关系

器的击穿强度仅为干燥时的一半。纤维容易吸收水分，纤维含量多，水分也就多，而且纤维更易顺电场方向构成桥路。油中溶解的气体一旦遇到温度变化或搅动就容易释放出形成气泡，这些气泡在较低电压下就可能游离，游离气泡的温度升高就会蒸发，因而气泡沿电场方向也易构成小桥，导致变压器油击穿。

因此，变压器油中应尽可能除去杂质，一般采取真空加热过滤的方法，使其达到安全运行的标准要求。为了阻挡杂质在电极间构成桥路，特别是在不均匀电场中，应在靠近强电场电极附近加装屏障，这样可以大大提高电介质的击穿电压。例如高压变压器绕组外的绝缘围屏就起这个作用。

三、固体电介质的击穿

固体电介质的击穿大致可分电击穿、热击穿、电化学击穿三种形式。不同的击穿形式与电压作用时间和场强的关系如图2-18所示。

1. 电击穿

在强电场的作用下，当电介质的带电质点剧烈运动，发生碰撞游离的连锁反应时，就产生电子崩。当电场强度足够高时，就会发生电击穿，此种电击穿是属于电子游离性质的击穿。一般情况下，电击穿的击穿电压是随着电介质的厚度成线性地增加，而与加压时的温度无关。电击穿的作用时间很短，一般以微秒计，其击穿电压较高，而击穿场强与电场均匀程度关系很大。

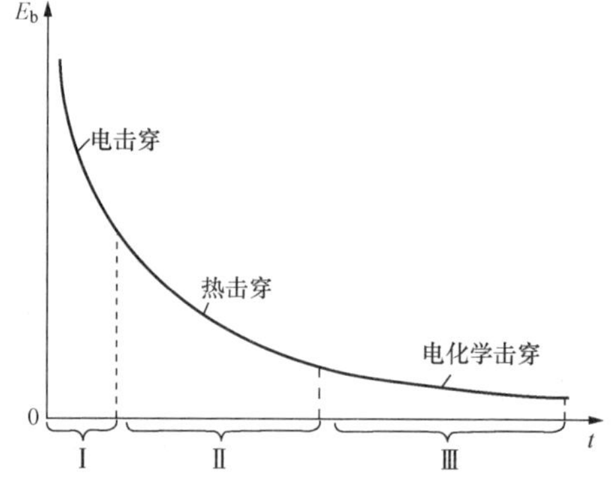

图 2-18　不同击穿形式与电压作用时间和场强的关系
Ⅰ段—以微秒～毫秒计；Ⅱ段—以秒～分钟计；
Ⅲ段—以小时～年计

2. 热击穿

在强电场的作用下，由于电介质内部介质损耗而产生的热量，如果来不及散发出去，将使电介质内部温度升高，而电介质的绝缘电阻或介质损耗具有负的温度系数。当温度上升时，其电阻会变小，又会使电流进一步增大，损耗发热也增大，导致温度不断上升，进一步引起介质分解、碳化等。因此，导致分子结构破坏而击穿，称为热击穿。热击穿电压是随温度增加而下降的。电介质厚度增加，散热条件变坏，击穿强度也随之下降。高压电气设备（如电缆、套管、发电机等）由于结构原因，在运行中经常出现温度过高，引起绝缘劣化、损耗增大而发生热击穿故障。热击穿除与温度和时间有关外，还与频率和电化学击穿有关。因为电化学过程也引起绝缘劣化和耗损的增加，从而导致发热增加。因此，可以认为电化学击穿是某些热击穿的前奏。

3. 电化学击穿

在强电场的作用下，电介质内部包含的气泡首先发生碰撞游离而放电，杂质（如水分）也因受电场加热而汽化并产生气泡，于是使气泡放电进一步发展，导致整个电介质击穿。如变压器油、电缆、套管等，也往往因含气泡发生局部放电，如果逐步发展会使整个电极之间导通击穿。而在有机介质内部（如油浸纸、橡胶等），气泡内持续的局部放电会产生游离生成物，如臭氧及碳水等化合物，从而引起介质逐渐变质和劣化。电化学击穿与介质的电压作用时间、温度、电场均匀程度、累积效应、受潮、机械负载等多种因素有关。

实际上，电介质击穿往往是上述三种击穿形式同时存在的。一般地说，$\tan\delta$ 大、耐热性差的电介质，处于工作温度高、散热又不好的条件下，热击穿的概率就大些。至于单纯的电击穿，只有在非常纯洁和均匀的电介质中才有可能，或者电压非常高而作用的时间又非常短，如在雷电和操作波冲击电压下的击穿，基本上属于电击穿。固体电介质的电击穿强度要比热击穿高，而放电击穿强度则决定于电介质中的气泡和杂质，因此固体电介质由电化学引起击穿时，击穿强度不但低，而且分散性较大。

第五节 绝缘电阻、吸收比和极化指数的测量

一、实验目的

（1）了解绝缘电阻表的原理，掌握绝缘电阻表的使用方法。

（2）学习绝缘电阻、吸收比和极化指数的测量方法，掌握分析绝缘状态、判断故障位置的方法。

二、实验原理

测量绝缘电阻、吸收比和极化指数就是利用吸收现象来检查绝缘是否整体受潮，有无贯通性的集中性缺陷。

绝缘电阻表偏转角 α 的大小和两并联支路中的电流比值有关，即

$$\alpha = f(I_V / I_A) \tag{2-16}$$

在直流电压作用下流过电压绕组的电流为 I_V，流过电流绕组中的电流为 I_A。两电流产生的力矩方向相反，在力矩差的作用下绕组带动指针旋转，直到平衡为止。I_A 流过被测电阻，所以偏转角的大小就反映了被测电阻的大小。

1. 绝缘电阻

绝缘电阻是指在绝缘体的临界电压以下，施加直流电压 U_- 时，测量其所含的离子沿电场方向移动形成的电导电流 I_g，应用欧姆定律所确定的比值，即

$$R_\infty = \frac{U_-}{I_g} \tag{2-17}$$

式中 R_∞——绝缘电阻，MΩ；

U_-——直流电压，V；

I_g——电导电流，μA。

2. 吸收比和极化指数

一般将 60s 和 15s 时绝缘电阻的比值称为吸收比，用 R_{60}/R_{15} 表示。当绝缘受潮时 K_1 下降，K_1 的最小值为 1。变压器绝缘要求 K_1 值大于 1.3。吸收比试验与温度及湿度有关，必要时可按相关公式进行换算

$$K_1 = \frac{R_{60}}{R_{15}} \tag{2-18}$$

对于吸收过程较长的大容量设备，如变压器、发电机、电缆等，有时用R_{60}/R_{15}吸收比的值尚不足以反映绝缘介质的电流吸收过程。为了更好地判断绝缘是否受潮，可采用较长时间的绝缘电阻比值进行衡量，称为绝缘的极化指数，用K_2表示

$$K_2 = \frac{R_{10min}}{R_{1min}} \tag{2-19}$$

式中 K_2——极化指数；

R_{10min}——加压10min时测的绝缘电阻；

R_{1min}——加压1min时测的绝缘电阻。

极化指数测量加压时间较长，测定的电介质极化指数与温度无关，变压器极化指数K_2一般应大于1.5，绝缘较好时可达到3～4。

三、试验接线和试验步骤

（一）试验接线

绝缘电阻表分手摇式和数字式，其外形如图2-19（a）、（b）所示。

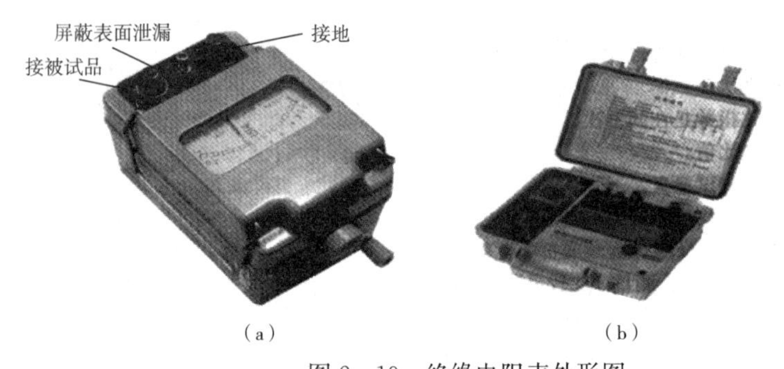

（a） （b）

图2-19 绝缘电阻表外形图

（a）手摇式绝缘电阻表；（b）数字式绝缘电阻表

绝缘电阻、吸收比和极化指数通常是用绝缘电阻表进行测量的，其接线如图2-20所示（图中被试物为电缆绝缘）。一般绝缘电阻表有三个接线端子，分别为线路（L）、地（E）及屏蔽（G）。测量时，将线路端子（L）和地端子（E）分别接于被试绝缘的两端，如图2-20所示。图2-20（a）用于测量电缆线芯对地的绝缘电阻，端子L接电缆线芯，端子E接电缆外皮（即接地）；图2-20（b）用于测量电缆两线芯间的绝缘电阻，端子L及E分别接于电缆两线芯。为避免表面泄漏电流对测量造成误差，还应在绝缘表面加装屏蔽环，并接到绝缘电阻表屏蔽端子（G）上，以使表面泄漏电流短路，如图2-20（c）所示。

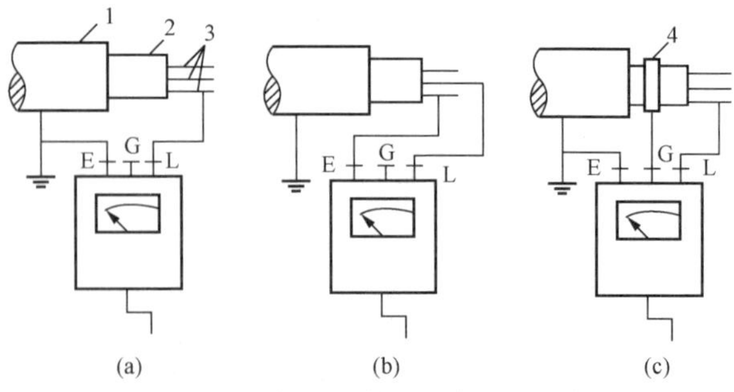

（a） （b） （c）

图2-20 绝缘电阻表测绝缘电阻的接线

（a）测对地绝缘；（b）测线芯间绝缘；（c）加屏蔽环测对地绝缘

1—电缆金属外皮；2—电缆绝缘；3—电缆线芯；4—屏蔽环

（二）试验步骤

1. 选择绝缘电阻表

通常绝缘电阻表按其额定电压分为500、1000、2500、5000V几种，应根据被试设备的额定电压来选择绝缘电阻表，绝缘电阻表的额定电压过高，可能在测试中损坏被试的设备绝缘。一般来说，额定电压为1000V以下的设备，

选用 1000V 的绝缘电阻表；额定电压为 1000V 及以上的设备，则选用 2500V 的绝缘电阻表。

2. 检查绝缘电阻表

使用前应检查绝缘电阻表是否完好。检查的方法是：先将绝缘电阻表的接线端子间开路，按绝缘电阻表额定转速（约 120r/min）摇动绝缘电阻表手柄，观察表计指针，应该指向“∞”；然后将线路和地端子短路，摇动手柄，指针应该指向“0”。如果绝缘电阻表的指示不对，则需调换或修理后再使用。

3. 对被试设备断电和放电

对运行中的设备进行试验前，应确认该设备已断电，而后还应对地充分放电。对电容量较大的被试设备（如发电机、电缆、大中型变压器、电容器等），放电时间应不少于 5min。

4. 接线

按前述的接线方法进行接线。接线中，由绝缘电阻表到被试物的连线应尽量短，线路与地端子的引出线间应相互绝缘良好。

5. 摇测绝缘电阻和吸收比

保持绝缘电阻表的额定转速，均匀摇转其手柄，观察绝缘电阻表指针的指示，同时记录时间。分别读取摇转 15s 和 60s 时的绝缘电阻 R_{15} 和 R_{60}。R_{60} 与 R_{15} 的比值即为被试物的吸收比。读数完毕以后，应先将绝缘电阻表线路端子的接线与被试物断开，然后再停止摇转；若线路端子接线尚未与被试物断开就停止摇转，有可能由于被试物电容电流反充电而损坏绝缘电阻表。在试验大容量的设备时更要注意这一点。

6. 对被试物放电

测量结束后，还应对被试物进行充分放电，对电容量较大的被试设备，其放电时间不应小于 5min。

7. 记录

记录的内容包括被试设备的名称、编号、铭牌规范、运行位置，被试绝缘的温度，试验现场的湿度以及摇测被试设备所得的绝缘电阻值和吸收比值等。

四、对试验结果的判断

对电气设备所测得的绝缘电阻、吸收比和极化指数，应比较其值的大小，进行分析判断。

1. 绝缘电阻、吸收比和极化指数数值

所测得的绝缘电阻、吸收比和极化指数不应小于 DL/T 596—1996《电力设备预防性试验规程》的规定值。若低于规定值，应进一步分析，查明原因。

2. 试验数值的相互比较

（1）将所测得的绝缘电阻、吸收比和极化指数数值与该设备历次试验的相应数值进行比较（包括大修前后相应数值比较），与其他同类设备比较，同一设备各相间比较，其数值都不应有较大的差别，否则应引起注意，对重要的设备必须查明原因。

（2）对容量比较大的高压电气设备，如电缆、变压器、发电机、电容器等的绝缘状况，主要以吸收比值和极化指数的大小为判断的依据。如果吸收比和极化指数有明显下降者，说明绝缘受潮或油质严重劣化。

五、绝缘电阻测试时注意事项

现场进行设备绝缘电阻测试时，必须遵照安全规程规定，按照绝缘电阻标准作业指导书进行操作，测试时有以下注意事项：

（1）在测量容量较大试品时，最初充电电流较大，绝缘电阻表指示数值很小，但这并不表示绝缘不良，需持续较长时间后，才能得到正确的结果。

（2）对于同杆架设双回路架空线或双母线，当一路带电时，不得测量另一回路的绝缘电阻，以防止感应高压损坏仪表和危及人身安全。对平行线路，也同样要注意感应电压，一般不应测量其绝缘电阻，在必须测量时，要采取必要措施后才能进行。

（3）如被试设备绝缘电阻值过低，应排除环境温度、湿度、表面脏污、感应电压等的影响。能分解试验的尽量分解试验，找出绝缘电阻最低的部分。

（4）绝缘电阻表的 L 和 E 端子严禁对调。

（5）屏蔽环的装设位置。为了避免表面泄漏电流的影响，测量时应在绝缘电阻表面加等电位屏蔽环，且应靠近 L 端子装设。

（6）为了便于试验数据的比较，对同一设备最好用同型号绝缘电阻表。

（7）试验前后对被试设备均应充分放电。

第六节 泄漏电流试验

一、实验目的

（1）掌握获得直流高压的方法。

（2）熟悉测量泄漏电流的方法，并根据泄漏电流的变化状况来分析绝缘状况。

二、实验原理

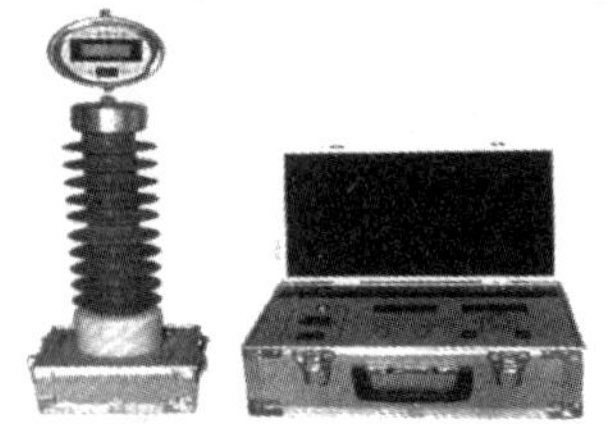

图 2-21 直流发生器外形

泄漏电流试验的原理与绝缘电阻试验是一致的。泄漏电流试验所用的直流试验电压是由直流发生器（其外形见图 2-21）供给，电压数值比绝缘电阻表的高，并且可以调节，对一定电压等级的设备绝缘可以施加相应的试验电压，这样绝缘本身的弱点就更容易显示出来。另外，泄漏电流试验是用微安表来指示泄漏电流值，所以读数比绝缘电阻表精确，同时可以在加压过程中随时观察微安表的读数，以了解绝缘的状况。总之，泄漏电流试验对于发现绝缘的缺陷比绝缘电阻试验更为灵敏和有效。如图 2-22 所示为实测的某发电机典型泄漏电流曲线。

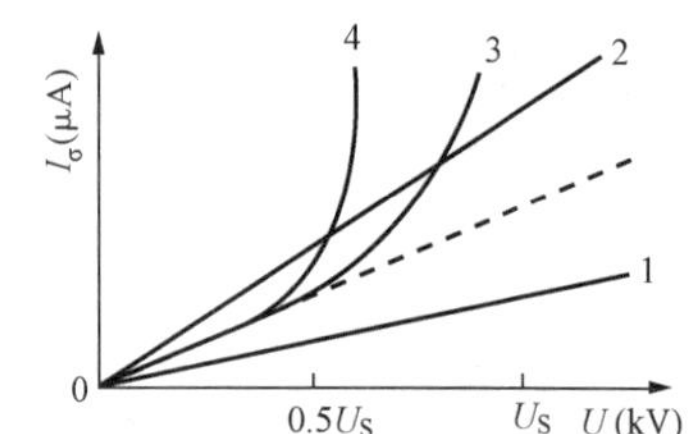

图 2-22 发电机典型泄漏电流曲线

1—绝缘良好；2—绝缘受潮；3—绝缘有集中性缺陷；4—绝缘有危险的集中性缺陷

U—直流电压；U_S—直流耐压；I_σ—泄漏电流

三、试验接线和试验步骤

（一）试验接线

泄漏电流的试验接线有多种方式，但按微安表所处位置的不同可以分为两种：微安表处于低压侧和微安表处于高压侧。

图 2-23 所示为微安表处于低压侧的试验接线。

图中：PA为微安表，串接于试验变压器T高压绕组与地线之间，即处于零电位（低压侧）；被试品为电机绕组的绝缘；T1为调压器；V为半波整流用硅堆；R为限流电阻。这种微安表处于低压侧的接线方式，在进行试验时，读数方便。但是，由于电路的高压引线等对地的杂散电流（泄漏电流、电晕电流）i_1以及高压试验变压器对地的泄漏电流i_2等都经过微安表，使微安表的读数中包含了被试绝缘泄漏电流以外的电流，造成测量的误差。虽然可以采用接入被试品前后，在同一数值试验电压下，读取两次泄漏电流值，然后用两次读数之差求得被试绝缘的泄漏电流，但是也还存在一定的误差。因此，在实际测试中，如果被试品不直接接地，则微安表可接在被试品与地之间，上述误差即可消除。如果被试品一端已直接接地，则可采用微安表处于高压侧的接线。

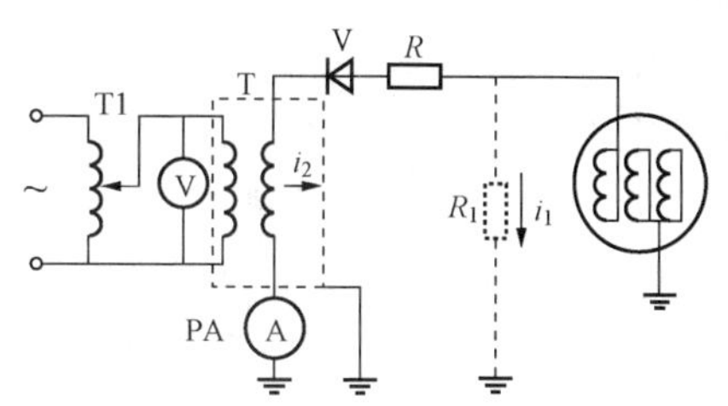

图2-23　微安表处于低压侧的接线

图2-24所示为微安表处于高压侧的试验接线。这种接线中，高压试验变压器对地的泄漏电流i_2不经过微安表；如果微安表以及从微安表到被试品一段引线采用屏蔽措施（微安表采用屏蔽罩，高压引线采用屏蔽线，图2-24中均用虚线画出），则高压引线的杂散电流也不经过微安表，微安表所指示的即为流经被试绝缘的泄漏电流。所以用这种接线测量比较准确。采用这种接线的缺点是：读数不方便；微安表必须有足够的绝缘，而且操作人员在试验过程中调整微安表的量程时，应采取相应的绝缘安全措施（如用绝缘棒），所以操作比较麻烦。

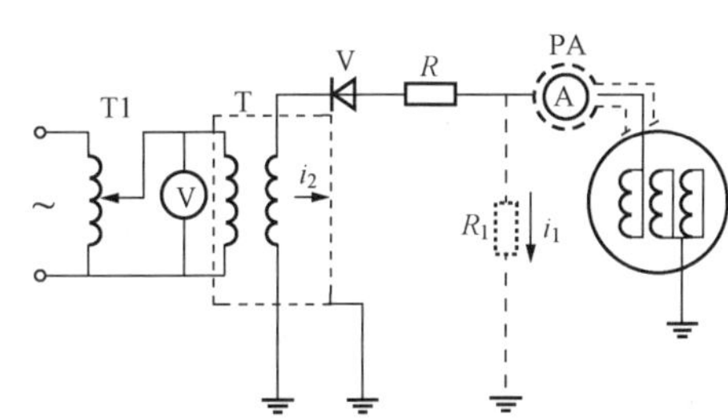

图2-24　微安表处于高压侧的接线

（二）试验步骤

1. 确定试验电压值

根据被试设备绝缘的情况，按照有关标准的规定，确定试验中应施加的直流试验电压值。如果泄漏电流试验结合直流耐压试验进行，则应施加的最高试验电压应是直流耐压试验的电压值。

2. 选择试验设备及试验接线方式

根据试验电压的大小、现有试验设备的条件选择合适的试验设备及试验接线方式，并正确绘出试验接线图。

3. 现场布置和接线

对选择好的试验设备，结合试验现场情况，进行合适的布置，而后按接线图进行接线。接线完毕后，应由第二人认真检查各试验设备的位置、量程是否合适，调压器指示应在零位，所有接线应正确无误。

4. 逐级升压和读取泄漏电流值

可按直流试验电压值的25%、50%、75%、100%等几个阶段逐级升压，每升高到一级电压时，停留一定的时间（通常为 1min），待微安表指示稳定后，读取此级电压下的泄漏电流值。当电压升高到直流试验的电压全值时，持续时间不得超过直流耐压规定的时间。对试验大电容的被试品（如电机、电缆、电容器等），电压的升高应以均匀缓慢的速度进行，以免充电电流过大，损坏试验设备。

5. 降压、断电及放电

上述试验结束后，应迅速降低电压到零，再切断电源，而后将被试物对地充分放电，对电容较大的被试物，放电时间也不应少于 5min。

在施加电压过程中，若发生击穿、闪络现象或微安表指示大幅度摆动等异常情况，应该立即降低电压到零，断开电源，充分放电，而后分析查明原因。

6. 整理记录并绘制电流电压关系曲线

记录的内容包括被试设备的名称、编号，铭牌规范，运行位置，被试绝缘的温度，试验现场的湿度；试验过程中所施加的直流电压值和测量到的相应泄漏电流值。将记录整理后，还应绘制泄漏电流与所施加的直流电压的关系曲线。

四、对试验结果的判断

对泄漏电流试验结果的分析判断与绝缘电阻和吸收比试验相类似，应着重从以下三方面进行。

1. 泄漏电流值

泄漏电流试验中所测得的泄漏电流值不应超出 DL/T 596—1996《电力设备预防性试验规程》的规定值，若有明显超出，应该查明原因。

2. 试验数据的相互比较

将泄漏电流数值与被试设备历次相应数据比较，同一设备各相间互相比较，与其他同类设备比较，都不应有显著的差异。同时，在泄漏电流试验中，每一级试验电压下，泄漏电流不应随加压时间的延长而增大，否则说明绝缘存在一定的缺陷。

3. 分析电流对电压的关系曲线

从泄漏电流与试验电压关系的发展趋势来判断，如果电流随电压增长较快或急剧上升，则表明绝缘不良或内部已有缺陷。

在对泄漏电流试验结果进行分析判断时，和绝缘电阻试验一样，应排除温度、湿度、脏污等因素的影响。

第七节　介质损耗角正切值试验

一、实验目的

（1）了解 QSI 型西林电桥的工作原理。

（2）熟悉 QSI 的操作方法。

（3）掌握用所得结果判断被试品绝缘状况的方法。

二、实验原理

电介质不是理想的绝缘材料，在交流电压的作用下，绝缘材料将产生损耗。绝缘的功率因数角的余角称为介质损耗角，用 δ 表示。

介质损耗 P 与外施电压 U、试品几何尺寸有关系，而 $\tan\delta$ 却与外施电压和试品尺寸无关，仅与试品的绝缘性能有关。因此可用 $\tan\delta$ 值表征介质在交流作用下的绝缘性能。

三、QSI 型电桥及接线

测量介质损耗角的正切值 $\tan\delta$ 通常用 QSI 型西林电桥。

QSI 型西林电桥是一种平衡电桥，具有灵敏度高、测量精确、携带方便的特点，其基本原理如图 2-25 所示。电桥由四个桥臂组成，AF 臂接被试品 C_x、R_x，BF 臂接无损标准空气电容器 C_N，BD 臂接入固定无感电阻 R_4 及与之并联的可变电容器 C_4，AD 臂接可变无感电阻 R_3，FD 对角间加试验电压，AB 对角间接入振动式检流计 G。

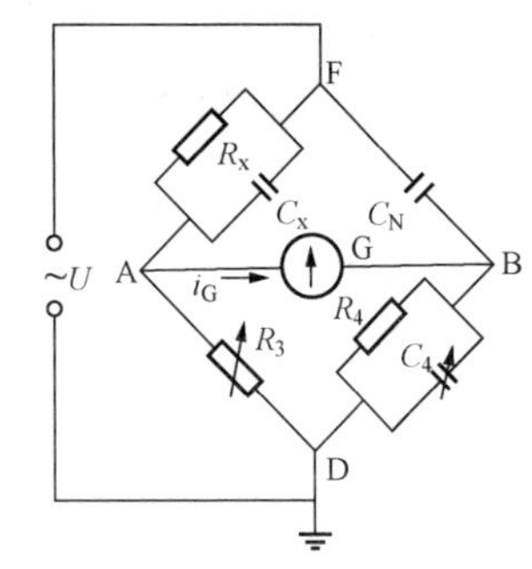

图 2-25 西林电桥基本原理图

当电桥平衡时，检流计中无电流通过，光带最窄，有

$$\tan\delta = \omega C_4 R_4 \tag{2-20}$$

$$C_x = \frac{R_4}{R_3} C_N \tag{2-21}$$

在 QSI 型电桥中，令 $R=10000/\pi=3184$（Ω）；在工频下使用时，$\tan\delta=10^6 C_4$，若 C_4 的单位为 μF，则 $\tan\delta=C_4$，试验时调节 R_3、C_4，使电桥平衡，就可直接读出 $\tan\delta$。调节 R_3 是使对应的桥臂电压的幅值相等，调节 C_4 是使相应电压的相角相等。R_3 由十进制的电阻箱组成，ρ 为滑线电阻，它作为 R_3 的微调。C_4 也是由十进制的电容箱组成。

QSI 型西林电桥有两种试验接线：正接线和反接线，如图 2-26 所示。被试品两极对地都绝缘，采用正接线，如测量变压器高低压绕组间的 $\tan\delta$。而被试品一端接地时，则采用反接线，如测量变压器、互感器绕组对地的 $\tan\delta$。

正接线时，电桥处于低压侧，操作比较安全，外界干扰的影响也较小。反接线时，电桥处于高压侧，R_3、C_4 在高压端，操作不太安全，因此电桥本体内的全部元件都应具有足够的对地绝缘强度。QSI 电桥是通过绝缘连杆调节 R_3、C_4，调节手柄的绝缘强度应能保证人身安全，这样操作方便，得到了广泛的应用，但这种接线法比正接法抗干扰能力差。

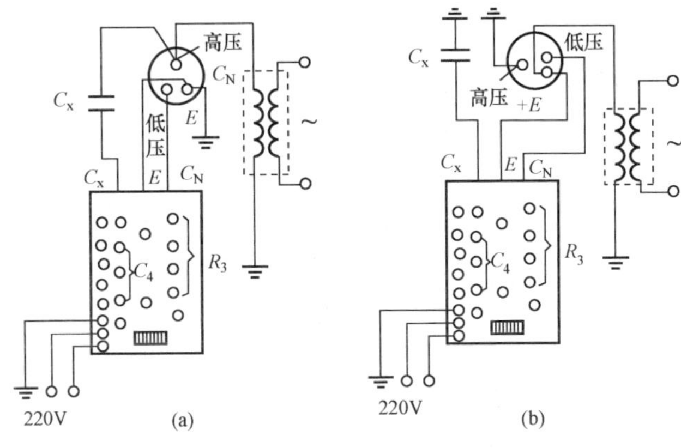

图 2-26 QSI 型西林电桥试验接线图

(a) 正接线；(b) 反接线

四、实验步骤

(1) 按被试设备的类型，选择接线方式并按图 2-26 进行接线。

(2) 将 R_3、C_4 及检流计灵敏度等旋钮均放在零位，极性切换开关置于"$+\tan\delta$"的断开（中间）位置，调节谐振旋钮可在任一位置。合上检流计电源，调节检流计谐振旋钮至光带最窄，逐级放大检流计灵敏度，微调谐振旋钮至光带最窄时为止，随后灵敏度调至最小位置。

（3）根据试品电容电流的大小，选择分流转换开关的位置。

如事先不知道试品的电容量，可把分流器旋钮放在最大的一挡。在试验变压器高压绕组接地端接一块微安表，加上试验电压后，读取电流数值再加以调整。

（4）确认接线无误后，合上调压器电源开关，把试验电压升到所需值，一般在 5kV 及 10kV 电压各测一次 $\tan\delta$ 及电容量。

（5）在 5kV 时将极性开关扳至"$+\tan\delta$"的"接通 1"位置，调整检流计灵敏度旋钮，使光带扩大到满刻度的 1/3～1/2；旋转检流计调谐旋钮，使光带达到最大；逐步调节 R_3、C_4，使光带缩到最小；然后提高灵敏度继续调节 R_3、C_4，使光带收缩。这样反复调节，最后直至灵敏度最大时，光带调到最小为止（与灵敏度在零时一样），则此时可认为电桥平衡。记录 R_3、C_4 的数据，将灵敏度退到零位。继续升压到 10kV，重复上述操作进行测试。

（6）做完记录后，将灵敏度退回零位，断开极性开关，降低试验电压，拉开电源开关，将 R_3、C_4 旋钮退回零位。

（7）应注意：①每次升压或改换开关操作时须将检流计灵敏度置于最小；②在高压下不得有电晕产生，否则电桥不能平衡；③升压前，将检流计反向开关在两个位置上进行观察，在最大灵敏度下观察是否存在磁场干扰，如有，则应在两个位置上进行测试后取平均值；④测试完毕，如需触及高压端部件时，须切断高压电源，并用接地棒将设备接地放电，以保证人身安全。

五、用数字化介质损耗测量仪测量

用西林电桥测量 $\tan\delta$ 时，由于受电磁场以及外界干扰因素的影响，很难调节电桥的平衡。数字化测量 $\tan\delta$ 是采用数字化技术来调节电桥的平衡，而实际的测量原理大多仍是用标准电容和电阻与被试品进行比较的模拟方法。数字化测量 $\tan\delta$ 时不仅可以很容易地调节电桥平衡，而且可以防止外界干扰，提高测量准确度。

图 2-27 为数字化介质损耗测量仪原理电路图。测量仪器包括一路标准回路和一路被试回路。标准回路由内置高稳定度标准电容器（C_N）与测量线路组成，被试回路由被试品（C_x）和测量线路组成。测量线路由取样电阻与前置放大器和 A/D 转换器组成。通过测量电路分别测得标准回路电流与被试回路电流幅值及其相位差，再由单片机运用数字化实时采集方法，对大量的采样数据进行处理，通过数字运算便可得出被试品的 $\tan\delta$ 和电容值。

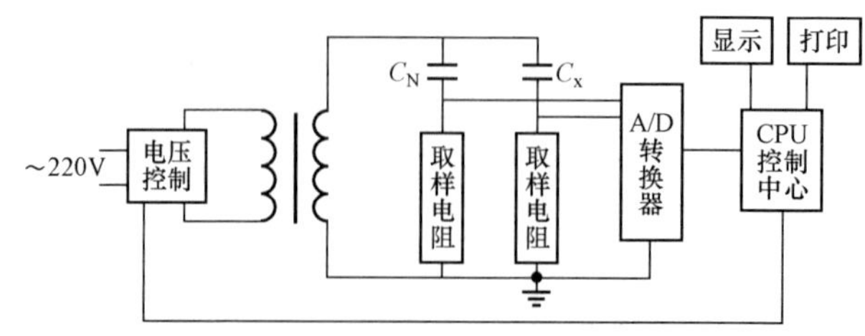

图 2-27 数字化介质损耗测量仪原理电路图

数字化介质损耗测量仪一般将升压变压器、标准高压电容器和测量装置安装在同一机箱内，在高压测量范围内（最高 10kV）不需任何外部设备，便于携带至试验现场使用。

六、测量时的主要注意事项

1. 尽可能分部测试

被试品的 $\tan\delta$ 值反映的是其整体绝缘的功率损耗，如果缺陷在整个绝缘中所占的比重很小，即使缺陷部分的 $\tan\delta$ 面变得很大，整个绝缘的 $\tan\delta$ 也增加很小。例如，绝缘由两部分并联组成，各部分的电容值和介质损失角正切分别为 C_1、$\tan\delta_1$ 和 C_2、$\tan\delta_2$，绝缘整体的电容和介质损耗角正切分别为 C_x 和 $\tan\delta$，绝缘上所加的电压为 U，根据功率相等的条件可得

$$U^2\omega C_x\tan\delta = U^2\omega C_1\tan\delta_1 + U^2\omega C_2\tan\delta_2$$

故

$$\tan\delta = \frac{U^2\omega C_1\tan\delta_1 + U^2\omega C_2\tan\delta_2}{U^2\omega C_x} = \frac{C_1\tan\delta_1 + C_2\tan\delta_2}{C_x}$$

假定电容为 C_2 的部分存在缺陷，缺陷的体积与整个绝缘的体积之比越小，则 C_2/C_x 越小，C_2 中的缺陷（$\tan\delta_2$ 增大）在测整体的 $\tan\delta$ 时越难发现。因此对于可以分解为不同绝缘部分的被试品，应尽量分部进行测量。如测量变压器绕组连同套管的 $\tan\delta$ 时，由于套管的电容比绕组的电容小得多，套管内的缺陷很难发现；若单独测量套管的 $\tan\delta$ 时，其中的缺陷则很容易暴露出来。

2. 测量时应选取合适的温度

绝缘的 $\tan\delta$ 与温度有关，所以测量时也应记录温度，在和其他值比较时应进行温度换算。但 $\tan\delta$ 与温度的关系随绝缘种类的不同而不同，很难通过通用的换算式获得准确的换算结果，故应尽量争取在差不多的温度下测量 $\tan\delta$ 值，并以此来作相互比较。通常都以 20℃时的 $\tan\delta$ 值作为参考标准，故测量 $\tan\delta$ 时的温度也应尽量接近 20℃，一般要求在 10～30℃范围内进行测量。

3. 测量时应选用合适的试验电压

新的、良好的绝缘在不超过额定电压范围内，其 $\tan\delta$ 一般是恒定不变的，但当绝缘中存在气隙、分层等缺陷时，所加试验电压达到间隙的局部放电电压后，绝缘的 $\tan\delta$ 将随试验电压的升高而迅速增大，故测量时的试验电压，最好接近被试品的额定电压。当然，试验电压要受到电桥额定电压的限制，不能超过电桥的额定电压。

4. 测量绕组的 $\tan\delta$ 时必须将每个绕组的首尾短接

在测量绕组的 $\tan\delta$ 和电容时，如不将绕组的首尾短接，绕组绝缘的容性电流流过绕组时将产生较大的磁通，绕组电感和励磁铁损会使测量结果产生很大的误差。当将绕组的两端短路后，绝缘的容性电流将从绕组的两端进入，因电流方向相反，产生的磁通互相抵消，电感和励磁铁损带来的误差都将大大减小。

5. 测量时应注意消除被试品表面泄漏电流的影响

表面泄漏电流对 $\tan\delta$ 测量结果的影响程度与被试品电容量大小有关，对小电容量的被试品，如套管、互感器等，表面泄漏电流对其的影响较大，试验时应保持被试品表面干燥、清洁，必要时也可像测量绝缘电阻那样加屏蔽环来消除表面泄漏电流的影响。屏蔽环应装设在被试品与桥体相连的一端附近的表面上，且应与被试品和桥体连线的屏蔽

相连。

七、测量结果的分析判断

测量 $\tan\delta$ 能发现绝缘中存在的大面积分布性缺陷，如绝缘普遍受潮、绝缘油或固体有机绝缘材料老化、穿透性导电通道、绝缘分层等；但对绝缘中的个别局部的非贯穿性缺陷则不易发现。

根据 $\tan\delta$ 测量结果对绝缘状况进行分析判断时，除与相关试验规程规定值比较外，还应与以往的测试结果及处于同样运行条件下的同类型设备相比较，观察其发展趋势。如果测试值低于相关试验规程规定值，但增长速度迅速，也应认真对待，否则运行中也可能发生绝缘事故。

第八节 绝缘油的电气性能试验

绝缘油的电气性能试验有两项，即电气强度试验和 $\tan\delta$ 值的测量。

一、绝缘油的电气强度试验

绝缘油的电气强度试验是在绝缘油中放入一定形状的标准电极，电极间加上工频试验电压，并以一定的速度逐渐升压，直至电极间的油隙击穿为止，击穿时的电压值即为绝缘油的击穿电压（kV），或换算为击穿强度（kV/mm），此击穿强度又称为绝缘油的电气强度。

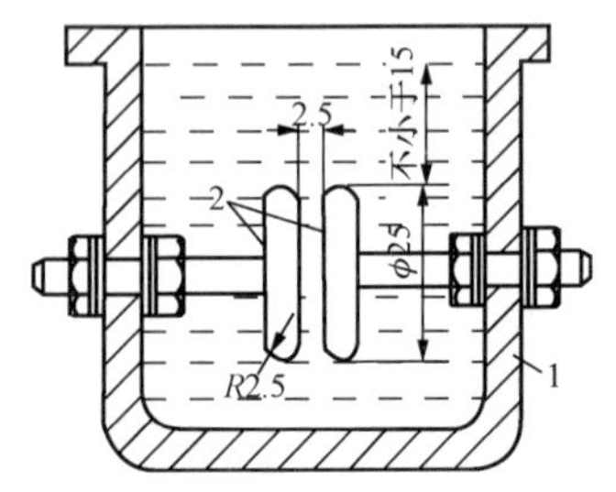

图 2-28 标准试油杯
1—绝缘外壳；2—黄铜电极
注：尺寸单位为 mm。

进行绝缘油电气强度试验时，所使用的仪器主要有专用的油击穿试验器和试油杯。油杯的结构形式如图 2-28 所示。按有关技术规定，图中油杯的容量应为 200mL，用瓷或玻璃制成；油杯中安置有标准电极，电极用黄铜或不锈钢制成，直径为 25mm，厚 4mm，倒角半径 R 为 2.5mm；电极面应垂直，两电极必须平行；从电极到杯壁和杯底的距离应不小于 15mm；油杯中盛入被试绝缘油，使上层油面至电极间的距离不小于电极至油底的距离。试验时，油杯的两极接在专用油击穿试验器高压侧的两端。

绝缘油电气强度试验的步骤及注意事项如下：

（1）清洗油杯。试验前，应先用汽油、苯或四氯化碳洗净油杯及电极并烘干。洗涤时，要用洁净的丝绢，不可用布或棉纱。电极表面有烧伤痕迹的不可再用。调整好电极的距离，使其保持 2.5mm。油杯上要加玻璃罩。试验在室温 15～35℃、湿度不高于 75%的条件下进行。

（2）油样处理。试验油样送到试验室后，必须在不破坏原有储藏密封的状态下放置相当时间，直至油样接近室温。在油倒出以前，应将储油容器颠倒数次，使油均匀混合，并尽可能不产生气泡。然后用被试油将油杯和电极冲洗两三次，再将被试油沿油杯壁徐徐注入油杯，盖上玻璃盖或玻璃罩，静置 10min 后再加压试验。

（3）加压试验。将专用油击穿试验器高压侧两端接入油杯两电极上后，按油击穿试验器的操作要求对其进行操作，使高压侧电压从零升起，升压速度为 3kV/s，直至油隙击穿，并记录击穿电压值。这样重复试验 5 次，取其平均值作为绝缘油的击穿电压值。

（4）击穿时的电流限制。为了减少油击穿后产生的碳粒，应将击穿时的电流限制在5mA左右。在每次击穿后，要对电极间的油进行充分搅拌，并静置5min后再重复试验。

二、绝缘油的tanδ值的测量

测量绝缘油的tanδ值用的主要仪器有高压交流电桥和测量油杯。要求交流高压电桥的灵敏度较高，其所测得的tanδ的基本误差应小于1.5%。

使用QSI型电桥测量绝缘油的tanδ值的接线图如图2-29所示，图中电桥采用正接线方式。

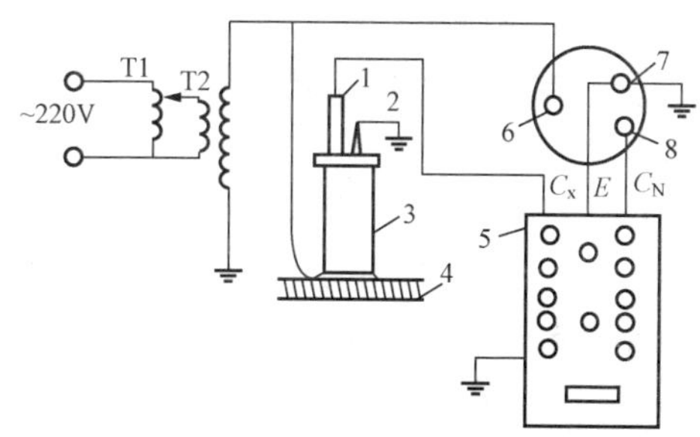

图2-29　使用QSI型电桥测量绝缘油
1—油杯低压电极导电杆；2—油杯屏蔽电极导电杆；3—油杯的高压电极；4—绝缘板；5—QSI型电桥本体；6—标准电容器"高压"接线柱；7—标准电容器"地"接线柱；8—标准电容器"低压"接线柱

测量绝缘油tanδ值的试验步骤及注意事项如下：

（1）清洗油杯。试验前先用四氯化碳或酒精等清洗剂将测量油杯仔细清洗并烘干，以防附着于电极上的任何污物杂质及水分潮气等影响试验结果，还应测试空杯的tanδ值，并小于0.01%，才能满足于绝缘油测试准确度的要求。

（2）绝缘油取样。供测试tanδ的绝缘油取样后，需送远方试验时，取样的瓶需用蜡封好，以防受潮且应在24h内尽快进行试验。

（3）施加适当的试验电压和温度。试验电压由测量油杯电极间隙大小而定，保证间隙上的电场强度为1kV/mm，一般测量油标间隙为2mm，因此施加2kV试验电压即可。在注油试验前，还必须对空杯进行1.5倍工作电压的耐压试验。然后用被试验绝缘油冲洗油杯两三次，再将被试绝缘油注入油杯，静置10min以上，待油中气泡逸出后，在常温下进行tanδ的测量。由于判断油质的好坏主要是以高温下测得的tanδ值为准，因此还必须将被试油样升温（变压器油应升温到90℃、电缆油应升温到100℃），升温装置可以使用与油杯配套的温度控制加热器或油浴加热器等。但必须注意的是，不论采用哪一种升温装置，当温度达到所需数值时，虽然断开加热电源，但油杯内的温度仍要继续上升，这就需要试验人员根据操作电桥的经验在油杯未达到预定温度时开始进行tanδ测试，一般可以在预定温度前的5～8℃开始测试，待测试完毕后，油杯即可达到所需温度。

绝缘油的电气强度及tanδ的标准按DL/T 596—1996《电力设备预防性试验规程》执行。例如，用于额定电压为330kV的新设备投入运行前的绝缘油和运行中的绝缘油，其电气强度应分别不小于20kV/mm和18kV/mm；在90℃时的tanδ值，用于新设备投入运行前的绝缘和运行中的绝缘油应分别不大于0.7%和2%。

第九节　交流耐压试验

一、实验目的

（1）熟悉工频高压的测量。

（2）掌握一般电气设备的工频交流耐压的试验方法。

二、实验原理

进行交流耐压试验时要对电气设备施加略高于运行中可能遇到的过电压数值，并维持一定的时间。因此通过交流耐压试验的电气设备能保证它的绝缘强度。此试验必须在非破坏性试验合格的情况下才能进行。

三、试验接线及试验步骤

（一）试验接线

图 2－30 所示为交流耐压试验的一般接线图。图中 U、V、W 表示发电机三相绕组，被耐压相为 U 相，凡当时不耐压的绕组都应短路接地。为了比较准确地测量高压侧的电压，通常用静电电压表或电压互感器在高压侧直接进行测量。试验变压器低压侧电压表的读数只起参考作用。保护开关 Q2 是用以保护电流表 PA2 的，在读取 PA2 的数值时将 Q2 断开，不需读取 PA2 数值时将 Q2 合上短路。当被试品击穿时，通过 PA2 的电流一般会急剧上升，此时，试验变压器低压侧的电流也要上升，若过电流继电器的整定值合适，电磁开关 Q1 要断开。

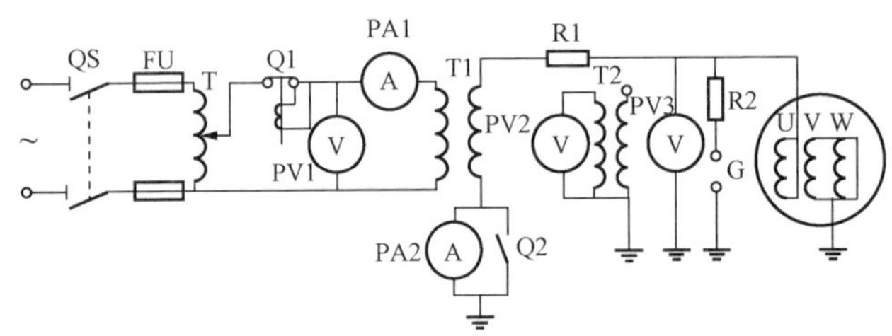

图 2－30 交流耐压试验接线图

QS—隔离开关；FU—熔断器；T—调压器；Q1—电磁开关；PV1、PV2—电压表；PA1、PA2—电流表；T1—试验变压器；T2—电压互感器；Q2—保护开关；R1、R2—保护电阻；PV3—静电电压表；G—保护球隙

（二）试验步骤

由于交流耐压试验在绝缘预防性试验中是一项决定性的试验，在交流耐压试验中，会使绝缘中的一些弱点更加加深，对绝缘有一定的破坏，所以，必须在做了其他各项试验（包括直流耐压试验）之后，并查明通过其他各项试验，设备绝缘没有发现什么问题，才能进行交流耐压试验。若通过其他项目的试验认为设备绝缘存在问题，应查明原因，并加以消除，否则不应轻率地决定做交流耐压试验。

进行交流耐压试验的步骤及注意事项主要有以下几点：

（1）确定试验电压值。根据被试设备的情况，按照有关标准的规定，恰当地确定交流耐压试验的电压值。

（2）选择试验设备并绘出试验接线图。根据被试设备的参数、试验电压的大小和现有试验设备的条件，选择合适的试验设备，例如工频试验变压器的输出电压、电流、容量与各测量仪器的量程，都应满足试验的要求。根据试验的要求和选择好的试验设备情况，正确绘出试验接线图。

（3）现场布置和接线。根据试验现场的情况，对选择好的试验设备进行合适的现场布置，而后按试验接线图进行接线。在现场布置和接线时，应注意高压对地保持足够的距离，高压与试验人员应保持足够的安全距离，高压引线应连接牢靠，并尽可能短，非被试相及设备外壳应可靠接地。接线完毕，应由第二人进行认真全面的检查，例如，各试验设备的容量、量程、位置等是否合适，调压器指示是否在零位，所有接线是否正确无误等。

（4）调整保护球隙。拆去接在被试物上的高压引线，将接于试验变压器接地端的电流表短路（在图 2-30 中，将 Q2 合上），再合上试验电源隔离开关 QS，调节调压器缓慢均匀地升高电压。设法调整保护球隙距离，使其放电电压为试验电压的 1.1～1.2 倍。然后降低电压到试验电压值，持续 1min，观察各种仪表指示有无异常，再将电压降到零，断开试验电源隔离开关。

（5）进行耐压。上述步骤进行之后，将高压引线牢靠地接到被试物上，然后合上电源隔离开关，开始升压。试验电压的上升速度在升至试验电压的 40%以前可以是任意的；其后应以每秒钟 3%的试验电压连续升到试验电压值。在试验电压下按规定的时间进行持续耐压（前已述及，耐压时间一般为 1min），耐压结束后，应在 5s 内均匀地将电压降到试验电压值的 25%以下，直至降压到零，再拉开电源隔离开关，将被试物接地。

在升压、耐压的过程中，应密切观察各种仪表的指示有无异常，被试物有无跳火、冒烟、燃烧、焦味、放电声响等现象。若发生这些现象，应迅速而均匀地降低电压到零，断开电源隔离开关，将被试物接地，以备分析判断。

（6）耐压后的检查。耐压以后，应紧接着对被试物进行绝缘电阻的测试，以了解耐压后的绝缘状况。对于有机绝缘，经耐压并断电、接地后，试验人员还可立即用手进行触摸，检查有无发热现象。

四、对试验结果的判断

被试物在交流耐压试验中，一般以不发生击穿为合格，反之为不合格。被试物是否发生击穿可按下列情况进行分析：

（1）表计的指示。如果接入试验线路的电流表指示突然大幅度上升，一般情况下则表明被试物击穿。另外，在高压侧测量试验电压时，电压表指示突然明显下降，一般情况下也表明被试物击穿。

（2）电磁开关的动作情况。若接在试验线路上的过电流继电器整定值适当，当被试物击穿电流过大时，过电流继电器要动作，电磁开关跟着断开。所以，电磁开关跳开时，表示被试物有可能击穿。当然，若过电流继电器整定值过小，可能在升压过程中并非被试物击穿，而是被试物电容电流过大，造成电磁开关跳开；若整定值过大，即使被试物放电或小电流击穿，电磁开关也不一定跳开。所以对电磁开关的动作还应进行具体分析。

（3）升压和耐压过程中的其他异常情况。被试物若在升压和耐压过程中发现跳火、冒烟、燃烧、焦味、放电声响等现象，则表明绝缘存在问题或击穿。

（4）对于有机绝缘，耐压试验以后经试验人员触摸，若出现普遍的或局部的发热，都应认为绝缘不良（例如受潮），需进行处理（例如干燥）。

（5）对综合绝缘的设备或者有机绝缘，其耐压后的绝缘电阻与耐压前的比较不应明显下降，否则必须进一步查明原因。

（6）在耐压过程中，若由于空气的湿度、温度或被试绝缘表面脏污等的影响，引起沿面闪络或空气放电，则不应轻易地认为不合格，应该经过清洁、干燥处理后，再进行耐压；当排除外界的影响因素之后，在耐压中仍然发生沿面闪络或局部有火红现象，则说明绝缘存在问题，例如老化、表面损耗过大等。

第十节 直流耐压试验

一、实验目的

（1）熟悉直流高压的测量。

（2）掌握一般电气设备的直流耐压的试验方法。

二、实验原理

与交流耐压试验相似。

三、实验接线及试验步骤

直流耐压试验的接线与泄漏电流试验相同，如图 2-23 和图 2-24 所示。

直流耐压试验的步骤与泄漏电流试验的步骤也基本相同。在绝缘预防性试验中，泄漏电流试验和直流耐压试验往往是一起进行。不过，进行直流耐压试验时应格外注意以下几点：

（1）试验程序。直流耐压试验是属于鉴定绝缘耐电强度的破坏性试验。因此，需要在其他各项非破坏性试验进行之后，并且通过其他各项非破坏性试验没有发现什么问题，才能进行直流耐压试验。同时，如前所述，直流耐压试验又应在交流耐压试验之前进行。

（2）试验电压的确定。直流耐压试验电压的确定也是一个重要的问题。为了充分发挥直流耐压试验的优越性，应该提高直流耐压试验的电压数值，现在是参考绝缘的交流耐压试验电压和交、直流下击穿强度之比，并主要根据运行经验来确定。例如对发电机定子绕组，通过大量的直流电压和交流电压对比击穿试验后，发现此比值 α 有一定的变化范围，一般 $\alpha=1\sim3.5$。对于良好绝缘，α 取为 2，即交流耐压试验电压为 1.5 倍额定电压时，直流耐压试验电压可采用 3 倍额定电压。实际上，直流耐压试验电压值在有关试验标准中已有具体的规定，试验时应按标准规定恰当地确定试验电压。

（3）试验电压的极性。在对油浸纸绝缘电缆之类的设备进行直流耐压试验时，一般是将直流试验电压的负极接于缆芯导线上。如果正极接缆芯导线，则绝缘中如有水分存在，将会因电渗透性作用使水分移向铅包，结果使缺陷不易发现。

（4）升压速度。对试验大电容的被试品（如电缆、电机、电容器等），电压的升高应以缓慢的速度进行，以免充电电流过大而损坏试验设备。但是当电压升高到接近试验电压时，升压速度不能过于缓慢，因为此时升压太慢就等于延长对被试品施加接近试验电压的时间。一般当电压升高到试验电压的 75%时，以后大致以每秒 2%的试验电压升高到试验电压值。

（5）耐压时间。由于直流耐压时，绝缘内部的介质损耗极小，绝缘内部的局部放电不易发展，因此要求耐压的时间较长，在试验电压下大都采用 5～10min 耐压时间，有的可达 15min。

（6）测量绝缘电阻。直流耐压试验的前后，均应测量被试品的绝缘电阻，以了解耐压前后绝缘的变化情况。

四、对试验结果的判断

对直流耐压试验的结果，主要从以下几方面进行分析判断：

（1）被试品是否发生击穿。被试品在规定的直流耐压试验电压下和持续的时间内，若发生击穿，则判断为不合格。被试品是否发生击穿可以从仪表的读数及断电后放电火花的大小等方面进行分析。试验中若发现接入试验线路的微安表指示突然急剧增高，或者接入试验线路的电压表的指示突然明显下降，一般情况下表明被试品击穿。对电容量较大的试品，当仪表发生上述情况时，去掉直流高压后，将被试品对地放电，火花很小甚至没有火花，则更能表示被试品已被击穿。

（2）微安表指示有无周期性摆动。在试验中，如果微安表指示有周期性地大幅度摆动，常常说明被试绝缘有间隙性的击穿。这由于在一定电压下，间隙被击穿，电流突然增大，被试品电容上的电荷经被击穿的间隙放电，充电电压下降直到间隙绝缘相应恢复，电流又减小；继后，充电电压又升高，再使间隙击穿、再放电……如此重复发生上述现象，因而导致微安表指示发生周期性的摆动。

但是，微安表指示发生周期性的摆动，应排除其他因素的影响，例如被试绝缘表面脏污、试验电源波动、试验设备本身绝缘不良等，都会引起泄漏电流不稳定，造成微安表指示摆动。此外，如果用整流管整流时，整流管老化或灯丝电压不足也会造成电流表指示周期性摆动。这些都是应加以区别的，否则会造成误判断。

（3）泄漏电流随耐压时间的变化情况。在耐压过程中，若泄漏电流随耐压时间的增长而上升，常常说明绝缘存在缺陷，例如绝缘分层、松弛、受潮等。对于电缆一类的绝缘，发现泄漏电流随耐压时间而上升时，通常还应再适当延长耐压时间，以进一步观察绝缘是否被击穿。

（4）耐压前后绝缘电阻值的变化。如果耐压以后的绝缘电阻值比耐压前的显著降低，则说明绝缘有问题，甚至已在试验电压下击穿。

第十一节　高压电气试验安全注意事项和事故案例

电气试验一般要在设备停电状态下进行，而且还要对停电的设备采取验电、挂地线等保证人身安全的技术措施。进行电气试验，特别是进行高压电气试验工作，除了切断设备一切可能来电的电源外，还要用试验电源给被试设备加压，使设备产生高电压，以达到试验的目的。由于给被试设备加压前后要频繁拆接线，对有较大电容的设备或有静电感应的被试设备试后还要进行放电或接地，被试设备加压一般要高于运行电压，而且试验用导线多是裸露的，以及试验工作因其他班组往往是同时作业或交叉作业等特点，高压电气试验工作较一般的电气设备维修工作更具有危险性，因此，既要求试验人员认真执行《国家电网公司电力安全工作规程（变电部分）》有关保证人身安全的技术措施和组织措施外，还要执行电气试验工作的有关安全规定，防止试验中发生高压触电事故，保证试验人员和有关工作人员的安全。

高压电气试验工作应遵守下列主要安全注意事项：

（1）试验人员必须胜任工作，试验工作人员不得少于两人，并应有试验负责人，制定和执行安全措施。

高压试验工作人员必须清楚试验目的、方法（包括熟悉试验仪表的性能、使用方法等）和应采取的安全措施。工作前，负责人应对全体试验人员详细布置试验工作中的安全注意事项，对危险点进行分析，采取预控措施；带电测试应根据现场情况制定安全措施，重要的特殊性试验、研究性试验和在运行系统进行试验，必须有试验方案，并经有关领导批准后方可进行。这样，使试验工作能在有组织、有领导、有安全措施，而且在层层有人把关情况下安全进行。如果不这样做，特别是安全措施得不到落实，就要发生事故。

例如：某供电公司电气试验人员做开关的介质损耗角试验时，把正使用的试验接线同不用的导线混杂在一起，而且还边加压，边清理，以致触及已加压到 3kV 的导线头上，触电死亡。

（2）弄清工作范围，把被试设备与其他设备明显隔开，并有人监护。

设备停电进行高压电气试验工作，应执行工作票制度，同运行人员履行工作许可手续，弄清停电工作范围，并按《国家电网公司电力安全工作规程（变电部分）》的规定，在试验现场装设遮栏或围栏，并向外悬挂“止步！高压危险”标示牌，有人监护。被试设备两端不在同一地点时，另一端也应有人看守。其目的就是为了不致搞错停电工作范围。但从发生的某些事故来看，有的是不设置遮栏或围栏，不设监护人，也有的是围栏未起到作用。

例如：某变电站由高压试验班进行 35kV 的 12 开关介质损耗角试验。由于工作围栏不能区分停电、带电设备，一名试验工从开关上下来以后，再上开关时，无人监护，未弄清楚被试设备，误登上临近运行中的 13 开关，触电死亡。

（3）要坚持试验前复查接线制度。

试验工作中试验接线拆接频繁，认真执行试验前复查接线制度，可以提前纠正错误接线，避免由于错误接线而发生的触电事故。因此，试验前复查接线是试验工作的一项基本制度，也是防止试验工作触电事故，保证人身安全的一条有效措施。对这项制度要认真贯彻执行，对低级工、实习人员的接线复查有所侧重，对高级工或简单接线也不能有所放松，否则达不到复查接线的目的。

例如：某电厂在高压试验室内用 100kV 高压做 6kV 瓷瓶的耐压试验。试验前，未详细检查升压器的连接线，就接上被试瓷瓶的接线，当加压到 42kV 时，才发现升压器高压出口瓷瓶上还接着一条塑料导线，直通到 110kV 变电站内，约 50 多米，立即停下试验，把这条线拆除。这条线原来是十多天前试验 110kV 开关后遗留未拆除者，而且就拴在变电站架构上，临近架构处就有十多名施工人员在工作，幸亏加压时，这些工人未靠近或碰及导线。

（4）试验工作时，应站在绝缘垫上或穿绝缘鞋进行，这是防止触电事故或减轻伤害程度的一项安全措施。

例如：某供电公司修配厂试验工人校验电桥时，只断开电桥的开关，未拉开电源开关，当接触电桥时，右手碰到电桥的电源端的带电部分上，由于电桥有接地，工作人员脚下垫了绝缘垫，自己脱离了电源，仅造成从右手无名指到左手掌的通电回路触电烧伤。

（5）加压试验前，必须通知有关人员离开被试设备或退出现场后，才能进行。

高压电气试验工作，经常和其他维修班组同时进行或交叉进行，所以试验时，必须通知这些工作班组离开被试设备或退出现场，以便使被试设备在无人工作状态下进行，达到保证人员安全的目的。这些做法是不容忽视的，否则会造成严重后果。

例如：某变电站变压器检修、试验工作中，变压器加压试验前未通知有关班组的工作人员，致使一名维护工人认为设备无电，先后两次登上变压器工作，正当加压时，这名工人再次攀登变压器时，幸亏被发现，避免了触电事故。

（6）对有电容或有静电感应的被试设备，试验前后必须充分放电或接地。

被试的大电容设备如母线、电缆、电容器等及有静电感应的设备停电后，以及高压直流试验之后，都必须进行充分放电或接地，证明被试设备确无电荷，才能工作。由于这些设备的残压或感应电压高，放电时须使用绝缘棒，也可以防止误碰到运行中的带电设备上。有的单位不注意放电或接地，而发生了触电事故。

例如：某电厂高压试验室技术员进行 6kV 电缆的直流 30kV、5min 的耐压试验工作。准备试验的 5 条相邻的电缆两端编号顺序实际上颠倒的，留有隐患，如一端编号是 1，而另一端却是 5，一直未被觉察。当初试验一条电缆完了，断开试验电源后，放电前，手触从编号看不是被试电缆，而实际却是刚刚试后的，残压为 25kV 的电缆头上，以致被残留电荷电死。

（7）加压试验工作的拉、合闸，必须相互呼应，正确传达口令。

加压试验工作的拉、合闸操作比较频繁，如果凭主观臆断或只看表计而不听口令，或未相互呼应，正确传达口令，就可能发生触电事故。

例如：某供电公司修配厂试验班进行变压无载试验时，试验电源操作人认为已经接好线，未通知设备上的倒线人，即合上试验闸，当倒线人发现接线松动，去动接线时触电。

（8）加压试验倒换接线时，调压器必须退至零位，拉开试验电源开关后，才能进行。

加压试验工作正常倒换接线时都必须把调压器调至零位，切断试验电源，但是在查找加压后发生的问题，发现接线不牢或错接线及试验电源既有总开关，又有分开关时，有的试验人员则有所忽略而发生事故。

例如：某供电公司变电施工队在某变电站升压器做开关的交流耐压试验时，发现试验数据有问题，在查找原因中，未将升压器调至零位，也未切断试验电源。当发现是升压器极性接反的错误后，准备改变极性时，试验人员触及加压至 5kV 的带电部分，幸亏自己脱离开电源，仅烧伤双手，未造成严重后果。

思考题

1. 什么叫电介质的极化？极化有哪些基本形式？各有什么特点？
2. 电介质极化在工程应用上有哪些意义？
3. 电介质电导在工程应用上有哪些意义？
4. 极性液体电解质的 $\tan\delta$ 与温度的关系是什么？
5. 阐述绝缘电阻、吸收比和极化指数试验步骤。
6. 对泄漏电流试验的结果怎样分析、判断？
7. 西林电桥正、反接线各有什么优缺点？

8. 绘出交流耐压试验一般接线图，并说明其中各试验设备、元件的作用。
9. 简述交流耐压试验的步骤和注意事项。
10. 对交流耐压试验的结果怎样进行分析、判断？
11. 直流耐压试验与交流耐压试验比较有什么异同？
12. 对绝缘油进行耐电强度试验时应注意哪些事项？

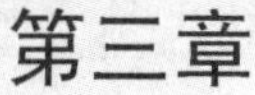

第三章

过电压及其防护

电力系统一些电气设备的绝缘能承受正常工作电压，但是由于各种各样的原因，电网中的某些部分可能会产生高于正常运行时的电压。这种对电气设备的绝缘有破坏性的电压升高，称为过电压。在电力系统各种事故中，很大一部分是由于设备绝缘损坏所造成的，而绝缘损坏，有许多是由于过电压引起的。所以过电压及其防护问题的研究，对保证电力系统的安全运行具有重要的意义。

第一节　雷电的基本知识

一、雷云的形成

当地面的温度较高时，地面的水分化为水蒸气，并随受热上升的空气升到高空。每上升1km，空气温度约下降10℃，由于温度下降水蒸气便凝结成为小水滴。这一过程连续下去，最后形成浓黑的乌云。

关于乌云带电的机理有多种解释，但至今没有统一的定论。一般来说，主要由于以下三种原因，使乌云中带有大量的电荷，从而形成雷云。

第一种带电的原因是水滴破裂效应。当空中的水滴在气流的作用下被吹散，较大的残滴带有正电，而细微的水沫带有负电，这是因为在水滴表面有很多电子的缘故。

第二种带电的原因是吸收电荷效应。在大气中有射线穿过并存在方向向下的电场。由于射线的作用，空气游离产生正、负离子。中性水滴在电场的作用下受到极化，使其上端出现负电荷，下端出现正电荷。受极化的大水滴在重力作用下，向下坠落，其下端将吸收空气中的负离子，排斥正离子，其上端由于下降速度大，而来不及吸收正离子，这样使整个大水滴带负电。受极化的小水滴被气流带着向上走，其上端的极化负电荷吸收正离子，所以小水滴带正电荷。

第三种带电的原因是水滴结冰效应。试验发现，水在结冰时会带正电荷，而没有结冰的水带负电荷。所以当云中冰晶区中的上升气流将冰粒上面的水带走以后，就会导致电荷的分离，因而便使不同云区带电。

二、雷云对地放电的过程

雷云对地放电的发展过程如图3-1所示。

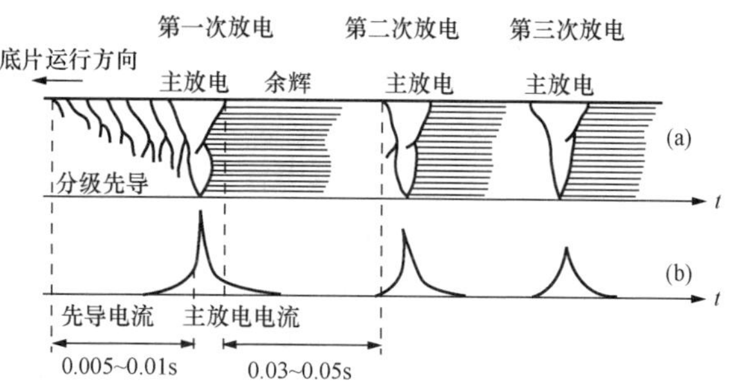

图3-1　雷云放电的发展过程

(a) 展开的放电照片；(b) 雷电流曲线

当雷云与大地之间的电场强度达到25～30kV/cm时，空气产生强烈游离，形成指向大地的一段导电通道，此通道称为先导放电通道，也称先导通道。当先导放电通道的头部与大地上感应电荷的集中的点距离很小时，先导放电通道头部与大地之间空气间隙中的电场强度达到了极高的数值，使空气急剧游离。游离后产生的正、负电荷分别向上、向下运动去中和先导放电通道及被击点的电荷，这就是主放电阶段。主放电存在的时间极短，为 50～100μs。主放电时电流可达数百千安，电压可达千万伏至上亿伏。

由于主放电过程中高速运动时的强烈摩擦以及复合等原因，使通道发出耀眼的强光，这就是通常所见到的“雷闪”。又由于通道突然受热和冷却而形成的猛烈膨胀和压缩，以及在高压放电火花的作用下，使水和空气分解，产生瓦斯爆炸。于是就发出强烈的“雷鸣”。当主放电完成以后，雷云中的剩余电荷沿着导电的通道流向大地，形成余辉放电，其电流约为 10～10^3A。

三、直击雷和感应雷

1. 直击雷

当雷云通过线路或电气设备放电时称为直击雷。主放电瞬间通过线路或电气设备将流过数百千安的巨大雷电流，并以光速向线路两端涌去。这时若没有适当设备将雷电流迅速引入大地，则大量电荷将使线路发生很高的过电压，势必将绝缘薄弱处击穿而导入大地。这种过电压称为直击雷过电压，它的大小取决于雷电流的幅值与雷电流波头的陡度（即雷电流变化的速度）。

如果直击雷落在铁塔上，即雷云通过铁塔放电，一旦铁塔底脚接地电阻过大，则雷电流泄入大地时势必在铁塔上产生很高的压降。例如，雷电流幅值为 30kA，铁塔接地电阻为 40Ω，则雷电流所产生的对地电压为 30×40=1200（kV），这样高的电压有可能击穿设备或线路的绝缘，这种现象通常称为“反击”。

2. 感应雷

当雷落在线路附近时，会在导线上感应出过电压，该过电压沿着导线向两端传出，落雷点离线路越近，则感应过电压越高。

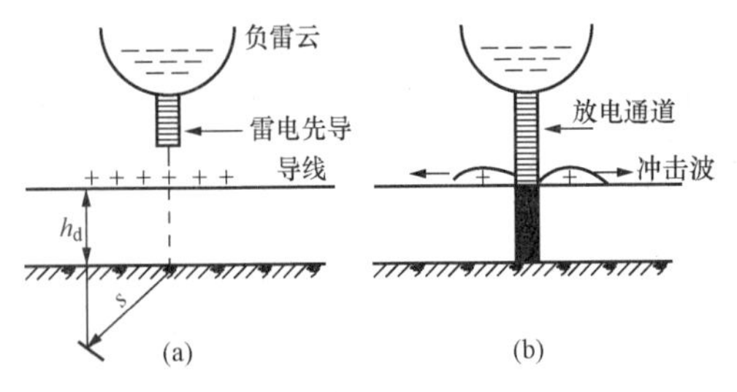

图 3-2　感应过电压的形成
(a) 感应过电压的建立；(b) 感应过电压冲击波的形成

在导线上，雷电感应过电压是怎样形成的呢？在雷云放电的起始阶段，雷电先导通道中充满与雷云同极性的电荷逐渐向地面发展。如果地面附近有线路通过，由于线路导线对大地有对地电容 C，因而雷云对导线发生静电感应，相当于在导线上充以大量与雷云不同极性的电荷 Q，如图 3-2 (a) 所示。此时在导线上随着雷电感应的充电过程，逐渐建立一个雷电感应电压 U_g

$$U_g = Q/C \tag{3-1}$$

由于雷电先导通道发展较慢，所以导线上电荷聚集的过程较慢，感应过电压是逐渐建立而增高的。此时由于电荷受雷云的束缚，所以导线上的雷电流很小。当雷云对附近地面放电时，先导通道中的电荷和地面迎雷先导中的不同极性电荷迅速中和（闪电），于是导线上的束缚电荷失去束缚力而转变为自由电荷，它在雷电感应过电压的推动下，以电磁波的速度向导线两侧传播，如图 3-2 (b) 所示即是感应过电压冲击波的形成过程。可见，雷击地点离导线越近，则导线上的感应过电压就越高。如果雷击地点离导线过近时，雷云就会直接对导线放电，这时导线上呈现的就不是感应过电压，而是直击雷电压。因此计算感应过电压时，规程中要求直接雷击点与线路之间的距离 s

应大于 65m。此时，雷云对地放电，在导线上产生的感应过电压最大值的计算式为

$$U_g = 25 \times \frac{Ih_d}{s} \tag{3-2}$$

式中 I——雷电流幅值，kA；

h_d——导线悬挂平均高度，m；

s——雷击点距线路的距离，m。

【例 3-1】 某工厂 10kV 的配电线路，导线平均悬挂高度 $h_d=10$m，雷击点距线路水平距离为 70m，其电流幅值取 100kA，求感应过电压 U_g。

解

$$U_g=25\times\frac{Ih_d}{s}=25\times\frac{100\times10}{70}=357.14\text{ (kV)} \tag{3-3}$$

由此题可以看出，在线路上出现的感应过电压为线路额定电压的三十多倍，势必击穿绝缘而造成严重的破坏。

感应过电压的幅值通常为 100～150kV，有时达 250～300kV，只有在极少的情况下能达到 500～600kV。

无论是直击雷还是感应雷，都会在电气设备上产生很高的电压，都会危及电气设备的安全运行，这在防雷保护中需要加以考虑。但一般前者比后者危险得多，故更应引起人们的注意。

雷电过电压的形式除了直击雷和感应雷这两种基本形式外，还有一种是沿着架空线路侵入变配电所或客户的雷电波，这种雷电波是由线路上遭受直击雷或发生感应雷而产生的。据调查统计，电力系统中由于雷电波侵入而造成的雷害事故在整个雷害事故中占一半以上，因此对雷电波侵入的防护应予以重视。

四、雷电的危害

雷电的危害主要表现在以下几方面：

（1）雷电的机械效应。击毁杆塔和建筑物。

（2）雷电的热效应。烧断导线，烧毁设备，引起火灾。

（3）雷电的电磁效应。产生过电压，击穿电气绝缘，甚至引起火灾和爆炸，造成人畜伤亡。

（4）雷电的闪络放电。引起绝缘子烧坏，开关掉闸，线路停电或引起火灾等。

当强大的雷电流通过树木、输电线路的木杆和木横担时，木质纤维内的水分受热突然汽化，体积急剧膨胀，以致劈裂飞散。这种雷电流的机械效应也会击毁建筑物和砖砌烟囱等。通过金属导体的雷电流会产生很大的热效应，可使导线熔断。雷击木质纤维时，也往往因发热而起火燃烧。雷击人畜所造成的死亡事故是大家所熟知的，即使雷击于临近人畜的建筑物上或大地时，也会因逆闪络和跨步电压而发生严重伤亡。所以，雷雨时除工作外，应尽量少在户外或野外逗留。在户外工作时尽量不要站在露天里，尤其要距电杆、大树等 5m 以外。

还有一种球滚雷，它能沿地面滚动或在空气中飘行而伤害人畜。当球滚雷击于建筑物附近时，强电磁会在建筑物的金属连接物之间感应出很高的电压（雷电的二次作用），产生火花放电，严重地威胁着易燃品和爆炸品仓库的安全。为此，雷雨时最好关好门窗，以防止出现的球滚雷对人体、房屋及设备造成危害。由以上所述可知，为了保障建筑物安全和人身安全，保证电网的可靠运行，必须认真研究雷电特性和采取妥善的防雷措施。

五、雷电参数

一旦雷电对电气设备或其主建筑物进行放电，它所造成的破坏是非常大的。为了对雷电

产生的过电压进行合理的防护，必须掌握雷电参数。几十年来，人们对雷电进行了长期的观察和测量，积累了不少有关雷电参数的资料，目前有关雷电的发生、发展过程的物理本质虽尚未完全掌握，但随着科研人员对雷电研究的不断深入，雷电参数将不断地得到修正和补充，使之符合客观实际。

1. 雷击时计算雷电流的等值电路和雷电流幅值

如前所述，雷电先导通道带有与雷云极性相同的电荷（一般雷云多数为负极性），自雷云向大地延伸。由于雷云及先导电场的作用，大地被感应出与雷云极性相反的电荷。当先导通道延伸到离大地一定距离时，先导通道头部与大地之间的空气间隙被击穿，雷电通道中的主放电过程开始，主放电自雷击点沿通道向上延伸，若大地为一个理想导体，则主放电所到之处的电位即降为零电位。设先导通道中的电荷密度为 σ，主放电速度为 v_L（实际表明，其速度为 0.1～0.5 倍光速），当雷击土壤电阻率为零的大地时，流经通道的电流（即流入大地的电流）为 σv_L。上述过程可用图 3-3（a）、（b）来描述。实践表明，雷电通道具有分布参数的特征，其波阻抗为 z_o，这样，就可以画出图 3-3（c）所示的等值电路。若雷击于具有分布参数特性的避雷针、线路杆塔、地线或导线时，如图 3-4（a）所示，则雷击时电流的运动可描述如下：负极性电流波 i_z 将自雷击点“o”沿被击物向下流动，相同数量的正极性电流波将自雷击点“o”沿通道向上延伸。与图 3-3（c）的等值电路相对应，此时的等值电路如图 3-4（b）所示。流经物体电流波 i_z 的计算式为

$$i_z = \sigma v_L \frac{z_o}{z_o + z_j} \tag{3-4}$$

式中 z_o——雷电通道波阻抗；

z_j——被击物体的波阻抗（或为被击物体的集中参数阻抗值）。

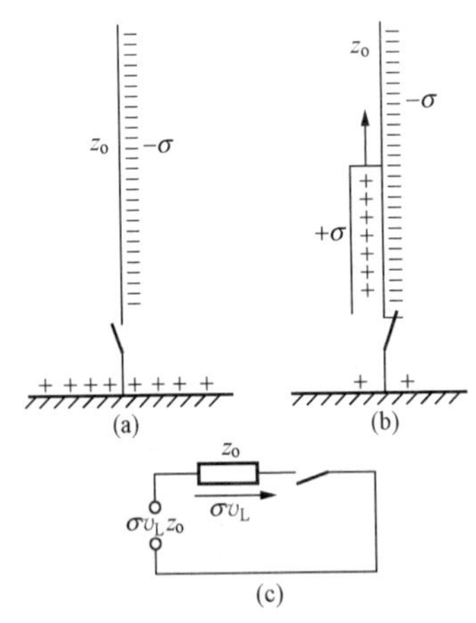

图 3-3 雷击大地的主放电过程

（a）主放电前；（b）主放电时；

（c）计算雷电流的等值电路

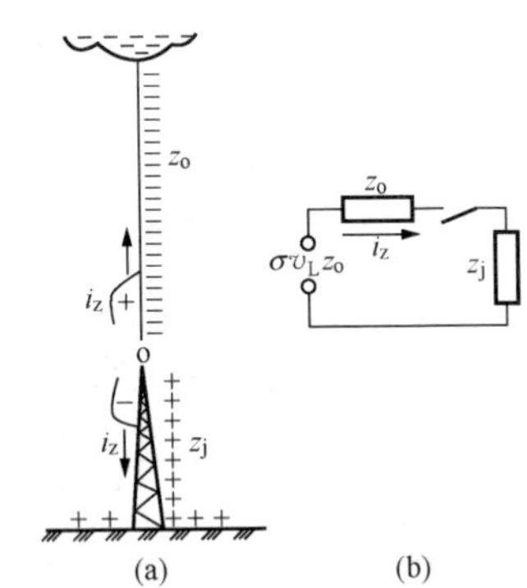

图 3-4 雷击物体时电流波的运动

（a）电流波的运动；

（b）计算 i_z 的等值电路

从式(3-4) 可知，流经被击物体的电流 i_z 与被击物体的波阻抗 z_j 有关，z_j 越大则 i_z 越小，反之则 i_z 越大。当 $z_j=0$ 时，流经被击物体的电流被定义为“雷电流”，以 i_L 表示。根据式(3-4)，$i_L=\sigma v_L$。但实际上被击物体的阻抗不可能为零，故雷击于低接地电阻的物体时，流过该物体的电流可以认为等于雷电流，式(3-4) 可改写为

$$i_z = i_L \frac{z_o}{z_o + z_j} \tag{3-5}$$

式(3-5)的等值电路如图3-5所示。

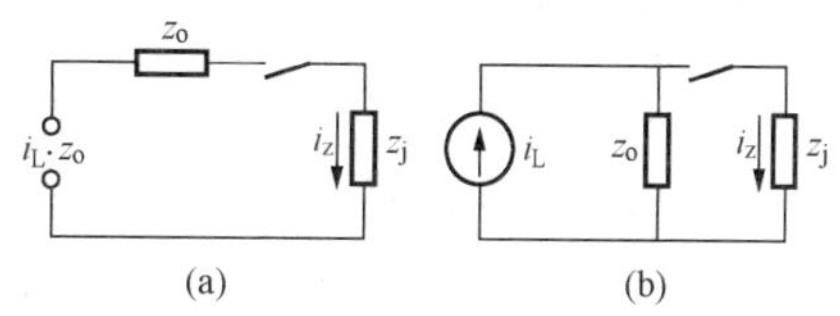

图3-5 计算流经被击物体雷电流的等值电路
(a)等值电压源电路;(b)等值电流源电路

从地面感受的实际效果和工程实用角度出发,可以将雷击物体的过程看作是一个数值为$i_L/2$的雷电流波,沿着一条波阻抗为z_o的通道向被击物体传播的过程,如图3-6(a)所示,其彼德逊等值电路如图3-6(b)所示,它与图3-5(a)相同。

目前,我国规程DL/T620—1997《交流电气装置的过电压保护和绝缘配合》将雷电通道的波阻抗z_o取为300Ω。

雷电流i_z为一个非周期冲击波,其幅值与气象、自然条件等有关,是个随机变量,只有通过大量实测才能正确估计其概率分布规律,对一般地区,我国规程DL/T 620—1997《交流电气装置的过电压保护和绝缘配合》建议雷电流概率分布的计算式为

$$\lg P = -\frac{I_L}{88} \tag{3-6}$$

式中 I_L——雷电流幅值,kA;

P——雷电流幅值超过I_L的概率。

例如,以I_L等于50kA代入式(3-6),可求得P为27%,即出现幅值超过50kA的雷电流的概率为27%。

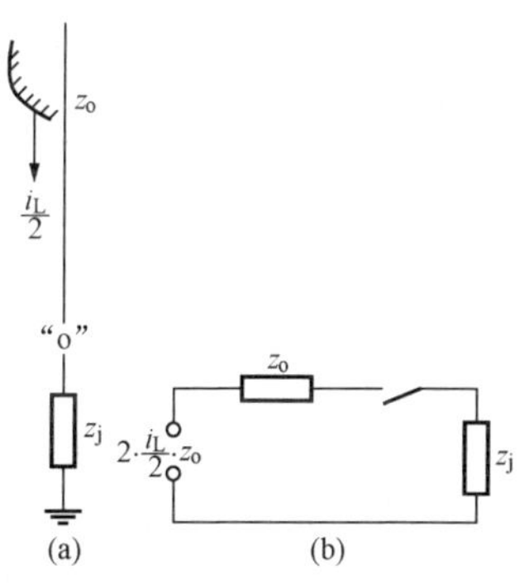

图3-6 雷击物体的工程实用模型及其等值电路

z_o—雷电通道波阻抗;z_j—被击物的阻抗;i_L—雷电流

对于我国陕南以外的西北地区及内蒙古自治区的部分地区(此类地区的年平均雷暴日在20日以下),雷电流幅值较小,其计算式为

$$\lg P = -\frac{I_L}{44} \tag{3-7}$$

2. 雷电流波形

雷电流的波头和波尾皆为随机变量,其平均波尾为50μs左右;对于中等强度以上的雷电流,波头在1~4μs。实测表明,雷电流幅值I_L与陡度di_L/dt的线性相关系数为0.6左右,这说明雷电流幅值增加时雷电流陡度也随之增加,因此波头变化不大。根据实测的统计结果,规程DL/T 620—1997建议计算用波头取为2.6μs,即认为雷电流的平均上升陡度di_L/dt为

$$\frac{di_L}{dt} = \frac{I}{2.6}(\text{kA}/\mu\text{s}) \tag{3-8}$$

雷电流的波头形状对防雷设计是有影响的,因此在防雷设计中需对波头形状作出规定。在一般线路防雷设计中波头形状可取为斜角波;而在设计特殊高塔(40m)时,可取为半余弦波头,在波头范围内雷电流可表示为

$$i_L = \frac{I}{2}(1 - \cos\omega t) \tag{3-9}$$

3. 雷暴日与雷暴小时

在采取防雷措施时，必须从该地区的雷电活动的具体情况出发，某一地区的雷电活动强度可用该地区的雷暴日或雷暴小时来表示。雷暴日是每年有雷电的天数，雷暴小时是每年中有雷电的小时数（即在一小时内只要听到雷声就算 1 个雷暴小时）。据统计，我国大部分地区 1 个雷暴日约折合为 3 个雷暴小时。雷暴日数越多的地区说明雷电活动越频繁，防雷设计的标准越高，防雷措施越应加强。表 3 - 1 给出了我国一些城市的平均雷暴日。

表 3 - 1　某些城市的年平均雷暴日

地区	年平均雷暴日（天）	地区	年平均雷暴日（天）
广州	90	西安	20
上海	35	重庆	40
北京	40	南昌	60
南京	38	长沙	50
天津	30	福州	60
哈尔滨	80	兰州	25
沈阳	33	太原	40

在我国把平均雷暴日少于 15 天的称为少雷区，大于 40 天的称为多雷区。

根据人们现在的认识，雷电活动分布的一般规律大致如下：

（1）热而潮湿的地区比冷而干燥的地区雷暴多。

（2）雷暴的次数是山区大于平原，平原大于沙漠，陆地大于湖海。

（3）雷暴高峰月都在七八月份，活动时间大都在每天 14～22 点，各地区雷暴的极大值和极小值多数出现在相同的年份。

各地区应根据雷电的活动规律，每年在雷电开始活动之前对防雷设施全部检查完毕，并及时投入运行。

4. 地面落雷密度和输电线路落雷次数

进行防雷设计和采取防雷措施，必须知道地面落雷密度，每一雷暴日每平方公里地面遭受雷击的次数称为地面落雷密度，以 γ 表示，建议 γ 为 0.07 次/（km^2 · 雷暴日）。

对于线路来说，由于其高出地面，有引雷的作用。根据模拟试验和运行经验，一般高度线路的等值受雷面的宽度为 $10h$（h 为线路平均高度，单位为 m），也即等值受雷面积为线路两侧各为 $5h$ 宽的地带。线路越高，则等值受雷面积越大。若线路经过地区年平均雷暴日数为 T，一般高度的线路每年每 100km 的落雷次数为 N，则

$$N = \gamma \times \frac{10h}{1000} \times 100 \times T[\text{次}/(100\text{km}\cdot\text{年})] \tag{3-10}$$

若平均雷暴日 T 取为 40，γ 为 0.07，则

$$N = 2.8h[\text{次}/(100\text{km}\cdot\text{年})] \tag{3-11}$$

式(3 - 11)表明，100km 线路每年约受到 $2.8h$ 次雷击。

第二节　避雷针与避雷线

一、避雷针与避雷线的结构

图 3 - 7 所示为一般避雷针的示意图。避雷针包括三部分：上部的接闪器（针头），中部

的接地引下线及下部的接地体。接闪器可用直径为10mm及以上、长为1～2m的圆钢做成。接地引下线应保证雷电流通过时不致熔断，可以用直径为6mm的圆钢或截面不小于35mm²的镀锌钢绞线，也可以用厚不小于4mm、宽不小于20mm的扁钢做成，还可以利用钢筋混凝土杆内的钢筋或铁塔的本身作为引下线。接地体为一个金属电极，可用三根2.5m长的40mm×40mm×4mm的角钢打入地下再并联后而成，其接地电阻不应大于规定的数值。引下线与接闪器及接地体之间，以及引下线和接地体本身的接头，都应用可靠的烧焊连接。

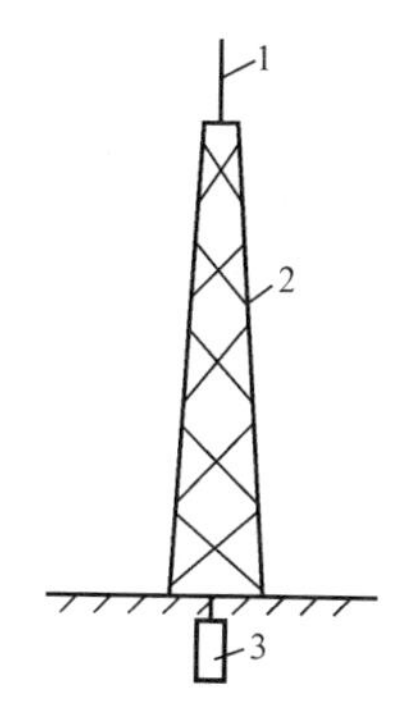

图3-7 避雷针示意图
1—接闪器；2—接地引下线；3—接地体

避雷线也由三部分组成，即平行悬挂在空中的金属线（接闪器）、接地引下线、接地体。接地引下线上端与接闪器相连，而下端与接地体相连。用于接闪器的金属线一般采用截面不小于35mm²的镀锌钢绞线。对接地引下线及接地体的基本要求与对避雷针的相同。用来保护输电线路的避雷线是悬挂在输电导线的上方，如果线路是用木质电杆架设，那么应在木杆的腿上固定避雷线的接地引线；如果线路是用金属杆塔或钢筋混凝土杆架设，可用金属杆塔本身或钢筋混凝土杆内的钢筋作为接地引下线。如果在木杆线路上悬挂有两根避雷线，那么在每根电杆处的两根避雷线应互相成金属性连接，这样可以减小避雷线的波阻，降低过电压。

二、避雷针（线）的保护原理

避雷针（线）高出被保护物，其作用是将雷电吸引到避雷针（线）本身上来，并安全地将雷电泄入大地，从而保护了设备。

在雷电先导放电的初始阶段，因先导离地面较高，故先导延伸的方向不受地面物体的影响。但当先导延伸到离地面的某一高度时，开始受地面上物体的影响而决定其放电方向（此高度通常称为雷电放电定位高度）。由于避雷针（线）较高，而且具有良好的接地，因而避雷针（线）上容易因静电感应而积聚与先导极性相反的电荷，使先导通道与避雷针（线）间的电场强度显著增强。即先导放电电场由于避雷针（线）的作用而发生歪曲（见图3-8），将先导放电的路径引向避雷针（线），并继续延伸，直到对避雷针（线）发生主放电。这样，在避雷针（线）附近的物体遭到直接雷击的可能性就显著地降低，即受到了避雷针（线）的保护。显然，距离避雷针（线）越近的物体，遭受雷电直击的可能性越小。

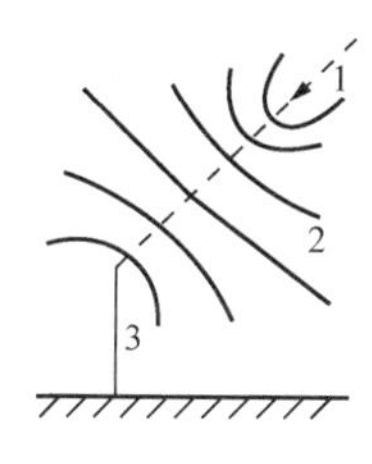

图3-8 避雷针的保护原理
1—雷电先导通道；2—等位线；3—避雷针

三、避雷针（线）的保护范围

避雷针（线）保护的空间是有一定范围的。避雷针（线）的保护范围可由模拟试验和运行经验来确定。由于雷电的路径受很多偶然因素的影响，因此要保证被保护物绝对不受直接雷击是不现实的。一般，保护范围是指在此空间范围内的被保护物遭受直接雷击的概率仅为0.1%左右。

1. 单支避雷针

单支避雷针保护范围是一个锥形空间，如图3-9所示。单支避雷针在地面上的保护范围是一个圆，其值可按下式确定

$$r_x = 1.5h \tag{3-12}$$

式中 r_x——保护范围的半径，m；

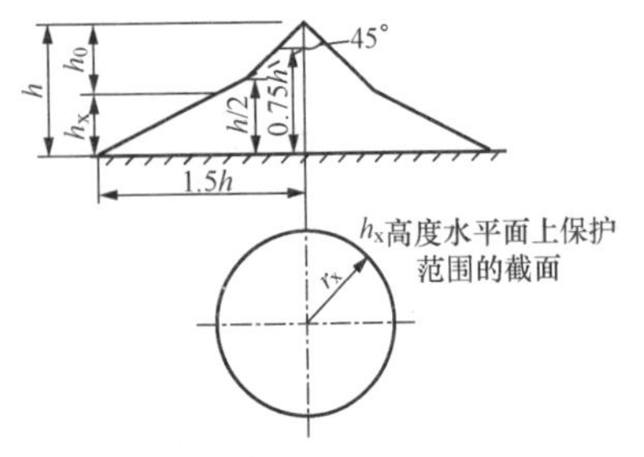

图 3-9 单支避雷针的保护范围

h——避雷针的高度，m。

单支避雷针在空间的保护范围是一个锥形空间。这个锥形空间的确定是：从针的顶点向下作与针成45°的斜线，构成锥形保护空间的上部；从距针底沿地面各方向1.5h处向针0.75h高处作连接线，与上述45°的斜线相交，交点以下的斜线构成了锥形保护空间的下部。如果用公式来表达保护空间，则在高为h_x（被保护物的高度）水平面上的保护半径r_x为

$$\left.\begin{array}{ll}\text{当 } h_x \geqslant \dfrac{h}{2} \text{ 时} & r_x = (h - h_x)p \\ \text{当 } h_x < \dfrac{h}{2} \text{ 时} & r_x = (1.5h - 2h_x)p\end{array}\right\} \qquad (3-13)$$

式中 p——考虑到避雷针太高时保护半径不与避雷针高成正比增大的系数。

当$h \leqslant 30$m时，$p=1$；当$30\text{m} < h \leqslant 120$m时，$p=5.5/\sqrt{h}$；当$p > 120$m时，$p=5.5/\sqrt{120}$。

2. 双支等高避雷针

双支等高避雷针保护范围可按下面的方法确定。如图3-10（a）所示，两针外侧的保护范围可按单针计算方法确定，两针间的保护范围应按通过两针顶点及保护范围上部边缘最低点O的圆弧来确定，O点的高度h_0的计算式为

$$h_0 = h - \frac{D}{7p} \qquad (3-14)$$

式中 D——两针间的距离，m。

两针间高度为h_x的水平面上的保护范围的截面如图3-10（b）所示，在O—O′截面中高度为h_x的水平面上保护范围的一侧宽度b_x［见图3-10（c）］可按下式计算

$$b_x = 1.5(h_0 - h_x) \qquad (3-15)$$

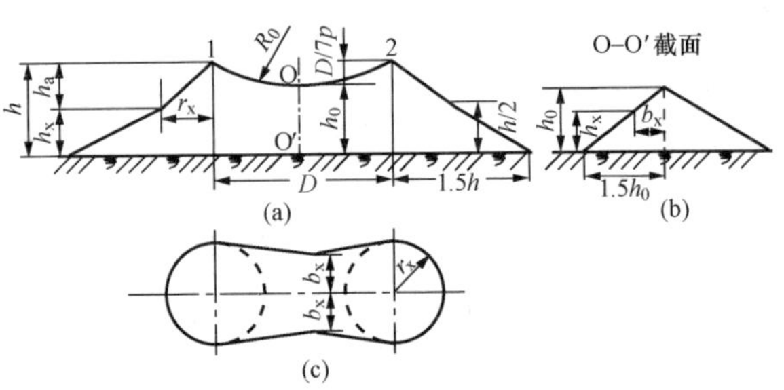

图3-10 高度为h的两等高避雷针1及2的保护范围
（a）两支等高避雷针保护范围的主视图；（b）O—O′截面保护图；（c）在被保护物高度为h_x处两支等高避雷针水平保护范围

一般两针间的距离与针高之比D/h不宜大于5。

3. 两支不等高避雷针

其保护范围的确定如图3-11所示，两针内侧的保护范围先按单针作出高针1的保护范围，然后经过较低针2的顶点作水平线与之交于点3，再设点3为一假想针的顶点，作出两等高针2和3的保护范围，图中$f=D'/7p$。两针外侧的保护范围仍按单针计算。

4. 多支等高避雷针

以三支等高避雷针为例，其保护范围如图3-12（a）所示，三针所形成的三角形1、2、3的外侧保护范围分别按两支等高针的计算方法确定。如在三角形内被保护物最大高度h_x的水平面上各相邻避雷针间的保护范围的外侧宽度$b_x \geqslant 0$时，则全部面积即受到保护，四支及以上的等高避雷针，可先将其分成两个或几个三角形，然后按三支等高针的方法计算，如

图 3-12（b）所示。

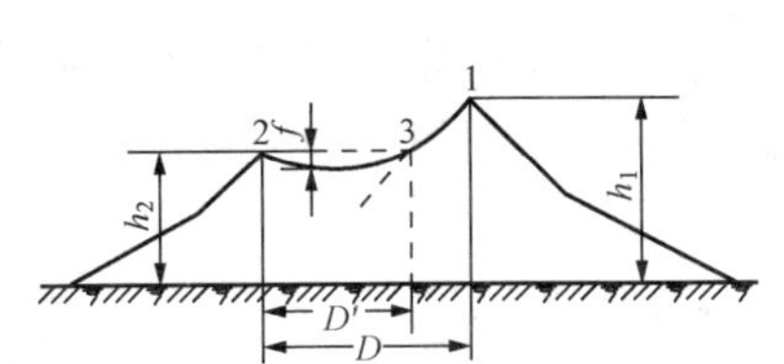

图 3-11　两支不等高避雷针 1 及 2 的保护范围

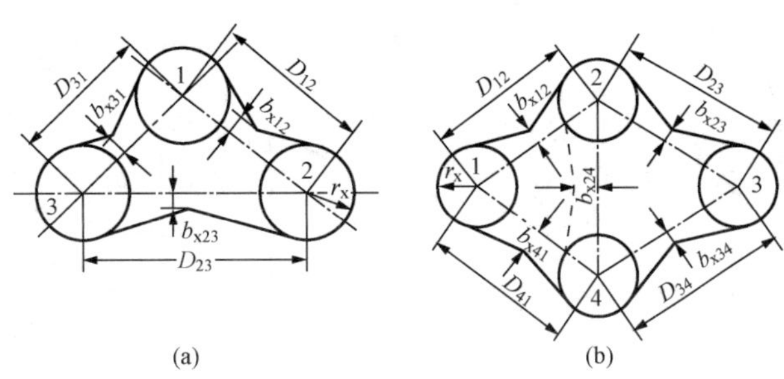

图 3-12　三支和四支等高避雷针的保护范围
（a）三支等高避雷针 1、2 及 3 在 h_x 水平面上的保护范围；
（b）四支等高避雷针在 h_x 水平面上的保护范围

四、避雷线（又称架空地线）的保护范围

单根避雷线的保护范围如图 3-13 所示，可按下式计算

$$\left.\begin{aligned}&\text{当 } h_x \geqslant \frac{h}{2} \text{ 时} \qquad r_x = 0.47(h-h_x)p\\&\text{当 } h_x < \frac{h}{2} \text{ 时} \qquad r_x = (h-1.53h_x)p\end{aligned}\right\} \tag{3-16}$$

式中，系数 p 的含义同前。

两根等高平行避雷线的保护范围如图 3-14 所示。两避雷线外侧的保护范围按单根避雷线的计算方法确定。两避雷线间各横截面的保护范围，由通过两避雷线顶点 1、2 及保护范围边缘最低点 O 的圆弧确定，O 点高度 h_0 的计算式为

$$h_0 = h - \frac{D}{4p} \tag{3-17}$$

式中　D——两避雷线间的距离，m；

h——避雷线的高度，m。

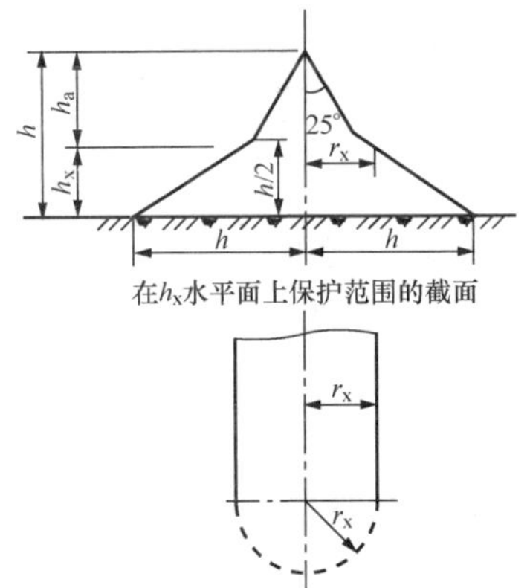

图 3-13　单根避雷线的保护范围

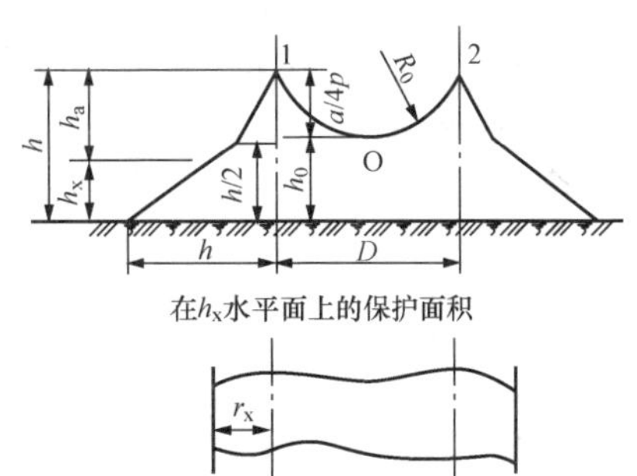

图 3-14　两平行避雷线 1 及 2 的保护范围

用避雷线来保护线路时，目前都用保护角 α 来表征避雷线的屏蔽效果，它是杆塔上避雷线的铅垂线同杆塔避雷线和导线的连线间所组成的夹角，如图 3-15（a）所示，夹角以内的区域就是保护范围。α 角越小，避雷线就越可靠地保护导线免受雷击。为了减小保护角，必须提高避雷线的悬挂高度，这样势必加重杆塔结构，增加造价，所以单根避雷线的保护角不能做得太小，一般在 25°左右。

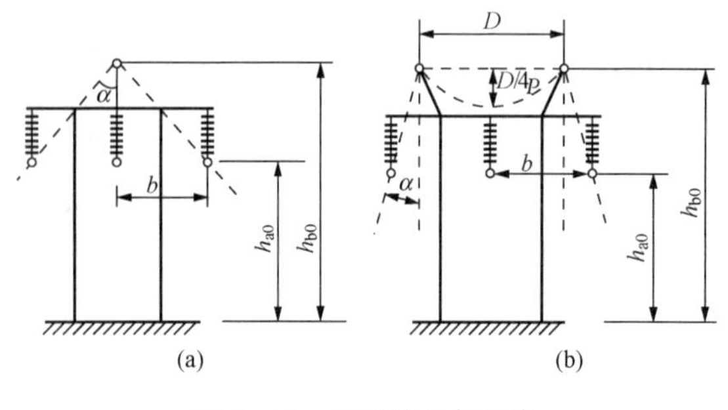

图 3 - 15　避雷线的保护角
（a）单根避雷线；（b）两根避雷线

两根避雷线的保护范围如图 3 - 15（b）所示。它对外侧导线的保护效果仍决定于保护角 α。由于两根导线间的相互屏蔽效应，它们中间部分的保护范围比两个单根避雷线的保护范围之和大得多，其确定方法为：通过避雷线两端及其中间深度 $\dfrac{D}{4p}$ 处画一段圆弧，圆弧以下的区域就是保护范围。为了减小对两侧导线的保护角，可将两根避雷线适当向外移动。经验证明，只要两避雷线间的距离不超过避雷线与中间导线的高差的 5 倍，中间导线便能受到可靠的保护。

第三节　避　雷　器

避雷器与被保护设备并接于线路上，其作用是用来限制作用于设备上的过电压。避雷器的类型有保护间隙、管型避雷器、阀型避雷器和氧化锌避雷器等几种。选择避雷器使其放电电压低于被保护设备绝缘的耐压，当过电压超过一定的值时，避雷器先放电，从而使被保护设备得到保护。

一、保护间隙与管型避雷器

保护间隙由两个电极组成，如图 3 - 16（a）所示为常用的角型保护间隙的结构图。该保护间隙由两个互相串联的间隙组成，一个是主间隙，还有一个辅助间隙。辅助间隙的作用是防止主间隙被外界物体短路而装设的。图 3 - 16（b）所示为常用的角型保护间隙与电气设备的并联接线。为使被保护设备得到可靠的保护，要求保护间隙的伏秒特性的上限低于被保护设备伏秒特性的下限，并有一定的裕度。当雷电波侵入时，间隙先击穿，将工作母线接地，雷电流引入大地，避免了被保护设备的电压升高，从而保护了设备。

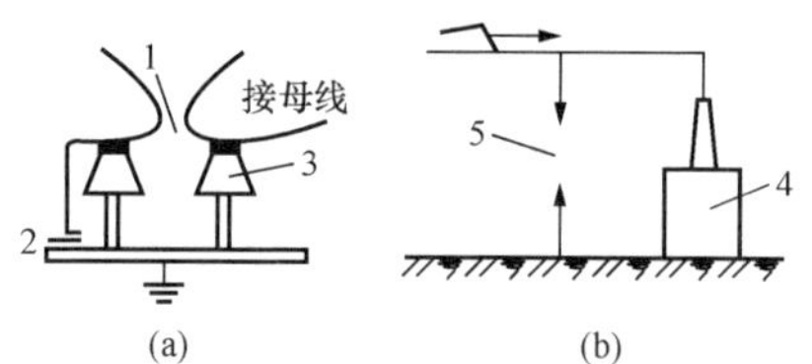

图 3 - 16　角型保护间隙结构及结线
（a）结构；（b）接线
1—主间隙；2—辅助间隙；3—绝缘子；
4—被保护设备；5—保护间隙

过电压消失后，间隙中仍有工频电压所产生的工频电弧电流（俗称续流），此电流的大小是安装处的短路电流。由于间隙熄弧能力差，往往不能自动熄弧，造成断路器跳闸，这是保护间隙的主要缺点。为此可将保护间隙配合自动重合闸使用。

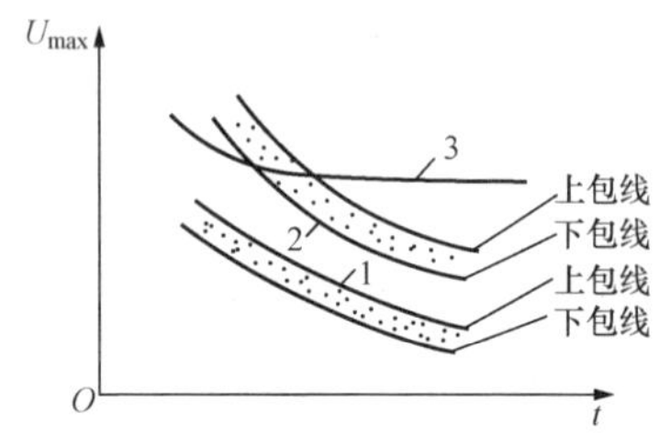

图 3 - 17　保护间隙的保护效果
1—保护间隙的伏秒特性的上包线；
2—被保护设备的伏秒特性的下包线；
3—被保护设备比较平坦的伏秒特性曲线

保护间隙与主间隙间的电场是不均匀电场。在这种电场中，当放电时间减小时，放电电压增加较快，即其伏秒特性较陡，且分散性也较大。如图 3 - 17 所示，曲线 2 是被保护设备的伏秒特性的下包线，曲线 1 是保护间隙的伏秒特性的上包线。为了能使间隙对设备起到保护作用，要求曲线 1 低于曲线 2，且两者之间需有一定的距离。如果被保护设备的伏秒特性（图 3 - 17 曲线 3）较平坦，这时保护间隙的伏秒特性与其配合就比较困难，故不宜用它来保护具有较平坦伏秒特性的电气设备，如变压器、电缆等。

管型避雷器实质上是具有较高熄弧能力的保护间隙，其原理结构如图 3 - 18 所示。它有两个串联的间隙，一个是装在产气管里面的内间隙 s_1，一个是在外部的空气间隙 s_2。s_2 的作用是隔离工作电压，避免产气管被流过管子的工频泄漏电流所烧坏。

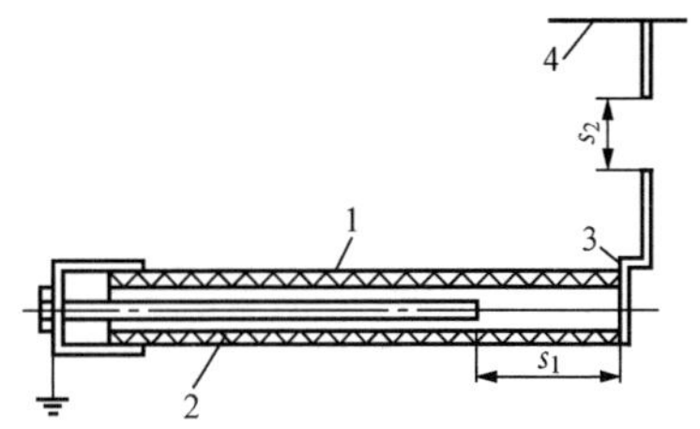

图 3 - 18　管型避雷器原理结构
1—产气管；2—棒形电极；3—环形电极；4—工作母线；s_1—内间隙；s_2—外间隙

内间隙由一个棒形电极和环形电极组成。产气管由在电弧下能够产生气体的纤维、塑料或橡胶等材料制成。雷击过电压来时，内外间隙同时被击穿，雷电流经管型避雷器内外间隙流入大地，冲击波被截断。

过电压消失后，在工频电压的作用下，间隙中还有工频续流流过，其值为管型避雷器安装处的短路电流。工频续流电弧的高温将使管内产气材料分解出大量气体，使产气管内的压力升高，由于管型避雷器的一端是封闭的，高压力的气体将由环形电极开口孔喷出，形成强烈的纵向吹弧，使工频续流在第一次过零时熄灭，使系统恢复正常状态。

管型避雷器的熄弧能力与工频续流的大小有关，续流过大时，产生气体过多管内压力太高，可能造成产气管炸裂；续流太小时，产气量过少，管内压力太低，不足以吹灭电弧。故管型避雷器熄灭工频续流有上限和下限，通常在型号中标明，例如 $G\times S\frac{35}{2\sim10}$，即表明该避雷器的额定电压为 35kV，可切断续流的上限为 10kA，下限为 2kA（有效值）。使用时必须注意使管型避雷器熄弧电流的上限要大于避雷器安装点短路电流的最大值，其下限要小于避雷器安装点的短路电流的最小值。管型避雷器的熄弧能力还与产气管的材料、内径和内间隙大小有关。

管型避雷器一般在闭合端固定，因此当管型避雷器灭弧时，从开口端所喷出的导电气体具有高电位。安装时应注意各相排出的气体不要发生相交或与电位不同的部位相碰，以免造成相间或对地短路。安装时，其开口端应向下倾斜，与水平面交角要大于 15°～20°，以防管内积水。为了避免喷气时，反作用力引起的振动，使外部间隙发生变化。避雷器安装时，要尽可能的牢固，接地引下线应尽可能短而直，以减少引下线的电感。

管型避雷器的主要缺点是伏秒特性较陡，且分散性大，难以与被保护设备配合。管型避雷器动作后，还会形成截断波，对变压器的匝间绝缘不利。此外，管型避雷器放电特性受大气条件影响较大。因此，管型避雷器目前只用在线路保护（如大跨距和交叉档距）以及发电厂、变电站的进线段保护。

二、阀型避雷器

阀型避雷器的基本元件为间隙和非线性电阻，间隙与非线性电阻元件（又称阀片）相串联如图 3 - 19 所示。间隙放电的伏秒特性低于被保护设备的冲击耐压强度，阀片的电阻值与流过的电流有关，具有非线性特性，电流越大电阻越小。阀型避雷器的基本工作原理如下：在电力系统正常工作时，间隙将电阻阀片与工作母线隔离，以免由母线的工作电压在电阻阀片中产生的电流使阀片烧坏。当系统中出现过电压且其幅值超过间隙放电电压时，间隙击

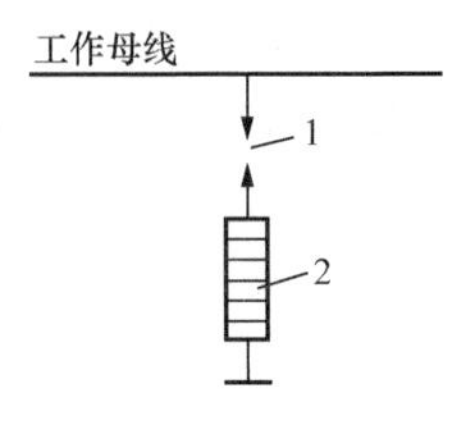

图 3-19 阀型避雷器的原理结构图
1—间隙；2—电阻阀片

穿，冲击电流通过阀片流入大地。由于阀片的非线性特性，在阀片上产生的压降（称为残压）将受到限制，使其低于被保护设备的冲击耐压，设备就得到了保护。当过电压消失后，间隙中由工作电压产生的工频电弧电流（称为工频续流）仍将继续流过避雷器，此续流受阀片电阻的非线性特性所限制远比冲击电流小，使间隙能在工频续流第一次经过零值时就将电弧切断。以后，依靠间隙的绝缘强度能够耐受电网恢复电压的作用而不会发生重燃。这样，避雷器从间隙击穿到工频续流的切断不超过半个工频周期，继电保护来不及动作系统就已恢复正常。

由上述可知，被保护设备的冲击耐压值必须高于避雷器的冲击放电电压和残压，若避雷器这两个参数能够降低，则设备的冲击耐压值也可相应地下降。

阀型避雷器分为普通阀型避雷器和磁吹阀型避雷器两类。普通阀型避雷器有 FS 和 FZ 两种系列，磁吹阀型避雷器有 FCD 和 FCZ 两种系列。

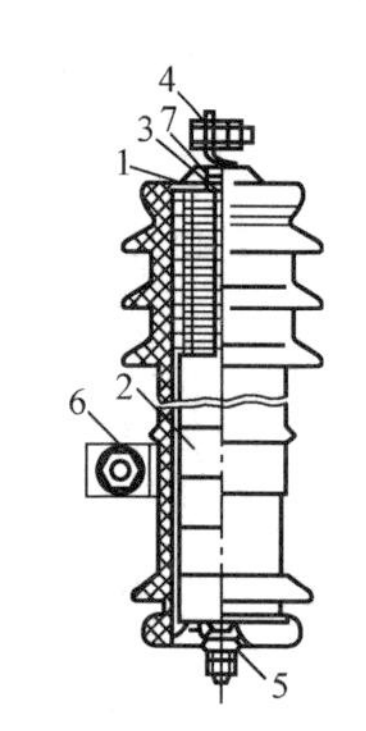

图 3-20 FS 系列阀型避雷器结构
1—放电间隙；2—阀片；3—弹簧；4—高压接线端子；5—接地端子；6—安装用铁夹；7—铜片

（一）普通阀型避雷器

1. FS 系列

FS 系列阀型避雷器可用来保护小容量的配电装置，常与配电变压器并联安装，其额定电压约为 2～10kV。

图 3-20 所示为 FS 系列阀型避雷器的结构图。放电间隙 1 和阀片 2 同装在一个瓷套内，上部用螺旋形的弹簧压紧，弹簧用铜片 7 短路以减少弹簧的感抗。瓷套是密封的，在瓷套外面设有安装用的铁夹和接线用的螺栓。

FS 系列阀型避雷器的放电间隙由许多单个间隙串联而成。单个平板型放电间隙的结构如图 3-21 所示。电极用冲压的黄铜圆盘 1 做成，极间垫有环状的云母垫圈 2，云母垫圈的厚度仅为 0.5～1mm。电极间的距离很小，其间隙电场接近均匀电场。单个间隙的放电电压（有效值）在 2.7～2.9kV 之间。

阀片是由金刚砂（SiC）与黏合剂（如水玻璃）烧结成圆饼，其非线性程度可用伏安特性方程表示

$$u = c i^{\alpha} \tag{3-18}$$

式中 c——材料常数，它和阀片的材料与尺寸有关；

α——阀片的非线性系数，其值小于 1。

α 一般为 0.2 左右，α 越小，表示非线性的程度越大；$\alpha=1$ 时，相当于线性电阻。

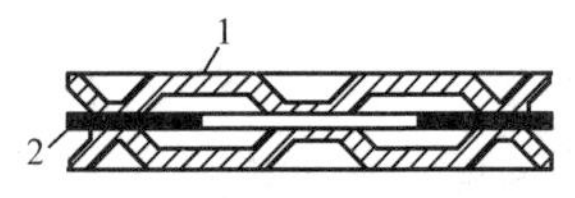

图 3-21 单个平板型放电间隙结构
1—黄铜电极；2—云母垫圈

2. FZ 系列

FZ 系列避雷器用来保护中等及大容量变电站的电气设备，它的额定电压为 3～220kV。额定电压为 35～220kV 的避雷器，分别由 FZ—15、FZ—20 型和 FZ—30J 型这些基本的避雷器元件组合而成。图 3-22 所示为 FZ 系列阀型避雷器基本元件的结构图。避雷器是密封的，瓷套内主要装有放电间隙和阀片。

放电间隙采用由单个放电间隙串联而成的标准放电间隙组，如图 3-23 所示。为了使各串联放电间隙的电压分布均匀，在每一间隙上都并联有分路电阻，例如图 3-24 中的 2。由图 3-24 所示的原理图可知，在工频电压的作用下，由于间隙电容的阻抗比分路电阻的阻值大很多，所以间隙上的电压分布主要由分路电阻来决定。因分路电阻阻值相等，故间隙上的电压分布均匀，从而提高了熄弧电压和工频放电电压。在冲击电压的作用下，由于冲击电压的等值频率很高，间隙电容的阻抗小于分路电阻，所以间隙上的电压分布主要取决于电容分布，分路电阻的存在并不影响避雷器的冲击放电电压。

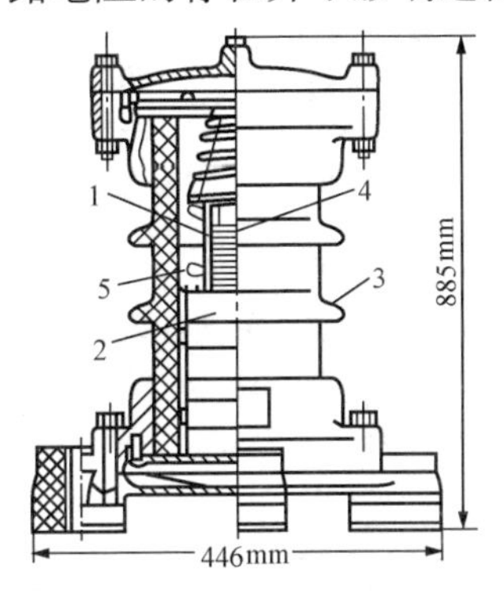

图 3-22　FZ 系列阀型避雷器

1—放电间隙组；2—阀片；3—瓷套；4—云母垫圈；5—并联电阻

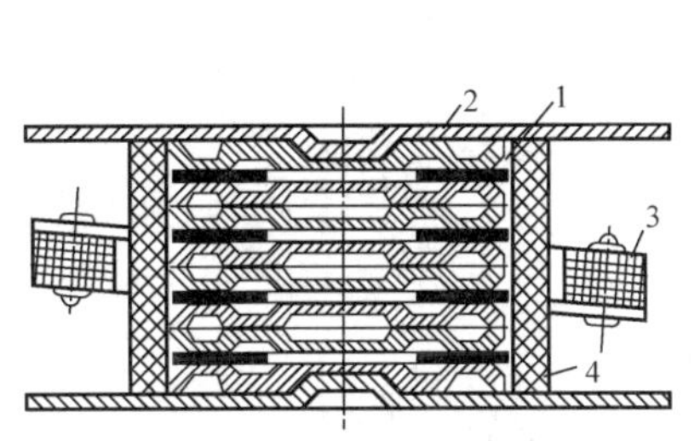

图 3-23　标准放电间隙组

1—单个放电间隙；2—黄铜盖板；3—半环形并联电阻；4—陶瓷管

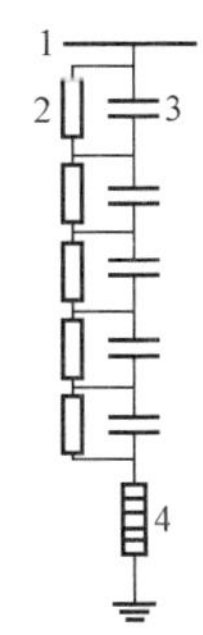

图 3-24　并联电阻接线原理图

1—线路；2—并联电阻；3—间隙；4—阀片

（二）*磁吹阀型避雷器*

磁吹阀型避雷器分为 FCD 系列和 FCZ 系列。FCD 系列用于保护旋转电机，其额定电压为 2～15kV；FCZ 系列用来保护变电站的高压电气设备，其额定电压为 110～330kV。

磁吹阀型避雷器的火花间隙与普通型避雷器相仿，磁吹阀型避雷器中火花间隙也是由许多单个间隙串联而成的。利用磁场使电弧产生运动（如旋转或拉长）来加强去游离以提高间隙的灭弧能力。磁吹间隙种类繁多，我国目前生产的主要是限流式间隙，又称为拉长电弧型间隙，其单个间隙的基本结构如图 3-25 所示。间隙由一对角状电极组成，磁场是轴向的，工频续流被轴向磁场拉入灭弧栅中，如图 3-25 中的虚线所示。其电弧的最终长度可达起始长度的数十倍，灭弧盒由陶瓷或云母玻璃制成，电弧在灭弧栅中受到强烈去游离而熄灭。由于电弧形成后很快就被拉到远离击穿点的位置，故间隙绝缘强度恢复很快，熄弧能力很强，可切断 450A 左右的续流。

此外，由于电弧被拉得很长且处于去游离很强的灭弧栅中，所以电弧电阻很大，可以起到限制续流的作用，因而称为限流间隙。这样，采用限流间隙后就可以适当减少阀片数目，使避雷器残压得到降低。

磁场是由与间隙相串联的绕组所产生的，其原理接线如图 3-26 所示。考虑到过电压作用下放电电流通过磁吹绕组时将在绕组上产生很大的压降，使避雷器的保护性能变坏，为此在磁吹绕组两端装设一个辅助间隙。在冲击过电压的作用下，主间隙被击穿，放电电流经过磁吹绕组，绕组两端的压降将辅助间隙击穿，放电电流遂经过辅助间隙、主间隙和电阻阀片而流入大地，使避雷器的压降不致增大。当工频续流通过时，辅助间隙中电弧的压降将大于续流在绕组中产生的压降，故辅助间隙中电弧自动熄灭，工频续流也就很快转入磁吹绕组中，产生磁场吹弧作用。

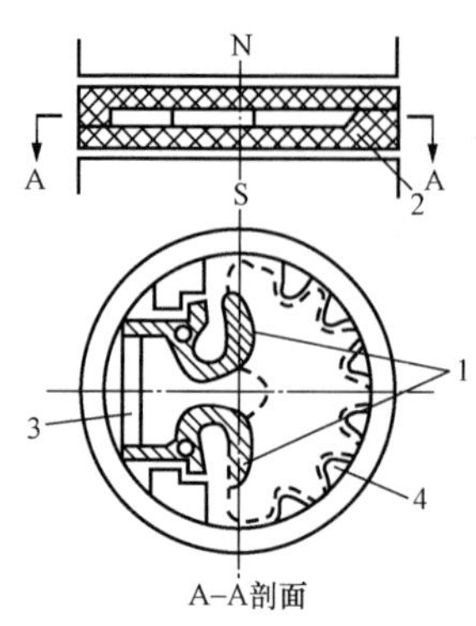

图 3-25　限流式磁吹间隙
1—角状电极；2—灭弧盒；
3—并联电阻；4—灭弧栅

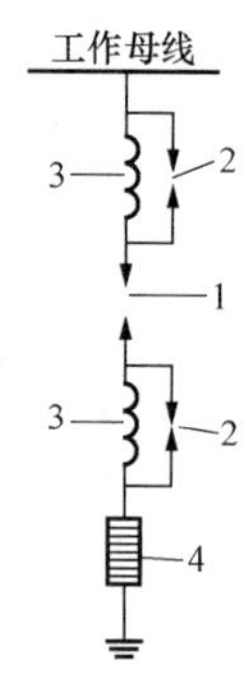

图 3-26　磁吹避雷器的结构原理
1—主间隙；2—辅助间隙；
3—磁吹线圈；4—电阻阀片

三、氧化锌避雷器

20 世纪 70 年代初期出现了氧化锌避雷器，其阀片以氧化锌为主要材料，附以少量精选过的金属氧化物，经高温烧结而成。氧化锌阀片具有很理想的非线性伏安特性。图 3-27 所示是普通阀型避雷器的金刚砂阀片（SiC）与氧化锌（ZnO）避雷器及理想避雷器的伏安特性曲线。图中假定 ZnO、SiC 电阻阀片在 10kA 电流下的残压相同，但在额定电压（或灭弧电压）下 ZnO 曲线对应的电流一般在 10^{-5}A 以下，可近似地认为其续流为零，而 SiC 曲线所对应的续流却是 100A 左右。也就是说在工作电压下，氧化锌阀片实际上相当于绝缘体。

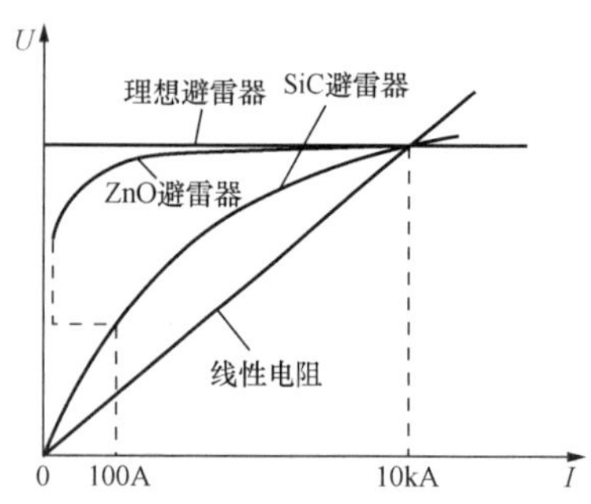

图 3-27　ZnO、SiC 避雷器和理想避雷器伏安特性比较

图 3-28 所示为 ZnO 的伏安特性，它可分为小电流区、非饱和区和饱和区。在 1mA 以下的区域为小电流区，非线性系数 α 较高，为 0.2 左右；电流在 1mA 到 3kA 的范围内，通常为非线性区，其 α 值在 0.01～0.04；电流大于 3kA 时，一般进入饱和区，这时电压增加，电流增长不快。

与 SiC 避雷器相比，ZnO 避雷器除了有较理想的非线性伏安特性外，其主要优点如下：

（1）无间隙。在工作电压的作用下，氧化锌阀片相当于绝缘体，因而工作电压不会使阀片烧坏，所以可以不用串联间隙来隔离工作电压。

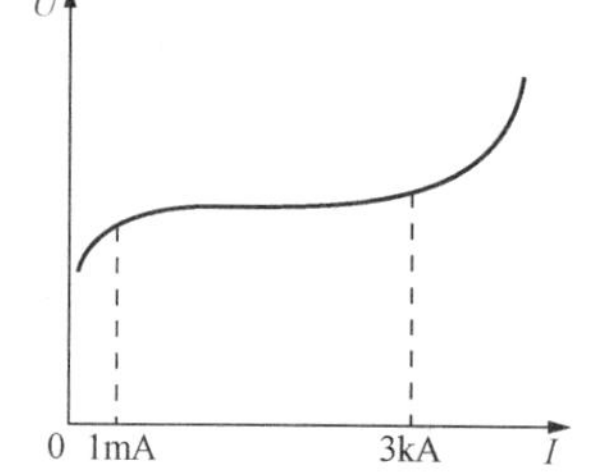

图 3-28　ZnO 避雷器的伏安特性

（2）无续流。当作用在 ZnO 阀片上的电压超过某一值（起始动作电压）时将导通，导通后 ZnO 阀片上的残压与流过它的电流大小基本无关，为一定值，这是由于 ZnO 阀片具有良好的非线性。当作用的电压降到起始动作电压以下时，氧化锌阀片终止“导通”，又相当于绝缘体，因此不存在工频续流。而 SiC 避雷器却不同，它不仅要吸收过电压的能量，还要吸收工频续流所

产生的能量，由于氧化锌阀片无续流，因此它只要吸收过电压能量即可。所以对它的热容量要求比 SiC 低得多。

（3）通流容量大。氧化锌避雷器通流容量大，耐操作波的能力强，故可用来限制内过电压，也可使用于直流输电系统。

（4）降低电气设备所受到的过电压。虽然 10kA 雷电流下的残压值，氧化锌避雷器与普通阀型避雷器相同，但后者只有在串联间隙放电后才可将电流泄放，而前者在整个过电压过程中都有电流流过，因此降低了作用在电气设备上的过电压。

此外，由于氧化锌避雷器具有无间隙、无续流、体积小、质量轻、结构简单、运行维护方便、使用寿命长等优点，所以已被广泛使用，并逐步取代 SiC 型避雷器。

1. 氧化锌避雷器的基本电气参数

（1）额定电压。它是指避雷器两端之间允许施加的最大工频电压有效值。

（2）最大持续运行电压。它是允许持续加在避雷器两端之间的最大工频电压的有效值。该电压决定了避雷器长期工作的老化性能，即避雷器吸收过电压后温度升高时，在此电压下应能正常冷却，不发生热崩溃。它一般决定于系统最大工作的相电压。

（3）起始动作电压（或参考电压）。它是指避雷器通过 1mA 工频电流峰值或直流电流时，其两端之间的工频电压峰值或直流电压，通常用 U_{1mA} 表示。该电压大致位于 ZnO 阀片伏安特性曲线由小电流区上升部分进入非线性区平坦部分的转折处，所以也称转折电压或拐点电压。通常工频参考电压大于或等于避雷器额定电压的峰值。

（4）残压。它指放电电流通过氧化锌避雷器时，其两端之间出现的电压峰值，包括陡波、雷电冲击波、操作冲击波下的残压。

（5）通流容量。它表示阀片耐受通过电流的能力，通常用短持续时间（4/10μs）大冲击电流（10～65kA）作用 2 次和长持续时间（0.5～3.2ms）近似方波电流（150～1500A）多次作用来表征。我国目前大多用通过 2ms 方波电流值作为避雷器的通流容量。

2. 评价氧化锌避雷器性能优劣的指标

（1）保护水平。氧化锌避雷器的雷电保护水平为陡波冲击残压和雷电冲击残压均除以 1.15 后的较大者；操作冲击水平等于操作冲击残压。

（2）压比。它是指氧化锌避雷器通过波形为 8/20μs 的额定冲击放电电流时的残压与起始动作电压比，如在 10kA 下的压比为 U_{10kA}/U_{1mA}。压比越小，表示非线性越好，流过大电流时的残压越低，避雷器的保护性能越好。目前，此值约为 1.6～2.0。

（3）荷电率。它是氧化锌避雷器的最大持续运行电压峰值与起始动作电压的比值。荷电率越高说明避雷器稳定性能越好、耐老化，能在靠近“转折点”长期工作。若荷电率等于极限值 1，就说明避雷器不会老化。荷电率一般采用 45%～75%或更大。在中性点非有效接地系统中，因单相接地时健全相上的电压峰值较高，所以一般选用较低的荷电率。

（4）保护比。它是雷电冲击电流的残压与持续电压之比，也等于残压比与荷电率的比值。保护比越小，保护性能越好，因此降低残压比或提高荷电率均可提高金属氧化物避雷器的保护性能。

未安装防雷设施造成人身伤亡

2005年9月14日，在华中地区某省发生几起雷电伤人事件，尤其是某省会城市一次雷击造成某师范正在进行军训的学生和教官七人伤亡。这再次敲响了校园防雷的警钟。频发的校园雷击事故，不得不使我们拷问防雷的严峻问题。作为校园的运动场所，又正是学生活动集中的地方，我们应该加强防雷保护。

长期以来，我们关注的是建（构）筑物的防雷，并从经济角度出发设定相应防雷等级，对运动场所却没有相应的防雷等级和防雷措施，致使出现了本不应该的悲剧。现实中，雷电的活动非常频繁，雷击的突发性也很猛，尤其在对雷电天气活跃期间更是如此。人类在自然面前有时非常的无奈，为了减少人们在自然灾害中的灾难，唯一可行的就是预防为主。

第四节 变电站防雷保护

变电站是工厂电力供应的枢纽，一旦遭受雷击会造成全厂停电、停产，影响范围很大。

变电站的雷害源于三个方面：第一，雷直击于变电站导线或电气设备上；第二，变电站避雷针上落雷时产生的过电压和反击过电压；第三，是沿线路传来的雷电波。

一、变电站的直击雷防护

变电站的直击雷保护一般采用避雷针或避雷线。

装设避雷针时，其接地装置不应与变电站接地装置相连，如图3-29所示，其间隔距离可按规定来确定。

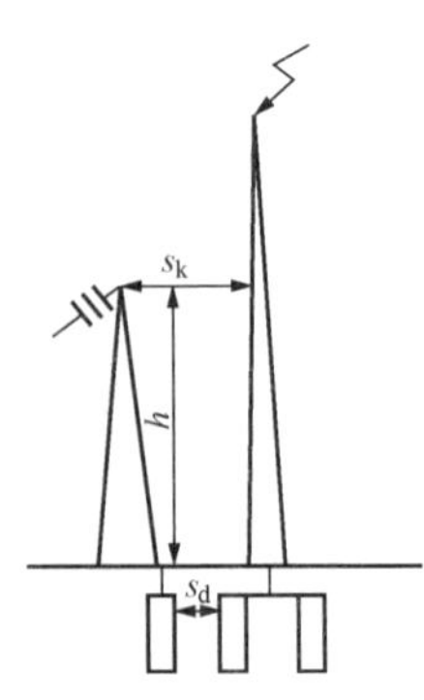

图3-29 独立避雷针与变电站距离

避雷针与配电装置导电部分，以及与变电站电气设备和构架接地部分间的空气距离 s_k 的计算式为

$$s_k \geqslant 0.2R_{ch} + 0.1h \qquad (3-19)$$

式中 R_{ch}——避雷针的冲击接地电阻；

h——考虑点的高度，m；

s_k——空气距离，一般不得小于5m。

独立避雷针的接地装置与变电站最近接地网之间的地中距离 $s_d > 0.3R_{ch}$，一般情况下，s_d 不得小于3m。

对于35kV及以下的变电站，因其绝缘水平较低，所以不允许在配电构架上装设避雷针。66kV若土壤电阻率不大于500Ω·m，110kV土壤电阻率不大于1000Ω·m则可以。

对于220kV及以上的变电站，可以将避雷针设在配电装置的构架上，这是因为此类电压等级配电装置的绝缘水平较高，雷击避雷针时，在配电构架上出现的高电位不会由于发生反击而造成事故。装设避雷针的配电构架应装设辅助接地装置，此接地装置与变电站接地网的连接点离主变压器接地装置与变电站接地网的连接点之间的距离不应小于15m，目的是使雷击避雷针时在避雷针接地装置上产生的高电位，在沿接地网向变压器接地点传播的过程中逐渐衰减，以便到达变压器接地点时不会造成对变压器的反击事故。

二、变电站的进线段保护

1. 35kV 及以上变电站的进线段保护

对于35～110kV全线无避雷线的线路，在紧靠变电站的1～2km进线段上架设避雷线，以防止雷击直接打到变电站附近的线路上。

当雷击于线路导线或附近地面时，雷电波就会沿着线路向变电站传播。由于变压器的冲击绝缘水平比线路绝缘薄弱得多。因此，必须采取保护措施，防止由线路侵入的雷电波对变压器及其他电气设备的危害。变电站对雷电侵入波的保护，主要依靠进线段和阀型避雷器（或氧化锌避雷器）。要使避雷器可靠地保护变压器，就必须设法使避雷器中流过的雷电流幅值不超过5kA（在330～500kV级为10kA），而且必须保证入侵波陡度 a（a：0.5～2.2kV/m）不超过一定的允许值，如图3-30所示为未全线架设避雷线的35～110kV线路的进线段保护。在进线段以外落雷时，由于进线段导线的阻抗，使流过避雷器的雷电流受到限制，而且沿导线的入侵波陡度 a 也将由于冲击电晕的作用而大为降低。

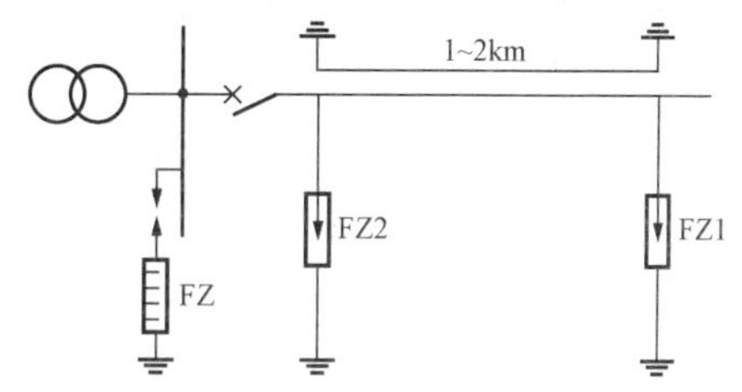

图3-30　35～110kV变电站进线保护接线图

FZ1、FZ2—管型避雷器；FZ—阀型避雷器

在图3-30的接线中，进线段保护的两侧，分别安装了管型避雷器FZ1和FZ2。管型避雷器FZ1的作用，主要是限制侵入到变电站的雷电压的幅值。对于水泥杆线路来说，因为侵入波的幅值已经受到线路绝缘子串放电电压的限制，故不再需要装设FZ1。只是对于木杆线路，由于导线对地的绝缘水平很高（每米木材的冲击放电电压约200kV），即使导线上有很高的雷电压也不会对地放电，故雷击木杆线路时，可能有很高的雷电压侵入到变电站，使避雷器的动作电流超过5kA。因此，在木杆或水泥杆木横担线路进线保护段的首端，应装设一组管型避雷器FZ1，其接地电阻一般应小于5Ω。对于35kV线路，FZ1的外间隙长度可整定为250～300mm。

对于管型避雷器FZ2，只有在断路器或隔离开关处于断开状态，线路侧又有工频电源时才采用。当雷电波沿线路侵入开路的开关时，雷电压升高为侵入波的2倍，若没有FZ2将使套管对地放电，并造成工频短路事故。安装了FZ2之后，它能可靠动作并熄弧，这就保护了套管。运行中这种开路反射事故曾多次发生，对于35kV线路，FZ2的外间隙应不小于100mm。

2. 35kV 小容量变电站的简化进线保护

对于35kV的小容量变电站，可根据变电站的重要性和雷电活动强度等情况采取简化的进线保护。由于35kV小容量变电站的范围小，避雷器距变压器的距离一般在10m以内，故入侵波陡度 a 允许增加，进线段长度可以缩短到500～600m。为限制流入变电站阀型避雷器的雷电流，在进线段首端可装设一组管型避雷器或保护间隙（见图3-31）。

对于 35～110kV 的变电站，如进线段装设避雷线有困难或进线段杆塔接地电阻难以下降，可在进线段的终端杆上安装一组 1000μH 左右的电抗绕组来代替进线段，如图 3-32 所示，此电抗绕组既能限制流过避雷器的雷电流又能限制入侵波陡度。

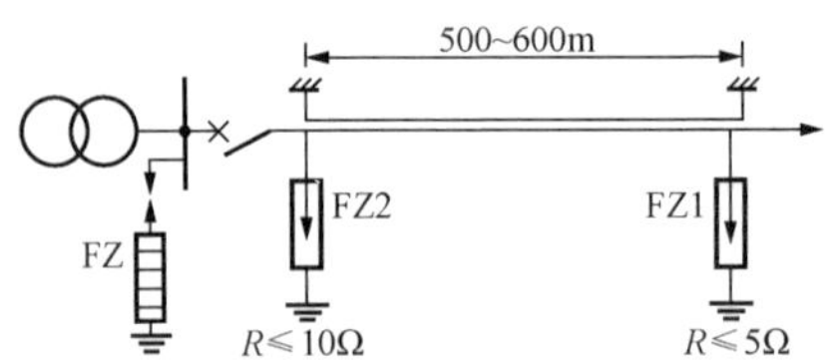

图 3-31　3150～5000kV·A、35kV 变电站的简化保护接线

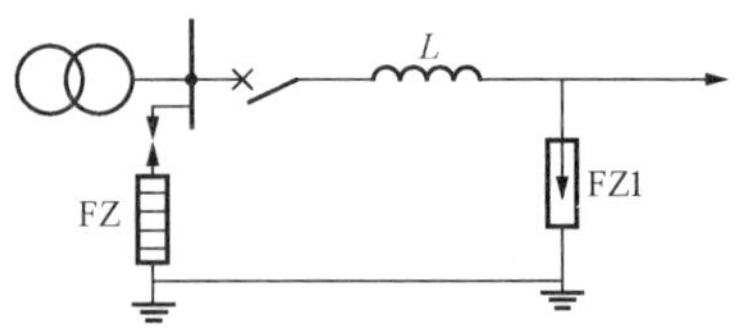

图 3-32　用电抗线圈代替进线段的保护接线

三、三绕组变压器和自耦变压器的防雷保护

1. 三绕组变压器的防雷保护

三绕组变压器在正常运行时，有时存在只有高、中压绕组工作，低压绕组开路的运行情况。此时若高压绕组或中压绕组有雷电波入侵时，由于低压绕组对地电容较小，开路的低压绕组上静电感应分量可达到很高的数值，将危及低压绕组绝缘。考虑到静电感应分量将使低压绕组三相电位同时升高，故为了限制这种过电压，只要在低压绕组任一相的直接出口处加装一组避雷器即可。中压绕组也有开路的可能，但其绝缘水平较高，一般不安装避雷器。

2. 自耦变压器的防雷保护

自耦变压器一般除有高、中压自耦绕组外，还有低压非自耦绕组。在运行时可能会出现高、低压绕组运行，中压开路和中、低压绕组运行，高压开路的运行方式。此时若雷电波从高压端线路入侵，高压端电压为 U_0 时，其初始与稳态电位分布以及最大电位包络线都与中性点接地的绕组相同，如图 3-33（a）所示。在开路的中压端 A′上，可能出现的最大电压为高压侧电压 U_0 的 $2/K$ 倍（K 为高压侧与中压侧绕组的变比），这样可能使处于开路状态的中压套管闪络。因此，在中压侧套管与断路器之间装设一组避雷器，以便当中压侧断路器开断时，保护中压侧绝缘。

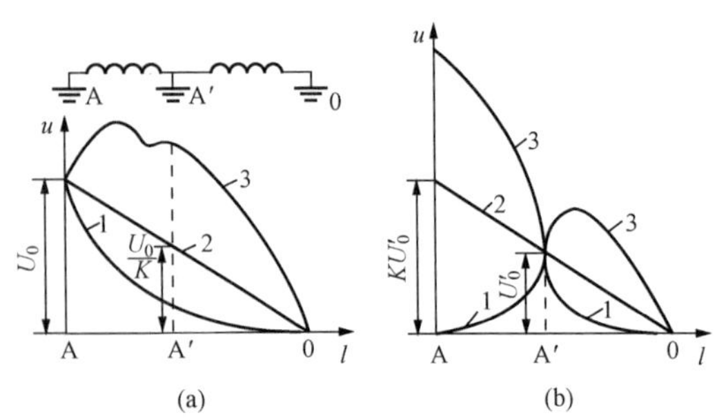

图 3-33　自耦变压器中有雷电波入侵时的最大电位包络线

（a）由高压侧 A 进波时电位分布；（b）由中压侧 A′进波时电位分布

1—初始电压分布；2—稳态电压分布；3—最大电位包络线

当高压侧开路、中压侧来波且中压侧电压为 U'_0 时，其初始和稳态的电位分布如图 3-33（b）所示。由中压端 A′到开路的高压端 A 的稳态电压为 KU'_0，它是由 A′—A 的稳态电压电磁感应而形成的。在振荡过程中 A 点电位可达 $2KU'_0$，这会使开路的高压侧套管闪络。因此在高压侧套管与断路器之间，也应加装一组避雷器，以便当高压侧断路器开断时，保护高压侧绝缘。自耦变压器的防雷保护接线

如图 3-34 所示。

此外还应注意下列情况：当中压侧连有出线时，相当于A′点经线路波阻抗接地。如高压侧有雷电波入侵，则此电压大部分将加在自耦变压器的 AA′绕组上，可能使其绝缘损坏。同理，当高压侧有出线，中压侧有雷电波时，也会发生类似情况。而且 AA′绕组越短（即变比越小）时越危险。所以当变比小于 1.25 时，在 AA′之间还应加装一组避雷器，如图 3-34 中的 FZ3，此避雷器的灭弧电压应大于高压或中压侧接地短路条件下 AA′所出现的最高工频电压。

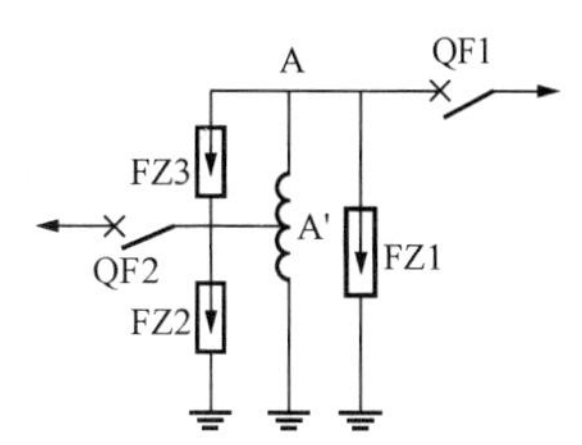

图 3-34　保护处自耦变压器的避雷器配置

3. 变压器中性点的保护

我国生产的电力变压器的中性点绝缘水平大体上分为两种：①中性点与线路端绝缘水平相同，称为全绝缘结构；②中性点绝缘水平低于线路端，称为半绝缘结构（分级绝缘）。采用分级绝缘，可以节省材料，降低变压器的造价。

对于 66kV 及以下的电网，中性点采用非接地方式。当沿电力线路三相来雷电波时，侵入波经变压器绕组到达不接地的中性点，相当于末端开路的情况，将发生全反射，使作用在中性点上的冲击电压理论上达到侵入波的 2 倍，若考虑变压器绕组的振荡衰减，则可达到 1.5 倍（纠结式绕组）或 1.8 倍（连续式绕组）左右，这可能对中性点绝缘构成威胁。但运行统计表明，在一年的时间里，有 785 台中性点无保护的变压器中，只有三次中性点雷害事故，而且是由于中性点隔离开关绝缘不良或管型避雷器没动作引起的。

因此，对于中性点非接地的 35～66kV 变压器，中性点一般不需要采取保护措施；中性点非直接接地的 110kV 电网中，变压器中性点亦为全绝缘结构。由于线路绝缘较强，且架设避雷线，三相进波的机会很少，统计约每 25 年一次，中性点一般也无需保护。

中性点非直接接地电网中，保护变压器中性点用的避雷器，可参照表 3-2 的要求选取。在中性点直接接地电网中，保护变压器中性点用的避雷器可参照表 3-3 进行选择。

表 3-2　中性点非直接接地电网保护变压器中性点用避雷器

变压器额定电压（kV）	35	60	110	154
中性点避雷器形式	FZ—35 或 FZ—30 （或 FZ—15+FZ—10）	FZ—40	FZ—110J	FZ—154J

表 3-3　中性点直接接地电网保护变压器中性点用避雷器

变压器额定电压（kV）	110			220
变压器中性点绝缘等级（kV）	35	60	110	110
中性点保护方式	FZ—40 或 FZ—45	FZ—60	FZ—110J 或 FZ—60	FZ—110J

20世纪90年代，我国氧化锌避雷器的制造技术及检测手段取得了很大的进步，一些主要生产厂家制造了用于保护110、220、330、500kV变压器中性点绝缘免受过电压损坏的保护电器。该避雷器克服了过去用传统避雷器不能与中性点绝缘相配合的缺点，可实现最佳保护。表3-4为某生产厂家生产的氧化锌避雷器的主要电气性能。其型号说明如下：

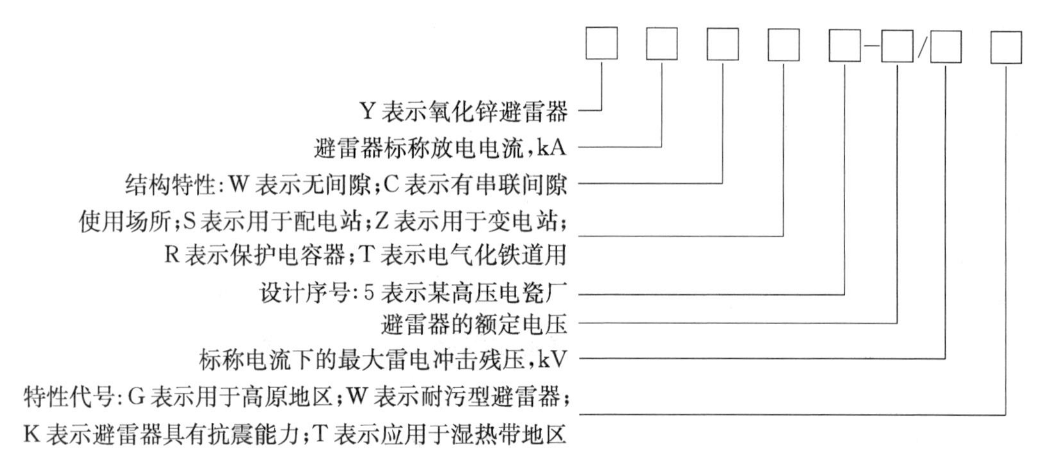

表3-4　　氧化锌避雷器的主要电气性能

产品型号	变压器额定电压	避雷器额定电压	避雷器持续运行电压	最大雷电冲击残压 8/20μs 1.5kA	最大操作冲击残压 30/60μs 500A	直流1mA电压	2ms方波通流容量20次
	（kV，有效值）			（kV，峰值，不大于）		（kV，不小于）	（A，峰值）
Y1.5W5—55/132	110	55	44	132	126	79	400
Y1.5W5—60/144	110	60	48	144	137	86	400
Y1.5W5—72/186	110	72	58	186	170	105	400
Y1.5W5—144/320	220	144	116	320	304	204	600
Y1.5W5—204/440	330	204	164	440	410	288	600
Y1.5W5—207/440	330	207	166	440	410	292	600
Y1.5W5—102/260	500	102	82	260	243	155	600
Y1.5W5—96/260	500	96	77	260	243	137	600

第五节　配电设备防雷保护

一、配电变压器的防雷保护

配电变压器的数量多、分布广，担负着向城乡用户供电的重要任务。但是，配电网电压等级低，绝缘水平相对薄弱，往往容易发生雷害事故。据统计，每年都有由于直击雷或感应雷而损坏配电变压器的情况，配电变压器的雷击损坏率约为1～2台/（百台·年），因此对于它的防雷保护应该予以足够的重视。

1. 配电变压器高压侧的保护

配电变压器高压侧主要靠阀型避雷器保护，为了提高保护效果，避雷器应尽可能靠近配电变压器安装。另外，避雷器的接地线还应和低压中性点及变压器的金属外壳一起共同接地。这样，当高压侧落雷而使避雷器放电时，变压器绝缘上所承受的电压即为避雷器的残压，而接地装置上的电压降并没有作用在变压器的绝缘上，这对变压器保护是有利的，如图3-35所示。

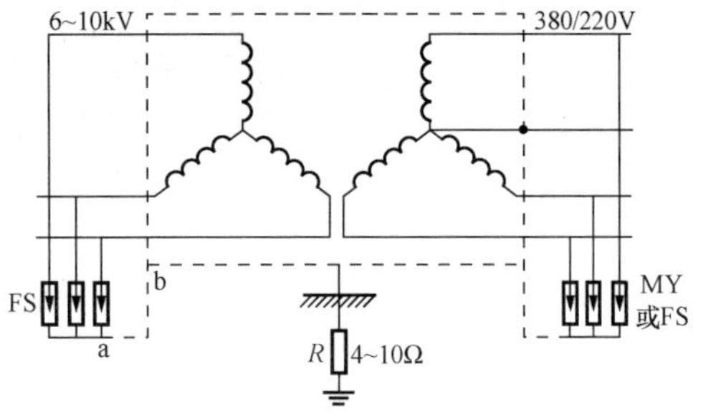

图3-35　配电变压器防雷保护接线

FS系列6～10kV阀型避雷器在5kA雷电流下的残压为17～50kV，此时的等值电阻仅为3.4～10Ω。但配电变压器和避雷器的接地电阻一般为4～10Ω。若避雷器的接地线不和变压器的铁壳相连，则避雷器动作时，作用在变压器套管上的电压将是5kA下的残压和接地电阻上的压降之和（10kV避雷器的残压为50kV，10Ω接地电阻上流过5kA雷电流的压降也为50kV，两者之和相当于避雷器的残压升高了1倍）。这对变压器的保护是十分不利的。

避雷器到外壳之间的连接线（图3-35中ab段连接）应尽可能短，因为每0.6m长的连接线约有1μH的电感。若电流的陡度增大，则引线上的电感压降也增大，它同样相当于增加了避雷器的残压，故ab段引线越短越好。

对于接地电阻的要求，100kV·A以上的配电变压器，接地电阻应不大于4Ω；100kV·A以下的配电变压器，接地电阻应不大于10Ω。

2. 配电变压器低压侧的保护

配电变压器低压侧的保护，应把低压侧中性点接到变压器铁壳上。否则，当高压侧避雷器动作时，铁壳电位抬高（等于接地电阻上压降），有可能造成铁壳对低压套管出线间的闪络。连接后，使低压绕组和变压器的电位都同时抬高（水涨船高），外壳与低压侧之间便不会发生闪络。这种接法的缺点是6～10kV侧落雷时可能传到低压侧用户中去引起危险，但这个缺点可以用加强用户的防雷措施来补救。

对于多雷地区以及供电重要性较高的用户，应适当考虑在低压侧出线上加装低压避雷器或压敏电阻。其作用是当低压线路落雷时，雷电压经380V引线进入到变压器低压绕组，然后按变压器变比在高压侧感应出一个高电压；以10/0.4kV变压器为例，变比为25，低压侧1kV雷电压在高压侧将感应出25kV的电压，这种高电压可能将高压侧内部的绝缘击穿。装了低压避雷器后，低压线落雷时，低压避雷器动作，将雷电流泄入大地，不再进入变压器绕组，就不会有这种正变换事故了。

低压侧装了避雷器之后，还能防止反变换事故。所谓反变换，就是当6～10kV侧雷击时，避雷器会有大量的雷电流通过，在接地装置上产生电压降，这个电压降将同时作用在低压绕组的中性点上并加到低压绕组上，由变压器电磁感应使高压侧也会出现高电压，在星形接线的变压器高压中性点上也会出现危险的高电压。变压器低压侧安装了避雷器后，由于低压避雷器动作放电而使高压侧不会出现危险的电压，即不会出现反变换事故了。

低压避雷器可用FS—0.25型避雷器或使用压敏电阻。压敏电阻是指电阻值随电压而变化的非线性电阻。它的伏安特性曲线有一个很明显的拐点，如图3-36所示。当电压低于拐点电压时，电阻相当大，相当于开路；当电压稍高于拐点电压时，电流急剧增大，电阻值降低，相当于通路，实际上是一个无间隙的避雷器。

另外指出，我国部分城乡为利用低压中性线作为有线广播线，或为减少人员因接触低压导线造成的触电伤亡事故，已将配电变压器低压侧中性点改为不接地。从防雷观点看，此时必须在变压器低压侧中性点与变压器铁壳间加一个击穿保险器（小型空气间隙），如图 3-37 所示。在雷电波作用下这个保险器击穿，就等于将中性点直接接地。这个击穿保险器还有一个重要作用，就是当 6～10kV 及以上的高压进入不接地的低压系统时，它自动放电将低压系统变为接地，这就保证了用电人员安全。

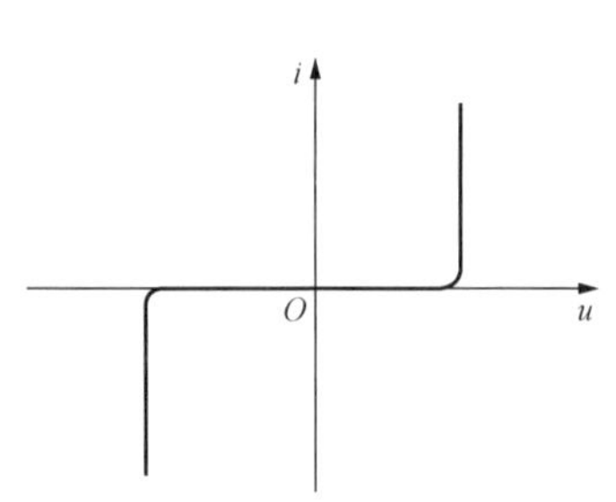

图 3-36 压敏电阻伏安特性曲线

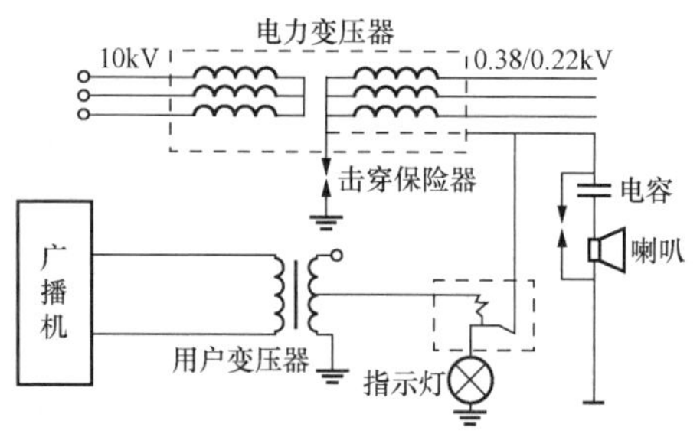

图 3-37 利用中性线传送广播接线图

二、柱上断路器的防雷保护

柱上断路器是 6～10kV 线路上比较重要的设备，但它的绝缘水平比较低，相间距离也很小，因此，当线路有直击雷和感应雷时，往往发生柱上断路器的闪络和短路事故，给用户造成停电。故应对柱上断路器给以妥善的防雷保护。

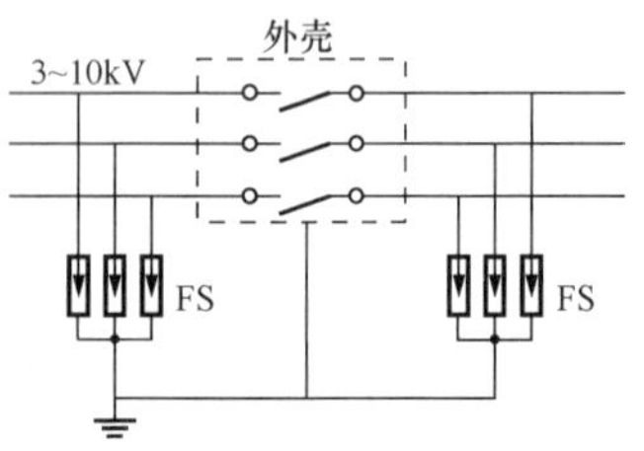

图 3-38 柱上断路器防雷保护接线

若断路器运行在闭合状态，则仅需要在其一侧装设一组阀型避雷器。对于经常开路运行且带有电压的柱上断路器或隔离开关，当任一侧线路上落雷时，由于雷电波的反射作用而使电压升高一倍，引起绝缘闪络事故。为此，必须在柱上断路器或隔离开关的两侧，都安装避雷器，并且要求避雷器的接地引下线与柱上断路器的金属外壳连接在一起共同接地，以降低避雷器放电时作用于柱上断路器的电压。其保护接线如图 3-38 所示。

三、低压线和电能表的防雷保护

当 380/220V 低压木杆线路向用户供电时，由于木杆的绝缘水平很高（达 1500～2000kV 以上），无论是直击雷或感应雷，都有可能沿着低压线路传到户内，引起人身或设备事故。据调查，某地一次雷击低压线使照明线有 9 处放电，在距离雷击点 400m 处，对距照明线 0.4m 处的人放电并击昏，还发生过雷击时使 4m 高的吊灯对地放电。各处都有因雷击低压线而发生人身伤亡的情况，故对 380/220V 低压架空线路的防雷也是不可忽视的。

采取保护措施的基本原则是设法降低侵入到屋内的雷电波的幅值。安装低压保护间隙是一种方法，但较麻烦。简便的方法是将进户线电杆上的绝缘子铁脚接地，使木杆的绝缘被接地线短路，其作用和安装保护间隙是一样的。为了减少接地点，也可沿低压主干线每隔 100～200m 做一个接地。对于公共场所，当发生雷击时容易出事故，需要将进户线上的两基电杆的绝缘子铁脚接地。以上所有接地点的接地电阻要求不超过 30Ω。

若是钢筋混凝土电杆，由于本身的自然接地作用，其接地电阻已符合 30Ω 的要求，则绝缘子铁脚就不必另行接地了。若不符合要求，则应另加接地装置。

电能表也要采取防雷保护措施，这是因为低压线上侵入了较高幅值的雷电压，而电能表接线端子之间的绝缘和电压绕组的绝缘又很弱，在雷电压作用下易使绕组烧坏。因此，必须配合一定的防雷保护措施。在这里，仅把电杆上的绝缘子铁脚接地是不够的，因绝缘子绝缘水平仍比电能表高很多，需另加保护装置。以往有的地区采用保护间隙，亦可安装低压避雷器或压敏电阻。间隙或避雷器均应靠近电能表安装，以发挥其保护效果。

因为电能表的数量很多，故在多雷地区或经常落雷地区的电能表应安装保护装置，以免损坏。

第六节 小电机的防雷保护

有些用户经过架空线路供电的 6～10kV 电动机（或调相机、发电机）；在工厂和农村的用户还有一些经过很长的一段 220～380V 架空线路供电的低压电动机。当架空线路上落雷或有感应雷时，往往容易造成电动机绝缘的损坏。

电动机和发电机等旋转电机的结构特点是：绕组要嵌到槽里易受损伤；且运行时又不能泡在油里面，绝缘较弱；而运行中的电晕等腐蚀又很严重，所以绝缘运行条件要比油浸变压器困难得多。即使是新电机，在出厂时的工频耐压值为 $2U_N+(1\sim3)$（kV），因冲击系数接近于 1，将其换算为冲击绝缘水平，则只有同级变压器的 1/3 左右，甚至比相应的磁吹避雷器的 3kA 残压值还稍低一点（见表 3-5），所以防雷措施应比变压器更为妥善，才能起到可靠的保护作用。不过对于小容量的电机，为了经济起见，也允许采用简化的防雷保护接线。

对于 300kW 及以下的直配电机，可以采用图 3-39 所示的保护接线。

表 3-5 电机和变压器的冲击耐压值

电机额定电压 U_N（kV，有效值）	电机出厂工频耐压值（kV，有效值）	电机出厂冲击耐压值（估计）（kV，幅值）	同级变压器出厂冲击耐压值（kV，幅值）	FCD 避雷器 3kA 残压值（kV，幅值）	ZnO 避雷器 3kA 残压值（kV，幅值）
10.5	$2U_N+3$	34	80	31	26
13.8	$2U_N+3$	43.3	108	40	34.2
15.75	$2U_N+3$	48.8	108	45	39

图 3-39 表示在母线上安装一组避雷器（可以是 FCD 型磁吹避雷器或 FZ 型普通阀型避雷器），该避雷器应尽可能靠近电机。同时，在每相避雷器上并联 0.5～1μs 的保护电容器。保护电容器的作用是降低侵入波的陡度（正如变电站需要进线保护段以降低进波陡度一样），防止电机匝间绝缘的损坏以及降低感应过电压的幅值。电机前应有一段不小于 20m 长的电缆，电缆两端的铅皮应分别和母线避雷器与保护间隙 FX2 的接地相连。电缆和电缆头前的保护间隙 FX2 的作用是：当雷击使

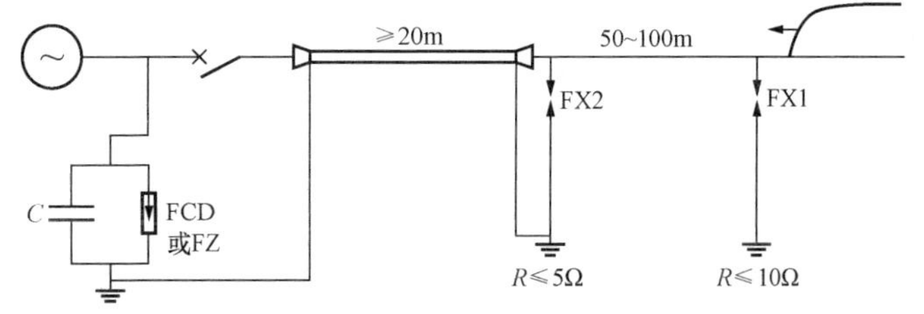

图 3-39 300kW 以下电机的简化防雷保护接线图

FX2 动作时，雷电流的一部分流入到 FX2 的接地之中，另一部分由于电缆的集肤效应，将主要沿电缆外皮流入地中，这样流到发电机母线上的雷电流将大大减少，从而保证母线避雷器动作时，电流不超过 3kA。FX1 装在 FX2 前 50～100m 处，当雷电波侵入时 FX1 首先动作，可以预先降低一次进波的幅值。FX1 和 FX2 的接地电阻应分别小于或等于 10Ω 和 5Ω。FX、FX1、FX2 保护间隙的参考数值见表3-6。

对于容量很小的电机以及 220～380V 经架空线路供电的低压电动机，可采用图 3-40 的保护接线。

表 3-6　FX、FX1、FX2 保护间隙的参考数值

额定电压（kV）	6	10
主间隙（mm）	15	25
辅间隙（mm）	10	10

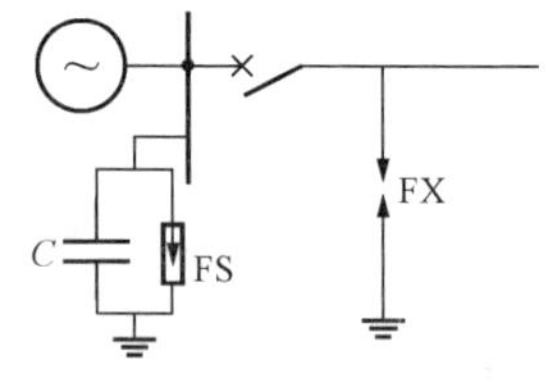

图 3-40　容量很小的电机防雷保护接线图

对于 220～380V 低压电动机而言，FS 为低压阀型避雷器，C 仍为每相电容，其值为 0.5～1μF，可以选用金属壳的低压油纸电容器（直流工作电压应大于 2kV），或其他类似的电容器。对于一般工厂车间的电动机，若不是经过一段较长的架空线路，同时又受到车间厂房的屏蔽，则不需要另加防雷保护设备。

第七节　架空电力线路的保护

架空线路纵横延伸，地处旷野，易受雷击。雷击线路时，由线路侵入变电站的雷电波也是威胁变电站设备绝缘的主要因素。据统计，在 35kV 以上的电网中，约有 50%事故是雷害造成的。可见，对线路的防雷应予以充分的重视。

一、电力线路雷过电压产生的途径

（1）雷直击于导线。这在 35kV 及以下没有避雷线保护的线路上最易发生。

（2）绕击。在有避雷线保护的线路上，雷电仍有可能绕过避雷线而击于导线。一般绕击率是很小的。

（3）雷击于杆塔塔顶或避雷线，由于耦合，在导线上产生感应电压。

（4）雷击线路附近时，在导线上产生感应雷过电压，因幅值一般不超过 500kV，所以仅对 35kV 及以下线路有危害。

（5）反击。当雷击杆塔顶部时，若杆塔接地电阻过大（规定应小于 10Ω）将使塔顶电位升得很高，反过来对导线发生闪络，在线路上造成过电压。

二、防雷措施

1. 架设避雷线

避雷线是高压和超高压输电线路最基本的防雷措施，其主要目的是防止雷直击导线，此外，避雷线对雷电流还有分流作用，可以减小流入杆塔的雷电流，使塔顶电位下降；对导线有耦合作用，可以降低导线上的感应电压。

我国规程规定，330kV 线路应全线架设双避雷线；220kV 线路应全线架设避雷线；

110kV 线路一般应全线装设避雷线，但在少雷区或运行经验证明雷电活动轻微的地区可不沿全线架设避雷线，保护角一般取 20°～30°；330kV 及 220kV 双避雷线线路，一般采用 20°左右。

为了降低正常工作时避雷线中电流所引起的附加损耗和将避雷线兼做通信用，可将避雷线经小间隙对地绝缘起来，雷击时此小间隙击穿，避雷线接地。

2. 降低杆塔接地电阻

对于一般高度的杆塔，降低杆塔接地电阻是提高线路耐雷水平防止反击的有效措施。规程规定，有避雷线的线路，每基杆塔（不连避雷线）的工频接地电阻，在雷季干燥时不宜超过表 3-7 所列的数值。

表 3-7　　有避雷线输电线路杆塔的工频接地电阻

土壤电阻率（Ω·m）	100 及以下	100～500	500～1000	1000～2000	2000 以上
接地电阻（Ω）	10	15	20	25	30

土壤电阻率低的地区，应充分利用杆塔的自然接地电阻，采用与线路平行的地中伸长地线的办法可以因其与导线间的耦合作用而降低绝缘子串上的电压，从而使线路的耐雷水平提高。

3. 架设耦合地线

在降低杆塔接地电阻有困难时，可以采用在导线下方架设地线的措施，其作用是增加避雷线与导线的耦合作用以降低绝缘子串上的电压。此外，耦合地线还可增加对雷电流的分流作用。运行经验证明，耦合地线对降低雷击跳闸率的作用是很显著的。

4. 采用不平衡绝缘方式

在现代高压及超高压的线路中，同杆架设的双回路线路日益增多。对于此类线路若采用通常的防雷措施尚不能满足要求时，还可采用不平衡绝缘方式来降低双回路雷击时的跳闸率，以保证不中断供电。不平衡绝缘的原则是使两回路的绝缘子串片数有差异，这样，雷击时绝缘子串片数少的回路先闪络，闪络后的导线相当于地线，增加了对另一回路导线的耦合作用，提高了另一回路的耐雷水平使之不发生闪络以保证继续供电。一般认为，两回路绝缘水平的差异宜为 $\sqrt{3}$ 倍相电压（峰值），差异过大将使线路总故障率增加，差异究竟为多少，应从各方面的技术经济比较来决定。

5. 装设自动重合闸

由于雷击造成的闪络大多能在跳闸后自行恢复绝缘性能，所以重合闸成功率较高。据统计，我国 110kV 及以上高压线路重合成功率为 75%～95%，35kV 及以下线路约为 50%～80%，因此各级电压的线路应尽量装设自动重合闸。

6. 采用消弧绕组接地方式

对于雷电活动强烈、接地电阻又难以降低的地区，可考虑采用中性点不接地或经消弧线圈接地方式，绝大多数的单相着雷闪络接地故障能被消弧线圈所消除。而在两相或三相着雷时，雷击引起第一相导线闪络并不会造成跳闸，闪络后的导线相当于地线，增加了耦合作用，使未闪络相绝缘子串上的电压下降，从而提高了耐雷水平。

7. 装设管型避雷器

一般在线路交叉处和在高杆塔上装设管型避雷器以限制过电压。

8. 加强绝缘

在冲击电压的作用下木材有较良好的绝缘，因此可以采用木横担来提高耐雷水平和降低建弧率，我国受客观条件限制一般不采用木绝缘。

对于高杆塔，可以采取增加绝缘子串片数的办法来提高其防雷性能。高杆塔的等值电感大，感应过电压大，绕击率也随高度而增加。因此规程规定，全高超过 40m 有避雷线的杆塔，每增高 10m 应增加一片绝缘子，全高超过 100m 的杆塔，绝缘子数应结合运行经验通过计算确定。

第八节 接 地 装 置

接地可分为工作接地、保护接地、防雷接地和防静电接地。

一、接地和接地电阻的基本概念

大地是个导电体，其中没有电流流通时是等电位的，通常人们认为大地具有零电位。接地是指将地面上的金属物体或电气回路中的某一节点通过导体与大地相连，使该物体或节点与大地保持等电位。

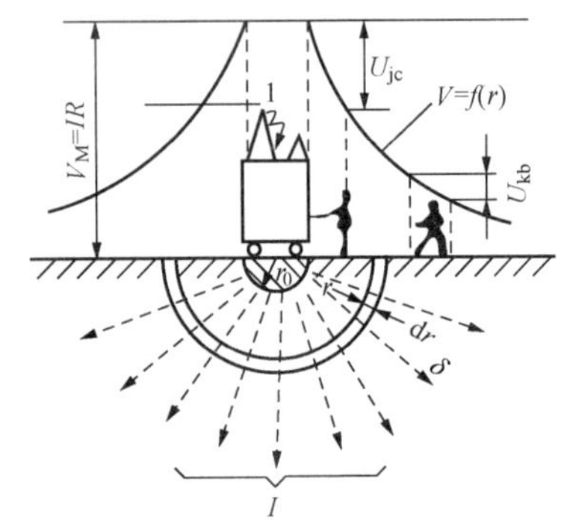

图 3-41 接地装置原理图
V_M—接地点电位；U_{jc}—接触电压；U_{kb}—跨步电压

实际上，大地并不是理想的导体。它具有一定的电阻率，如果有电流通过，则大地就不再保持等电位。被强制流进大地的电流是经过接地导体进入的，进入大地以后的电流以电流场的形式向四处扩散，如图 3-41 所示。设土壤电阻率为 ρ，大地内的电流密度为 δ，则大地中必然呈现相应的电场分布，其电场强度为 $E=\rho\delta$。离电流注入点越远，地中电流的密度就越小，因此可以认为在相当远（或者无穷大）处，地中电流密度 δ 已接近零，电场强度 E 也接近零，该处的电位为零电位。图 3-41 中画出此时地表面的电位分布 $V=f(r)$。

把接地点处的电位 V_M 与接地电流 I 的比值定义为接地电阻 R，即 $R=V_M/I$。实际上，它是一个接地阻抗，当接地电流 I 为定值时，接地电阻 R 越小，则电位 V_M 越低，反之则越高。此时地面上的接地物体（如变压器外壳）也具有了电位 V_M，因而不利于电气设备的绝缘以及人身安全，这就是要力求降低接地电阻的原因。

埋入地中的金属体称为接地极或接地体，最简单的接地极可以是单独的金属管、金属板或金属带。由于金属的电阻率远小于土壤的电阻率，所以接地体本身的电阻在接地电阻 R 中可以忽略不计，R 的数值与接地体的形式和尺寸大小以及土壤电阻率等因素有关。

各种土壤的电阻率 ρ 见表 3-8。

表 3-8 土 壤 电 阻 率

土壤类别	电阻率 ρ（Ω·m）	土壤类别	电阻率 ρ（Ω·m）
沼泽地	5～40	砂砾土	2000～3000
泥土、黏土、腐殖土	20～200	山 地	500～3000
沙 土	200～2500		

二、接地形式

1. 保护接地

为了人身安全，将电气设备的金属外壳接地称为保护接地。保护接地可以保证金属外壳经常固定为地电位，因为一旦设备绝缘损坏而且外壳带电时不致有危险的电位升高，这样就可以避免工作人员触电伤亡。在正常情况下接地点没有电流入地，金属外壳保持地电位，但当设备发生故障有接地短路电流流入大地时，接地点和与它紧密相连的金属导体的电位都会升高，有可能威胁到人身的安全。

人所站立的地点与接地设备之间的电位差称为接触电压（取人手触摸设备的1.8m高处，人脚离设备的水平距离为0.8m），如图3-41中的U_{jc}。人的两脚着地点之间的电位差称为跨步电压（取跨距为0.8m），如图3-41中U_{kb}。它们都可能有较高的数值，而使通过人体的电流超过危险值（一般规定为10mA），减小接地电阻或改进接地装置的结构形状可以降低接触电压和跨步电压。

2. 工作接地

在电力系统的电气装置中，为运行需要而设置的接地称为工作接地，如将系统的中性点接地。在电力系统对地短路时，为使流过接地网的短路电流I在接地网上造成的电压IR_g（R_g为工频电流下的电阻值）不致太大，在大电流接地短路系统中的电气设备，要求$IR_g \leqslant 2000V$；在小电流接地短路系统中的电气设备，要求$IR_g \leqslant 250V$；高低压共用时，要求$IR_g \leqslant 120V$。

3. 防雷接地

为雷电保护装置（避雷针、避雷线和避雷器）向大地泄放雷电流而设置的接地称为防雷接地。目的是减小雷电流通过接地装置时的地电位升高。

防雷接地与前两种有两点区别：一是雷电流的幅值大，二是雷电流的等值频率高。雷电流的幅值大，就会使地中电流密度δ增大，因而提高了土壤中的电场强度（$E=\delta\rho$），则在接地附近尤为显著。若此电场强度超过土壤击穿场强，则在接地体周围的土壤中便会发生局部火花放电，使土壤导电性增强，接地电阻减小。因此，同一接地装置在幅值较高的冲击电流作用下，其接地电阻要小于工频电流下的数值。

另外，由于雷电流的等值频率较高，这就使接地体自身电感的影响增大，阻碍电流向接地体远端流通。对于长度较长的接地体，这种影响更加明显，结果会使接地体得不到充分利用，使接地装置的冲击接地电阻值大于工频接地电阻值，这一现象称为电感效应。

由于上述两方面的原因，同一接地装置在冲击和工频电流作用下，将具有不同的电阻值。通常用冲击系数α表示两者的关系，即

$$\alpha = R_{eh}/R_g \tag{3-20}$$

式中 R_g——工频电流下的电阻值；

R_{eh}——冲击电流下的电阻值。

冲击系数α与接地体的几何尺寸、雷电流的幅值和波形以及土壤电阻率等因素有关，一般依靠试验确定。在一般情况下，由于火花效应大于电感效应，故$\alpha<1$；但对于电感影响明显的情况，也有$\alpha \geqslant 1$。

4. 防静电接地

为防止静电造成危险，对于易燃油、天然气储罐和管道等而设置的接地称为防静电接

地。设备在移动或物体在管道中流动，因摩擦产生的静电，聚集在管道、储罐或加工设备上，形成很高的电位，对人身安全、设备及建筑物都有危害。因此，静电接地的作用是静电一旦形成，就会通过接地装置流入地中，以消除电荷聚集的可能。

三、工程使用的接地装置

工程使用的接地体主要由扁钢、圆钢、角钢或钢管组成，埋于地表面下 0.6～0.8m 处。水平接地体多用扁钢，宽度一般为 20～40mm、厚度不小于 4mm，或者用直径不小于 6mm 的圆钢。垂直接地体一般用（20mm×20mm×3mm～50mm×50mm×5mm）的角钢或钢管，长度一般为 2.5～3m。根据接地装置的敷设地点，又分为输电线路接地和发电厂及变电站接地。

（一）典型接地体的接地电阻

1. 垂直接地体

如图 3-42 所示，当 $l \geqslant D$ 时

$$R = \frac{\rho}{2\pi l}\ln\frac{4l}{D}(\Omega) \tag{3-21}$$

式中 ρ——土壤电阻率，Ω·m；

l——接地体的长度，m；

D——接地体的直径，m。

当有 n 根接地体时，总电阻可按并联电阻计算，但 n 根并联后的总电阻并不等于 R/n，而是要大一些，如图 3-43 所示，此时接地电阻为

$$R_{\Sigma} = \frac{R}{\eta n} \tag{3-22}$$

式中 η——利用系数，取 0.65～0.8。

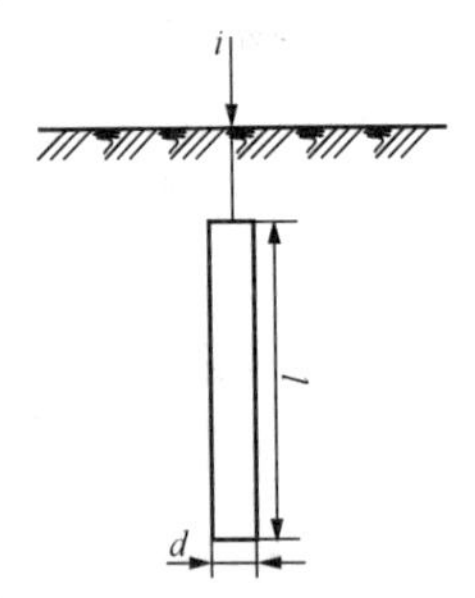

图 3-42 单根垂直接地体

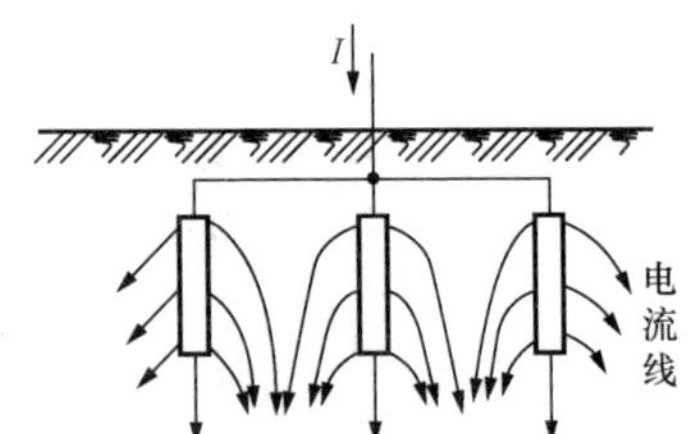

图 3-43 三根垂直接地体的屏蔽效应

2. 水平接地体

$$R = \frac{\rho}{2\pi L}\left(\ln\frac{L^2}{Dh} + A\right)(\Omega) \tag{3-23}$$

式中 L——接地体的总长度，m；

h——接地体埋设深度；m；

D——接地体的直径，m；

A——屏蔽系数，反映各水平接地极之间的屏蔽影响，其值可从表 3-9 中查找。

表 3-9　**水平接地体屏蔽系数**

序　号	1	2	3	4	5	6	7	8
接地体形式	—	└	人	○	＋	□	✳	✳
屏蔽系数 A	0	0.38	0.48	0.87	1.69	2.14	5.27	8.81

3. 伸长接地体

在土壤电阻率较高的岩石地区，为了减小接地电阻，有时需要加大接地体的尺寸，主要是增加接地体的长度，通常称这种接地体为伸长接地体。由于雷电流等值频率很高，接地体自身的电感将会产生很大变化，此时接地体将表现出具有分布参数的传输线的阻抗特性，加之火花效应的出现将使伸长接地体的电流通过时成为一个很复杂的过程。一般是在简化的条件下通过理论分析，并结合试验以得到工程应用的依据。通常，伸长接地体只是在 40～60m 的范围内有效，超过这一范围接地阻抗基本上不再变化。

（二）输电线路的防雷接地

高压输电线路在每一杆塔下一般都设有接地体，并通过引线与避雷线相连，其目的是使击中避雷线的雷电流通过较低的接地电阻而进入大地。

高压线路杆塔都有混凝土基础，它也起着接地体的作用，其接地电阻称为自然接地电阻。大多数情况下，单纯依靠自然接地电阻是不能满足要求的，需要装设人工接地装置。规程规定线路杆塔接地电阻见表 3-10。

表 3-10　**装有避雷线的线路杆塔工频接地电阻值**

土壤电阻率 ρ（Ω·m）	工频接地电阻（Ω）	土壤电阻率 ρ（Ω·m）	工频接地电阻（Ω）
100 及以下	10	1000 以上至 2000	25
100 以上至 500	15	2000 以上	30，或敷设 6～8 根总长不超过 500m 的放射线，或用两根连续伸长接地线，其阻值不作规定
500 以上至 1000	20		

（三）发电厂和变电站的防雷接地

发电厂和变电站内需要有良好的接地装置以满足工作、安全和防雷保护的接地要求。一般的做法是根据安全和工作接地要求敷设一个统一的接地网，然后再在避雷针和避雷器安装处增加接地体以满足防雷接地的要求。

接地网由扁钢水平连接，埋入地下 0.6～0.8m 处，其面积 S 大体与发电厂和变电站的面积相同，如图 3-44 所示的接地网的总接地电阻 R 的估算公式为

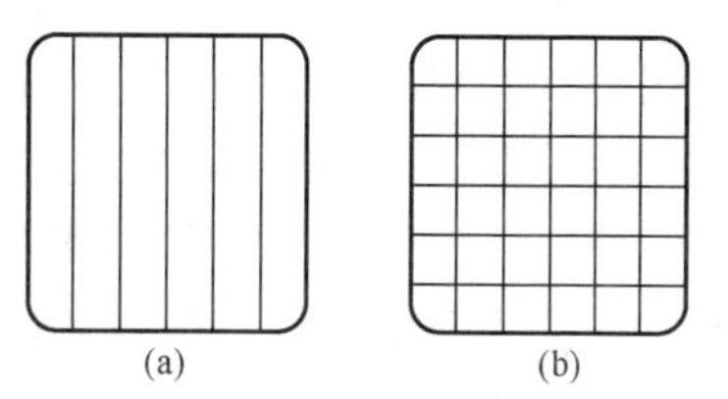

图 3-44　接地网示意图

(a) 长孔；(b) 方孔

$$R=\frac{0.44\rho}{\sqrt{S}}+\frac{\rho}{L}\approx 0.5\frac{\rho}{\sqrt{S}}(\Omega) \qquad (3-24)$$

式中　L——接地体总长度；

S——接地网的总面积。

接地网设计成网孔形的目的主要是均压。接地网中两水平接地带之间的距离一般可取3～10m，校核接触电压和跨步电压后再予以调整。

第九节 内部过电压

在电力系统内部，由于断路器的操作或系统故障，使系统参数发生变化，由此而引起的电力系统内部电网中电磁能量转化或传递的过渡过程中，将在系统中出现过电压，这种过电压称为内部过电压。其中，由于断路器操作和各类故障所引起的过渡过程，产生瞬间的电压升高称为操作过电压。同时，在电感电容参数的适当配合下，产生多种形式的持续时间很长的谐振现象及其电压升高，称为谐振过电压。

内部过电压的能量来自电网本身，其数值及变化规律仅取决于电网的参数，过电压的数值通常与系统的额定电压成一定的比例，因此常用过电压倍数 K_0 表示其幅值大小，基值则取为最大运行相电压幅值 $U_{ph.max}=\sqrt{2}/\sqrt{3}U_m$（$U_m$ 为系统最高工作线电压）。

过电压倍数 K_0 取决于系统的结构、设备参数、断路器性能、故障性质以及操作过程等因素，并且具有明显的随机性。通常在中性点直接接地的电网中，如果不采取限压措施，最大的过电压倍数 K_0 可达 3 倍以上，对于中性点非直接接地的电网，则 K_0 可达 4 倍以上。

在 220kV 及以下电网中，根据现行绝缘配合的原则，设备的绝缘强度应能耐受住持续时间以毫秒计的 3～4 倍的操作过电压，因此不必采取专门的限压措施。对于 330kV 及以上的超高压系统，如果仍按 3～4 倍的操作过电压考虑，势必导致设备费用的迅速增加。此外，由于外绝缘及空气间隙的操作冲击强度对绝缘距离的“饱和”效应，会使设备的绝缘结构复杂、体积庞大，进一步影响到设备的造价、工程的投资等经济指标。因此，在超高压系统中必须采取措施将操作过电压强迫限制在一定水平以下。目前，采取的有效措施主要有线路上装设并联电抗器、采用带有并联电阻的断路器以及金属氧化物避雷器（MOA）等。随着这些限制措施的采用以及其本身性能的改善，超高压系统中操作过电压倍数有所降低。

在中性点直接接地的系统中，常见的操作过电压有合（切）空载线路过电压、切除空载变压器过电压等。近年来，由于断路器及其他设备性能的改善，切除空载线路及切除空载变压器过电压已变得不严重。在超高电压系统中以合空载线路过电压最为严重，本书不作介绍。

在中性点不接地的系统中，以电弧接地过电压和铁磁谐振过电压的影响最为突出，这两类过电压出现的概率较大，对系统的危害也较大，已经引起了人们的重视与研究。

实际上，电网出现的过电压现象往往比较复杂，有时甚至多种不同类型的过电压同时或相继发生，因而头绪纷繁，难以把握，这就需要电气技术人员逐步加深领会各类过电压的主要特征及其产生条件，结合运行管理经验和现场数据，力求对每次事故的重要原因作出正确的分析判断，并能提出相应合理的防护对策。

现简要介绍常用的几种内部过电压产生的原因、主要特征及限制措施。

一、操作过电压

常用的操作过电压有切断空载线路或空载变压器而引起的过电压、中性点不接地系统的电弧接地过电压等类型。

（一）切断空载线路（或并联电容器）过电压

在电力系统中开断空载线路、电容器组等电容性元件时，若断路器有重燃现象，则被分闸（断开）的电容元件会通过回路中电磁能量的振荡，从电源处继续获得能量并积累起来，形成过电压。现以分闸空载线路（切断空载线路）为例进行分析。

电源带空载线路运行时，通过线路侧断路器 QF 的电流与空载线路电压等级、线路结构、线路长度等因素有关。通常为几十安至几百安，与断路器能切断的巨大短路电流相比，这是很小的电流，但切断空载线路时，断路器却不一定能顺利开断，会发生一次或多次重燃，产生过电压。这种电压不仅幅值高，且持续时间长达 0.5～1 个工频周期以上，它是确定 220kV 及以下电气设备操作冲击绝缘水平的主要计算依据。

限制切断空载线路过电压的最根本措施是设法消除断路器重燃现象。为此，可以从两方面着手：一是改善断路器的结构，提高触头间介质的恢复强度和灭弧能力，避免重燃（目前，我国生产的空气断路器、少油断路器、六氟化硫断路器等，在切断空载线路时基本上不会发生重燃，可以在源头上抑制过电压的形成）；二是降低断路器触头间的恢复电压，使之低于介质恢复强度，也能达到避免重燃的目的。

降低断路器触头间的恢复电压的具体方法：

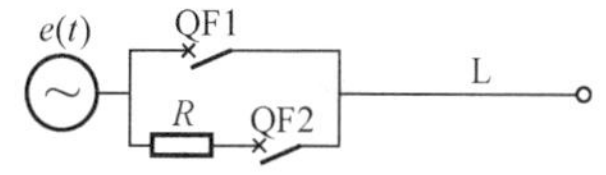

图 3-45 并联电阻的断路器切断空载线路

（1）断路器触头间装并联电阻。图 3-45 为断路器 QF1 带并联电阻切断空载线路的示意图。断路器中的并联电阻 R 先与辅助触头 QF2 串联后再与断路器主触头 QF1 并联。在开断线路 L 时，QF1 先断开，QF2 是闭合的，R 串联在回路中，线路上的残留电荷将通过 R 泄漏，经 1～2 个工频周期，QF2 断开，完成开断线路的动作过程。R 的作用主要是降低断路器触头在开断过程的恢复电压。主触头 QF1 开断时，R 值越小，恢复电压越低，避免重燃越有利，可 R 值越小，接着开断辅助触头 QF2 时，则 QF2 上的恢复电压越大，越易重燃，产生振荡。虽然 R 有阻尼作用，但有振荡就会出现过电压，所以在开断 QF2 时，希望 R 越大越好。这样，对 R 值大小的要求，在切断空载线路的两个过程中是矛盾的，需协调并取得较佳值。经计算分析可知，若 $R\omega C=3$（C 为线路电容，单位为 μF），则较合适。

（2）断路器线路侧接电磁式电压互感器。为系统并列需要，若在断路器侧有电磁式电压互感器，当断路器开断后，线路上的残留电荷通过互感器绕组泄放，可使断路两端的恢复电压下降，避免重燃或减小重燃后产生的过电压。

（3）线路侧接并联电抗器。当断路器触头间断弧后，并联电抗器与线路构成振荡回路，使线路上的残留电压成为交流电压。此时断路器两端的恢复电压呈现拍频波形，幅值上升速度大为降低，断路器发生重燃的可能性较少，出现高幅值的概率也明显下降。

除了上述提高断路器灭弧性能，降低触头间恢复电压，避免断路器发生重燃，从根本上抑制过电压之外，尚可采用性能良好的氧化锌避雷器作为切断空载线路过电压的后备保护。

（二）切除空载变压器（或并联电抗器、感应电动机）过电压

电力系统的消弧绕组、并联电抗器、轻载（空载）变压器及电动机等均为电感性元件。对这些元件进行分闸（开断）操作时，由于被断开的感性元件中所储存的电磁能量释放，产生振荡，将形成分闸过电压。运行经验表明，断路器的灭弧能力越强，则切除空载变压器产

生过电压的事故就越多。

断路器切断电弧的能力是按短路电流来考虑的，去游离作用很强。而变压器的空载电流（励磁电流）一般只有额定电流的1%～4%，所以在切断变压器的励磁电流时，电弧有可能不是在电流经过工频零点时自然熄灭的，而是在电流具有一定的值时，电弧在断路器的强烈去游离作用下而熄灭。这样在变压器励磁电感储存的磁场能量就将全部转化成电场能量，它将对电容充电，从而产生很高的过电压。

由于切除空载变压器等电感性负荷时的过电压多为持续时间很短的高频振荡，对绝缘的作用与雷电冲击波很相似，其能量又不大，随着现代高压变压器制造水平的提高，此时电压倍数已不大于2。另外操作变压器之前，要把变压器的中性点临时接地（这样可以进一步降低操作过电压），所以这种过电压现在也变得不严重了，只要用MOA就可加以限制。

（三）电弧接地过电压

运行经验表明，单相接地是系统主要故障的形成。在中性点不接地系统中，发生稳定性单相接地时，非故障相对地电压将升至线电压，但仍不改变电源三相线电压的对称性，不必立即切除线路中断供电，允许带故障运行一段时间（一般不超过2h），以便运行人员查明故障进行处理，从而提高了供电的可靠性，这是电力系统中性点不接地带来的优点。但当单相接地电弧不稳定、处于时燃时灭的状态时，这种间歇性电弧接地使系统工作状态时刻在变化，导致电感电容元件之间的电磁振荡，形成遍及全系统的过电压，这就是间歇性电弧接地过电压，也称弧光接地过电压。

产生单相间歇性电弧接地过电压的过程是极其复杂的，理论分析只不过是对这种极其复杂但具有强烈统计性的接地电弧进行理想化后的解释。长期以来，多数研究者认为电弧的熄灭与重燃时间是决定最大过电压的重要理论。分析电弧接地过电压的理论有两种，即工频熄弧理论和高频熄弧理论。一般来说，高频熄弧理论分析所得的过电压值偏高，而工频熄弧理论所得的数值比较接近实际情况。

研究表明，这种过电压的倍数具有强烈的随机性。一般而言，故障相的过电压的倍数较低，均值不超过2倍；非故障相的过电压倍数较高，均值最大可达3.5倍，最大值一般不超过5倍，个别可达5.15倍。

防止产生间歇性电弧接地过电压的根本途径是消除间歇性电弧。为此，视电力系统实际运行状况，可采取相应的措施：①将系统中性点直接接地（或经小阻抗接地），使系统在单相接地时引起较大的短路电流，继电保护装置会迅速切除故障线路。故障切除后，线路对地电容中储存的剩余电荷直接经中性点入地，系统中不会出现间歇性电弧接地过电压，但配电网发生单相接地的概率较大，中性点直接入地，断路器将频繁动作开断短路电流，大大增加检修维护的工作量，并要求有可靠的自动重合闸装置与之配合，故应衡量利弊，经技术经济比较后选定。②将系统中性点经消弧线圈接地，正确运用消弧线圈可补偿单相接地电流和减缓弧道恢复电压上升的速度，促使接地电弧自动熄灭，大大减小出现高幅值间歇性电弧接地过电压的概率，但不能认为消弧线圈能消除间歇性电弧接地过电压。③在中性点不接地的系统中，若线路过长，当运行条件允许，可采用分网运行的方式减小接地电流，有利于接地电弧的自熄。

人为增大相间电容是抑制间歇性电弧过电压的有效措施。在系统中装设三角形接线用于改善功率因数的电容器组，可以收到一举两得的效果。

定期做好电气设备的绝缘监测工作，及时发现绝缘隐患和消除绝缘弱点，保证电力系统设备具有良好的绝缘性能，即使产生间歇性电弧接地过电压，一般也不会引起事故。

二、谐振过电压

常见的谐振过电压有传递过电压、断线及电磁式电压互感器饱和引起的过电压等。

（一）传递过电压

当系统中发生单相接地或非完全操作时，会出现零序电压及零序电流分量。此分量将通过平行线路或绕组间的互感电容 C_{12} 及互感 M 传递至另一侧，形成传递电压。若传递回路中含有铁心电感元件，如空载、轻载变压器，消弧绕组，中性点的电磁式电压互感器等，则有可能产生非线性谐振过电压。

图 3 - 46（a）所示为同杆架设或两条间隔很近、平行较长的线路。当其中一条线路单相接地（图中 110kV 线路），出现零序电压 U_0 时，由于它们之间存在静电耦合，U_0 将传递至另一条线路（图中 10kV 线路），其传递回路如图 3 - 46（b）所示。图中 $3C_0$ 为非故障线路三相对地电容；C_{12} 为线路间三相耦合电容，传递至非故障线路上的电压 U_0' 为

$$U_0' = \frac{C_{12}}{C_{12} + 3C_0} U_0 \tag{3-25}$$

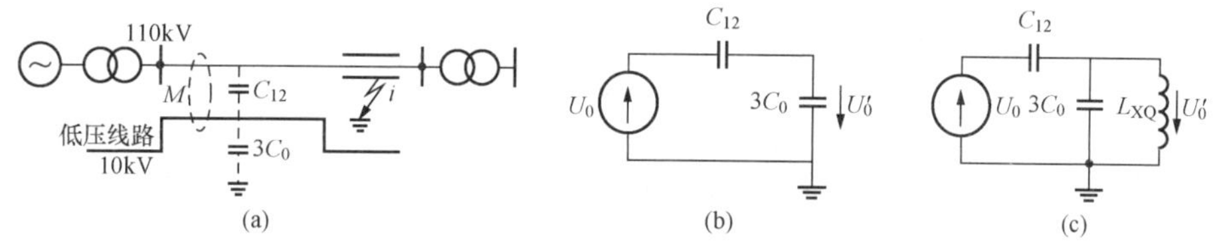

图 3 - 46　平行线路间的传递回路

（a）静电、电磁传递；（b）静电传递；（c）传递谐振

若两线路的间隔很小，C_{12} 较大，则 U'_0 会较高，对低电压线路将是严重的过电压。此过电压存在的时间，取决于高压线路切除故障的时间。

另外，高压故障线路的零序电流也会通过互感 M 传递至平行的非故障线路，产生沿线纵向的感应电压。

若低压线路侧系统中接有过补偿消弧线圈 L_{XQ}，则在图 3 - 46（c）所示的传递回路中，$3C_0$ 与 L_{XQ} 并联后等值为电感元件。考虑到消弧绕组铁心有气隙，饱和特性较差，传递回路产生谐振时，可能会有较高的过电压。

绕组间的传递过电压是指变压器三相绕组中性点不接地时，零序电压 U_0 是不能按变化关系传递给另一侧的，它将通过绕组间杂散电容 C_{12} 和绕组对地电容 $3C_0$ 组成的回路，传递至另一侧，如图 3 - 47（a）所示。若考虑二次绕组侧接有监视对地电压的

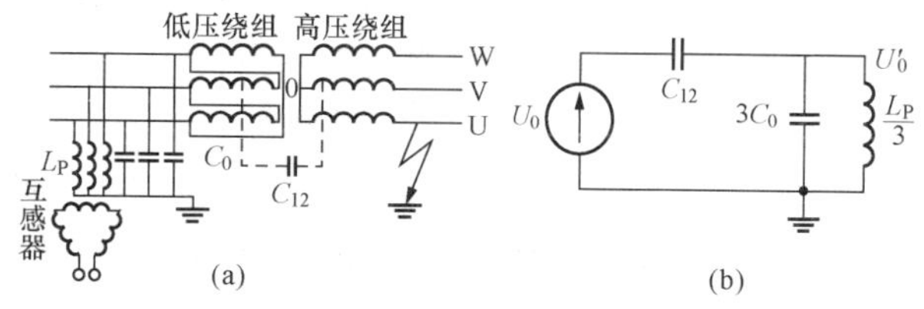

图 3 - 47　绕组间的传递回路

（a）三相电路；（b）等值单相电路

电磁式电压互感器，L_P 为互感器高压侧每相励磁电感，则等值传递回路如图 3-47（b）所示。传递至二次绕组侧的电压值 U'_0 取决于 $3C_0$ 与 $L_P/3$ 并联后的等值参数后。若为等值电容 C'_0，则是静电耦合；若为等值电感 L'_P，则可能出现非线性谐振。要注意，当 C'_0 相对 C_{12} 较小时，因 U'_0 较高，互感器铁心迅速饱和，并联支路会自动地由容性转变为感性，造成传递回路的谐振过电压。限制传递过电压的根本措施是避免产生零序电压。为此应当不采用高压熔断器，尽量减少断路器的非全相动作，避免线路导线断落及不对称接地等。

（二）断线引起的谐振过电压

电力系统中的铁磁谐振过电压常会发生在非全相运行状态中，其中断线过电压是较为常见的一种。这里所说的“断线”是泛指导线因故障折断、断路器非全相操作及熔断器一相或两相熔断非全相运行。只要电源侧和受电侧中任一侧中性点不接地，那么非全相运行时都可以出现谐振过电压。一般采用戴维南定理，将断线（非全相运行）的不同情况简化成串联谐振回路，然后用图解法求解各节点电压及分析产生谐振的条件。

如图 3-48（a）所示的中性点不接地系统，线路末端接有轻载变压器，U 相导线断线。由于电源三相对称，且当 U 相断线后，V、W 相在电路上完全对称，因而图 3-48（a）所示的电路可以简化成图 3-48（b）所示的单相等值电路，这个电路可以应用戴维南定理进一步简化成等值串联谐振电路。此等值电路中的等值电动势 E 就是图 3-48（b）中的 a、b 两点间的开路电压，而等值电容 C 就是 a、b 两点间的入口电容。

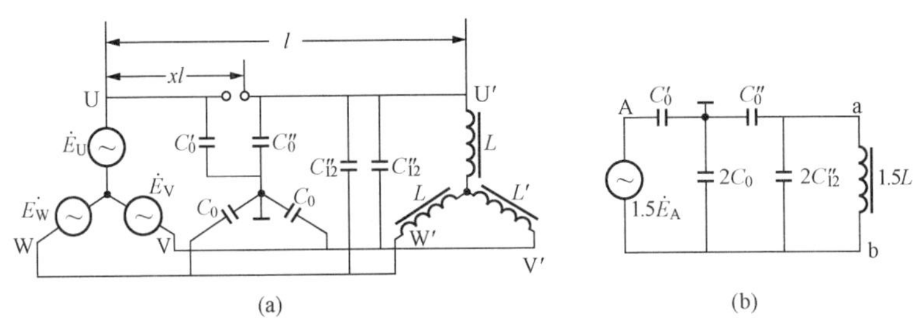

图 3-48 中性点不接地系统一相断线时的电路
（a）原理接线；（b）等值电路

由图 3-49 串联谐振回路可以求出不发生断线基波磁谐振过电压的条件以及计算出可能发生基波磁谐振的电容值（与线路长度有关）范围，即

$$\omega C \leqslant \frac{1}{1.5\omega L} \tag{3-26}$$

这种断线铁磁谐振过电压的出现可能会通过静电和电磁耦合传递至绕组的另一侧，即所谓传递过电压，对电力系统运行影响很大。

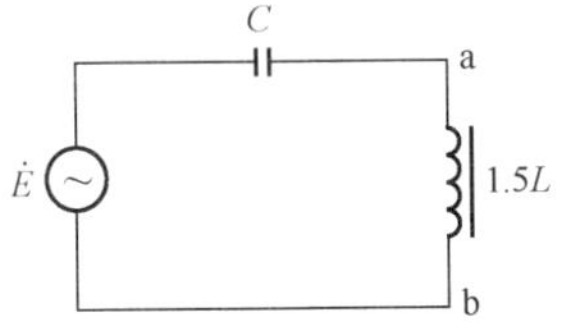

图 3-49 等值串联谐振电路

为了防止和限制断线过电压，除了加强线路巡视和检修，避免发生断线外，常采取的措施有：①不采用高压熔断器，减少三相断路器的不同期操作，尽量使三相同期；②在中性点有效接地系统中，操作时应将原来不接地的负载变压器中性点临时接地，以破坏形成铁磁谐振的条件。

（三）电磁式电压互感器饱和引起的谐振过电压

在中性点不接地系统中，为了监视三相对地电压，在发电厂和变电站的母线上常接有

YN 接线的电磁式电压互感器，如图 3-50 所示，$L_1=L_2=L_3=L_4$ 为电压互感器各相的励磁电感，$\dot{E}_U$、$\dot{E}_V$、$\dot{E}_W$ 为三相电源电动势，C_0 为各相导线的对地电容。

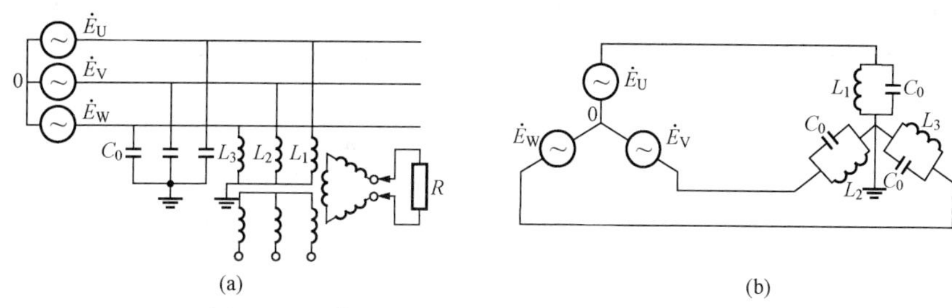

图 3-50　带有 YN 接线电压互感器的三相回路

(a) 原理接线图；(b) 等值电路图

正常运行时，电压互感器的励磁阻抗是很大的，所以每相阻抗（L 和 C_0 并联）呈容性，对应的导纳 $Y_1=Y_2=Y_3$。三相对地负载基本平衡，电网中性点的位移电压很小。但当电网中出现某些扰动时，使一相或两相电压瞬间升高，使互感器两相（或一相）励磁电流突然增大，铁心饱和。由于各相饱和程度的不同，就可能出现较高的中性点位移电压，可能激发起谐振过电压。中性点位移电压计算式为

$$U_0=\frac{E_UY_1+E_VY_2+E_WY_3}{Y_1+Y_2+Y_3} \tag{3-27}$$

如果在正常状态下各相导纳呈容性，那么由于扰动的结果，假定使 V 和 W 相对地电压瞬间升高，L_2 和 L_3 将减小，电感电流增大，可能使 V、W 两相的导纳变成电感性的，结果使总导纳 $Y_1+Y_2+Y_3$ 显著减小，从而使位移电压 U_0 大大增加。如果参数配合不当，恰好使总导纳接近于零，就将产生串联谐振现象，使中性点的位移电压急剧上升。此时，三相导线对地电压等于各相电源电动势和中性点的位移电压的相量和，如图 3-51 所示。在电网运行中，通常发生两相对地电压升高，一相对地电压降低，这与系统内出现单相接地时的现象相仿，但实际上并不是单相接地，所以称为虚幻单相接地。显然中性点的位移电压 U_0 越高，相对地的过电压也越高。

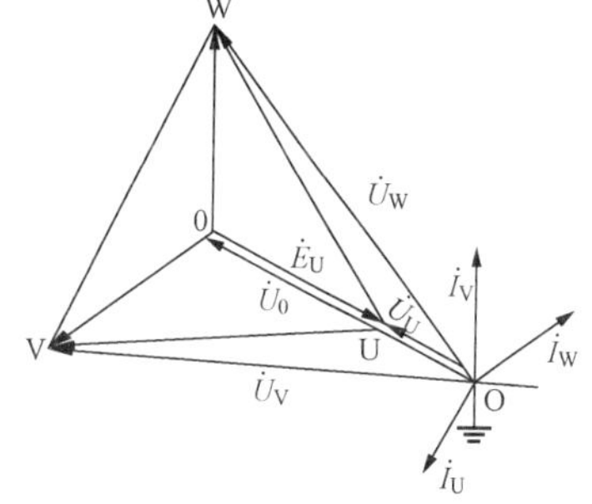

图 3-51　中性点位移时三相电压相量图

由于回路参数及外界激发条件的不同，可能使图 3-51 中的中性点的位移电压相量图成分频、工频或高频不同形式的铁磁谐振过电压。若是基波谐振，则可能出现两相对地电压升高；若是谐波谐振，则可能导致三相对地同时电压升高，或引起“虚幻接地”现象。在分频谐波谐振时则可能导致相电压以低频（每秒一次左右）摆动。此时电压互感器的励磁阻抗低，且由于铁磁非线性特性，使励磁电流大为增大，可高达额定励磁电流的几十倍甚至百倍以上，极大的励磁电流会烧坏熔丝或引起互感器严重过热，进而冒油、烧损或爆炸。

为了限制和消除这种铁磁谐振过电压，可以采取下列措施：

（1）使用励磁特性较好的电磁式电压互感器或改用电容式电压互感器。

（2）在电压互感器开口三角形绕组中短时接入阻尼电阻。

（3）在有些情况下，可在10kV以下的母线上装设一组三相对地电容器，或用电缆段代替架空线，以增大对地电容，从参数搭配上避免谐振。

（4）在特殊情况下，可将系统中性点临时经电阻接地、直接接地或投入消弧线圈，也可以按事先规定投入某些线路或设备以改变电路参数，消除谐振过电压。

思考题

1. 简述过电压的概念。

2. 简述雷云的形成过程。

3. 雷电有哪些危害？

4. 简述避雷针、避雷线的结构及工作原理。

5. 某电厂油罐直径为10m，高出地面12m，现采用单根避雷针保护，避雷针距油罐最少5m远，试求该避雷针的高度应是多少？

6. 简述阀型避雷器的工作原理。

7. 简述氧化锌避雷器的优点。

8. 架空线路防雷有哪些措施？

9. 接地形式有哪些？

第四章

电气设备安全检查

供用电设备的状况直接影响着对客户安全、可靠的供电。用电检查人员必须按规定对相关的供用电设备进行检查，及时发现消除缺陷，避免事故的发生。本章介绍主要供用电设备（装置）如变压器、配电装置、电容器、电缆等检查的项目和规定及常见故障和处理方法。

第一节 变压器检查

一、概述

（一）变压器的作用

变压器是根据电磁感应原理，将某一等级的交流电压变换成同频率的另一等级的交流电压的设备。它具有变换电压、电流和阻抗参数的功能。

在供配电系统中，变压器是主要的电气设备，利用变压器可以实现经济地输送电能，方便地分配电能，安全地应用电能。发电机发出的电压一般较低，为了减少线路功率损耗和电压损失，减小输电线路导线截面，需要通过升压变压器将电压升高，以便经济合理、远距离地输送大量电能；而高压电能送到用电地区后不能直接使用，还需用降压变压器逐级降压，将高电压变换成客户所需要的电压。用于电能的传输、分配等用途的变压器叫电力变压器。

（二）电力变压器的分类

（1）电力变压器按作用分，有升压变压器、降压变压器、配电变压器、联络变压器等。

（2）电力变压器按结构分，有双绕组变压器、三绕组变压器、多绕组变压器、自耦变压器等。

（3）电力变压器按相数分，有单相变压器和三相变压器。

（4）电力变压器按冷却方式分，有油浸自冷变压器、干式空气自冷变压器、干式浇注绝缘变压器、油浸风冷变压器、油浸水冷变压器、强迫油循环风冷变压器、强迫油循环水冷变压器等。

（5）电力变压器按绕组使用材料分，有铜线变压器、铝线变压器。

（6）电力变压器按调压方式分，有无载调压变压器、有载调压变压器。

（三）变压器铭牌及技术参数

变压器铭牌标有变压器的型号和常用技术数据，是变压器正常运行的依据。对变压器进行维护、检查，必须了解变压器的有关性能、参数。

1. 型号

型号是变压器基本情况的符号说明，由字母和数字组合而成，用以代表该台变压器的产品分类、结构特征、用途和各种数据。第一个字母表示变压器的相数，第二个字母表示冷却方式，第三个字母表示绕组的材料，第四个数字表示设计序号，短横线后面的数字表示变压器的容量（kV·A），斜线后面数字表示高压绕组额定电压等级（kV），斜线后面第二位数字表示防护代号。其具体表示方法如下：

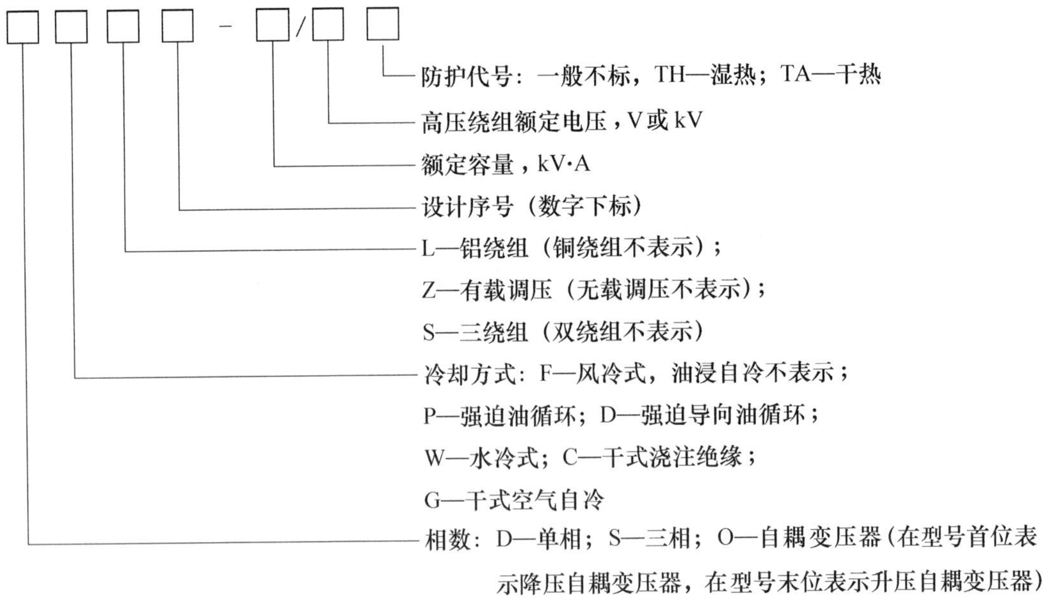

目前，我国还有大量的旧型号变压器在运行，其型号的字母代号与新型号变压器字母代号的对照，见表4-1。

表4-1　电力变压器新旧型号字母符号对照表

分类项目	代表符号		分类项目	代表符号		分类项目	代表符号	
	新型号	旧型号		新型号	旧型号		新型号	旧型号
单相变压器	D	D	水冷式	W	S	无载调压	不表示	不表示
三相变压器	S	S	强迫油循环	P	P	有载调压	Z	Z
油浸式	不表示	J	强迫油导向循环	D	不表示	铝绕组	L	L
空气自冷式	—	—	双绕组变压器	不表示	不表示	铜绕组	不表示	不表示
风冷式	F	F	三绕组变压器	S	S	自耦变压器	O	O

2. 额定电压、额定电压比、变比

（1）额定电压U_N是指所规定的变压器长时间运行工作电压，即铭牌上的U_N值。一次绕组的额定电压U_{1N}是指规定加在一次侧的电压值；二次绕组的额定电压U_{2N}是指分接开关放在额定电压位置，一次侧加额定电压时，二次侧开路的电压值。对于三相变压器，额定电压是指线电压，单位用V或kV表示。

（2）变压器的额定电压比是指高压绕组与低压绕组或中压绕组的额定电压之比，所以额定电压比$K>1$。

（3）对单相变压器而言，变压器的变比与额定电压比相等；对三相变压器而言，变压器的变比与额定电压比不一定相等。变比等于额定相电压之比，而额定电压比指额定线电压之比。高压侧与低压侧的接线方式相同时，两者相等；高低压侧接线方式不同时，两者为$\sqrt{3}$的关系。

3. 额定电流 I_N、额定容量 S_N

(1) 额定电流是指变压器在额定容量下允许长期通过的工作电流，可以根据相应绕组的额定容量和额定电压计算出来。对于三相变压器，额定电流指的是线电流，单位用 A 或 kA 表示。

1) 对于单相变压器，额定电流

$$I_N = \frac{S_N}{U_N}$$

2) 对于三相电力变压器，额定电流

$$I_N = \frac{S_N}{\sqrt{3}U_N}$$

(2) 额定容量是指变压器在额定工况下连续运行时二次侧输出视在功率的保证值，单位为 kV·A。由于变压器正常运行时的功率损耗很小，故可认为一、二次侧的额定容量相等。对于三相变压器，额定容量是指三相的总容量。

1) 对于单相变压器，额定容量

$$S_N = U_N I_N \times 10^3$$

2) 对于三相变压器，额定容量

$$S_N = \sqrt{3}U_N I_N \times 10^3$$

4. 阻抗电压 U_k

阻抗电压以百分数表示，即当变压器一、二次的电流均为额定电流时，两侧绕组泄漏阻抗产生的电压降占额定电压的百分数。阻抗电压也叫短路电压，测试时将变压器二次绕组短路，缓慢增加一次侧电压，当一次侧电流达到额定电流时，在一次侧所施加的电压称短路电压 U_k。在变压器铭牌上通常标出 U_k 对一次侧额定电压 U_N 比值的百分数，即短路电压百分数

$$U_k\% = \frac{U_k}{U_N} \times 100\%$$

5. 分接范围

分接范围又称调压范围，是调节电压最大值、最小值的范围，以百分数表示。额定电压为 100%，若电压调节范围为 $100+a \sim 100-b$ 内，则分接范围为 $+a\% \sim -b\%$。一般 $a=b$，故分接范围表示为 $\pm a\%$。

6. 损耗

变压器的损耗包括负载损耗和空载损耗。负载损耗又称为铜损耗，是变压器负荷电流通过一、二次绕组时，在绕组电阻上消耗的功率。它包括基本铜损耗（取决于绕组的直流电阻值）和附加损耗（由于漏磁沿线匝的截面和长度分布不均匀在导线中产生的附加铜损耗）两部分。按规定，负载损耗是指变压器运行温度为 75℃时的损耗值。空载损耗是指变压器在额定电压下，二次侧空载时，一次侧测得的功率损耗。空载损耗即为铁损耗，包括铁心产生的磁滞损耗和涡流损耗，其大小与变压器铁心硅钢片的性能及制造工艺有关，而与负载电流的大小无关。

7. 温升

变压器绕组或上层油面的温度与变压器环境的温度之差，称为绕组或上层油面的温升。当变压器安装地点的海拔高度不超过 1000m 时，对于 A 级绝缘的变压器，绕组极限工作温

度为 105℃，由于绕组的平均温度比油温高出 10℃，所以规定变压器上层油面的温度不得超过 95℃。如果环境温度不超过 40℃，则变压器上层油面温升限值为 55℃。为了不使变压器迅速老化、变质，规定变压器上层油面温度一般不超过 85℃。

变压器如果过负载，则温度升高，寿命缩短。A 级绝缘变压器寿命是每增加 6℃，寿命减少一半（即所谓的六度法则）。因此，温升对变压器的寿命影响很大。

8. 极性

变压器绕组的极性主要决定于绕组的端头标志和绕向，同极性端可能在一、二次绕组的相对应端，也可能不在相对应端，一、二次绕组的绕向也可能相同或不同。改变绕向或端头标志，极性都会改变。极性是变压器并联和三相变压器绕组连接的主要条件之一。

二、日常巡视与检查

1. 巡视检查周期

变压器的日常巡视检查，可参照下列规定：

（1）发电厂和变电站内的变压器，每天至少巡视检查一次；每周至少进行一次夜间巡视。

（2）无人值班变电站内容量为 3150kV·A 及以上的变压器每 10 天至少巡视检查一次，3150kV·A 以下的每月至少一次。

（3）2500kV·A 及以下的配电变压器，装于室内的每月至少巡视检查一次，户外（包括郊区及农村的）每季至少一次。

2. 巡视检查项目内容

（1）变压器的声音检查。变压器音响正常。正常运行时，变压器应发出均匀的嗡嗡声。

（2）油温检查。主变压器本体油温表和远方油温表指示一致，上层油温应在 85℃以下。

（3）导线、连接线的检查。主要检查变压器的导线、连接线等有无松动情况，有无断股炸股现象，接头处应接触良好，无发热情况。

（4）绝缘瓷质部分检查。绝缘瓷质有套管瓷质、中性点接地部分瓷质等，应无放电痕迹，无污物，特别应注意有无破损裂纹。

（5）油位、油色检查。主变压器油位包括油枕（又称储油柜）油位、套管油位及有载调压装置的油枕油位。油枕油位对比温度曲线应在正常范围内。油色不应有明显变化，正常一般为浅黄色或黄色。

（6）呼吸器检查。呼吸器中的蓝色硅胶吸收水分后变粉红，其变色程度不超过 2/3。油杯中油量适中，更换硅胶时宜停用瓦斯保护（又称气体保护），防止误动。

（7）冷却装置检查。冷却器投入数量充足，冷却装置的风扇转动、潜油泵运行正常，风扇声音正常，无扫膛等异常声音，风向和油流速表流向正确。散热器管阀门全部开启，无渗漏现象和吸附杂物。

（8）压力释放阀的检查。压力释放阀是本体的重要保护，应检查其良好性，防爆管的隔膜是否完好，有无积液情况。

（9）接地装置检查。接地开关是否位置正确。接地点，如本体外壳接地、中性点接地、铁心接地等的接地扁铁应完整、可靠。

（10）气体继电器检查。正常时气体继电器玻璃窗透明、无油污，内部充满油，无气泡，其保护罩处于打开位置，防雨罩必须紧固，连接油管应无渗漏现象。

（11）有载分接开关的检查。有载分接开关操动机构外部清洁，油枕油位指示正常，分接头位置和远方指示位置一致，电源指示正常。

（12）二次部分的检查。各控制箱和二次端子箱应关严，无受潮，各种标志齐全明显。

（13）仪表的检查。各钟指示仪表指示值在正常范围内，表的外观整齐、无破损。

三、定期巡视检查内容

变压器作定期检查时，需增加以下检查内容：

（1）外壳及箱沿应无异常发热。

（2）各部位的接地应完好。必要时应测量铁心和夹件的接地电流。

（3）强油循环冷却的变压器应作冷却装置的自动切换试验。

（4）水冷却器从旋塞放水检查应无油迹。

（5）有载调压装置的动作情况应正常。

（6）各种标志应齐全明显。

（7）各种保护装置应齐全、良好。

（8）各种温度计应在检定周期内，超温信号应正确可靠。

（9）消防设施应齐全完好。

（10）室（洞）内变压器通风设备应完好。

（11）储油池和排油设施应保持良好状态。

四、变压器特殊巡视检查

当变压器在下列特殊条件下运行时，应对其进行特殊巡视检查，增加巡视检查次数：

（1）新设备或经过检修、改造的变压器在投运 72h 内。

（2）有严重缺陷或发生故障时。

（3）气象突变（如大风、大雾、大雪、冰雹、寒潮等）时。

（4）雷雨季节，特别是雷雨后。

（5）高温季节、高峰负载期间。

（6）变压器急救负载运行时。

（7）其他需要进行特巡的情况，如政治保电、上级命令。

五、危险点分析及控制措施

1. 危险点分析

（1）人身触电。

（2）摔伤、碰伤。

（3）意外伤人。

2. 控制措施

（1）巡视检查时应与带电设备保持足够的安全距离：10kV 及以下，0.7m；35kV，1m；110kV，1.5m；220kV，3m；330kV，4m。

（2）不得移开或越过遮栏。

（3）雷雨天气，需要巡视室外高压设备时，应穿绝缘靴，并不得靠近避雷器和避雷针。接触设备的外壳和构架时，应戴绝缘手套。

（4）注意行走安全，上下台阶、跨越沟道或配电室门口防鼠挡板时，防止摔、碰。

（5）及时清理杂物，保持通道畅通。

（6）巡视检查设备时应戴好安全帽。

（7）夜间巡视设备时携带照明器具，并且要两人同时进行，注意行走安全。

（8）大风、雪、雾、沙尘等恶劣天气巡视设备时，应两人同时进行，注意保持与带电体的安全距离和行走安全。

（9）遇到自然灾害等特殊情况需巡视设备时，应携带通信工具，随时保持联络。

第二节 成套配电装置检查

目前，成套配电装置广泛应用于高低压供配电系统中，起接受与分配电能的作用。这类装置的各组成元件，按主接线的要求、以一定顺序布置在一个或几个金属柜内，可满足各种主接线要求，具有占地少、安装使用方便、适用于大量生产等特点，因此应用十分广泛。

成套配电装置的组合是根据系统供电状况及使用场合与控制对象的要求，并结合主要电器元件的特点，确定一次接线单元方案。单元接线方案应分别适用于电缆进出线和架空进出线。成套配电装置的组合必须满足运行安全可靠、检修维护方便、经济合理、实用美观等要求。

成套配电装置按电压等级可分为高压成套配电装置和低压成套配电装置，按使用地点可分为户外式和户内式，按开关电器是否可以移动又可分为固定式和手车式等。

一、高压成套配电装置的检查

高压成套配电装置也称高压开关柜，是以断路器为主的成套电器。

（一）高压开关柜型号

高压开关柜型号含义如下：

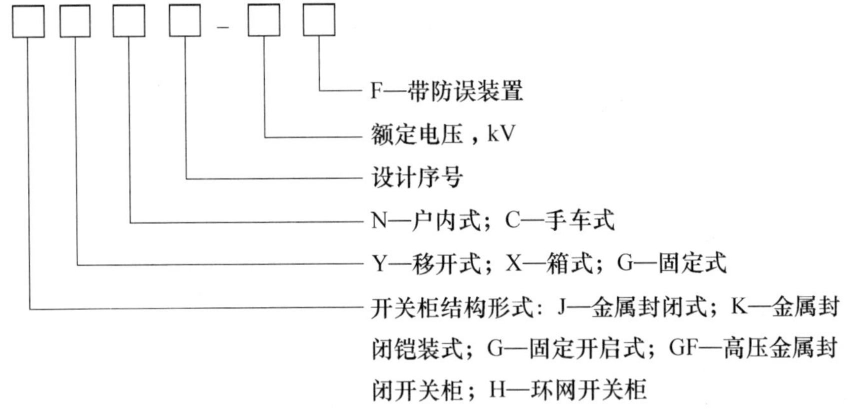

现用户中已用的或通常选用的开关柜大致如下：

（1）固定开启式有 GG-1A，GG-1A（F）型。

（2）固定封闭式开关柜如 XGN 型。

（3）金属封闭手车式开关柜如 JYN 型，移开式有 KYN 型和 DKY 型及 GZS1 型（后两种又称中置式）。

（4）环网开关柜有 HXGN 型等。

（二）开关柜运行巡视和投运前检查

1. 固定式开关柜运行巡视和投运前检查

（1）固定式开关柜投运前的检查项目。

1）检查漆膜有无剥落，柜内是否清洁。

2）操动机构是否灵活，不应有卡住或操作力过大现象。

3）断路器、隔离开关等设备通断是否可靠准确。

4）仪表与互感器的接线、极性是否正确，计量是否准确。

5）母线连接是否良好，其支持绝缘子等是否安装牢固可靠。

6）继电保护整定值是否符合要求，自动装置动作是否正确可靠，仪表及继电器动作是否正确无误。

7）辅助触点的使用是否符合电气原理图的要求。

8）带电部分的相间距离、对地距离是否符合要求。

9）“五防”装置是否齐全、可靠。

10）保护接地系统是否符合要求。

11）二次回路选用的熔断器的熔体规格是否正确。

12）注油设备有无渗漏现象。

13）机械闭锁应准确，柜内照明装置应齐全、完好，以便巡视检查设备运行状态。

（2）固定式开关柜运行巡视项目。每天定时巡视检查，遇有恶劣天气或配电装置异常时，进行特殊巡视。巡视项目有：

1）断路器跳闸后应立即检查柜内设备有无异常。

2）观察母线和金具颜色变化或观察示温蜡片有无受热融化，以判断母线和各种触点有无过热现象。

3）检查注油设备有无渗油，油位、油色是否正常。

4）仪表、信号、指示灯等指示是否正确。

5）接地装置的连接线有无松脱和断线。

6）继电器及直流设备运行是否正常。

7）开关室内有无异常气味和声响。

8）通风、照明及安全防火装置是否正常。

9）断路器操作次数或跳闸次数是否达到了应检修的次数。

10）防误装置、机械闭锁装置有无异常。

2. 手车式开关柜运行巡视和投运前检查

（1）手车式开关柜投运前柜体部分的检查。

1）柜上装置的元件、零部件均完好无损。

2）接地开关操作灵活，合、分位正确无误。

3）各连接部分应紧固，螺纹连接部分无脱牙及松动。

4）柜体可靠接地，门的开启与关闭灵活。

5）二次插头完好无损，插接可靠。

6）柜顶主、支母线装配完好，母线之间的连接紧密可靠，接触良好。

7）控制开关、按钮及信号继电器等型号规格与有关图纸相符，接线无松动脱落现象。

（2）手车式开关柜投运前手车部分的检查。

1）手车在柜外推动灵活，无卡住现象。

2）手车处于工作位置时，主回路触头及二次插头能可靠接触。

3）手车在柜内能轻便地推入及推出，能可靠地定位于“工作位置”与“试验位置”。

4）机械连锁装置可靠灵活、无卡滞现象。

（3）手车式开关柜运行中的巡视检查要求。

1）每天定期检查，听有无异常响声，看室内的温度、湿度变化情况。如果温度过高或湿度过大要进行降温、降湿处理。

2）每隔1年要对柜内的绝缘隔板、活门、手车绝缘件、母线进行清洁处理，特种环境用户应根据具体情况而定。

3）下雨天或梅雨季节，要加强对开关室的观察，及时排清电缆沟的积水，严防柜内受潮引起事故。

4）一般情况下开关柜不会出现故障，如发现绝缘材料受潮，可用100°的无水酒精进行擦洗，并进行干燥处理。

二、低压成套配电装置检查及运行维护

低压成套配电装置又叫低压配电屏、开关屏或配电盘、配电柜，是将低压电路所需的开关设备、测量仪表、保护装置和辅助设备等，按一定的接线方案安装在金属柜内构成的一种组合式的电气设备，用以进行控制、保护、计量、分配和监视等。它适用于发电厂、变电站、厂矿企业中作为额定工作电压不超过380V低压配电系统中的动力、配电、照明之用。

我国生产的低压配电屏基本可分为固定式和手车式（抽屉式）两大类，基本结构方式可分为焊接式和组合式两种。常用的低压配电屏有PGL型交流低压配电屏、BFC系列抽屉式低压配电屏、GGL型低压配电屏、GCL系列动力中心和GCK系列电动机控制中心。

1. 低压配电屏安装及投运前检查

安装时，配电屏相互间及其与建筑物间的距离应符合设计和制造厂的要求，且应牢固、整齐美观。若有振动的影响，应采取防振措施，并应接地良好。配电屏两侧和顶部隔板完整，门开闭灵活，回路名称及部件标号齐全，内外清洁无杂物。

低压配电屏在安装或检修后，投入运行前应进行下列各项检查试验：

（1）检查柜体与基础固定是否牢固，安装是否平直。屏面油漆应完好，屏内应清洁，无积垢。

（2）各开关操作灵活、无卡涩，各触点接触良好。

（3）用塞尺检查母线连接处接触应良好。

（4）二次回路接线应整齐牢固，线端编号符合设计要求。

（5）检查接地应良好。

（6）抽屉式配电屏推抽灵活轻便，动、静触头接触良好，并有足够的接触压力。

（7）试验各表计准确，继电器动作正常。

（8）用1000V或2500V的绝缘电阻表测量绝缘电阻，应不小于0.5MΩ，并按标准进行交流耐压试验，一次回路的试验电压为工频1kV。

2. 低压配电屏巡视检查

为了保证对用电场所的正常供电，对配电屏上的仪表和电器应经常进行检查和维护，并做好记录，以便随时分析运行及用电情况，及时发现问题和消除隐患。

对运行中的低压配电屏，通常应检查以下内容：

(1) 配电屏及屏上的电气元件的名称、标志、编号等是否清楚、正确，盘上所有的操作把手、按钮和按键等的位置与现场实际情况是否相符，固定是否牢靠，操作是否灵活。

(2) 配电屏上表示“合”,“分”等的信号灯和其他信号指示是否正确。

(3) 隔离开关、断路器、熔断器和互感器等的触点是否牢靠，有无过热变色现象。

(4) 二次回路导线的绝缘是否破损、老化，并摇测其绝缘电阻。

(5) 配电屏上标有操作模拟板时，模拟板与现场电气设备的运行状态是否对应。

(6) 仪表或表盘玻璃是否松动，仪表指示是否正确，并清扫仪表和其他电器上的灰尘。

(7) 配电室内的照明灯具是否完好，照度是否明亮均匀，观察仪表时有无眩光。

3. 低压配电装置运行维护

(1) 对低压配电装置的有关设备应定期清扫和摇测绝缘电阻（对工作环境较差的应适当增加次数)，如用500V的绝缘电阻表测量母线、断路器、接触器和互感器的绝缘电阻，以及二次回路的对地绝缘电阻等，均应符合规程要求。

(2) 低压断路器故障跳闸后，应检修或更换触头和灭弧罩，只有查明并消除跳闸原因后，才可再次合闸运行。

(3) 对频繁操作的交流接触器，每三个月进行一次检查，项目有清扫一次触头和灭弧栅，检查三相触头是否同时闭合或分断，摇测相间绝缘电阻。

(4) 定期校验交流接触器的吸引线圈，在线路电压为额定值的85%～105%时吸引线圈应可靠吸合，而电压低于额定值的40%时则应可靠地释放。

(5) 经常检查熔断器的熔体与实际负载是否相匹配，各连接点接触是否良好，有无烧损现象，并在检查时清除各部位的积灰。

(6) 注意铁壳开关的机械闭锁是否正常，速动弹簧是否锈蚀、变形。

三、成套变电站检查

成套变电站也称为组合式变电站，适用于城市房屋建筑密集区。ZBW、ZBN系列（Z—组合式；B—变电站；W—户外；N—户内）组合式变电站，是一种将10kV高压配电装置、10/0.4kV变压器和380/220V低压配电装置的主要电气设备成套安装在一个箱壳中的配电装置。它具有外形尺寸小、不需建筑物、运输安装简便、电气性能更加完善、结构合理和使用维护方便等许多特点，特别适用于高层建筑、公共场所、住宅楼群和公园等场所，也可作为建筑工地的临时供电设备。

1. 产品结构

(1) 该变电站骨架结构采用槽钢及角钢制造，有较高的机械强度，外壳采用铝合金板等材料制造，表面光滑平整、美观大方，且具有较好的防腐性能。

(2) 该变电站各室之间均用隔板隔成独立的小室。

(3) 顶盖为双层结构，以防止热辐射。

(4) 变压器内部装有排风扇，自动控制变压器室温，增加空气对流，降低室温。

(5) 为了便于监视和检修，变压器室、低压室和高压室均设有照明装置，由门控制其开关。

(6) 变电站可转动的连接部分均采用胶带密封，有较好的防潮能力。

2. 成套变电站维护与检修

成套变电站的维护与检修事项如下：

（1）应定期巡视、清扫、维护，以免发生事故。

（2）箱体为金属结构，应及时涂补如巡视中发现的锈蚀部分。

（3）维护中对可拆卸部分进行紧固，检查转动部分及门锁是否灵活，并加润滑油。注意箱内照明是否损坏，应保持照明良好。

（4）注意检查箱体通风孔是否堵塞，自动排风扇是否工作正常，箱体内温升是否正常，发现问题应及时停运检修。

（5）高低压开关应按有关规定检修。

（6）按 DL/T 596—1996《电力设备预防性试验规程》中的规定进行定期试验。

第三节　断路器和隔离开关检查

一、概述

断路器由开断元件、支撑绝缘体、传动元件、基座和操动机构等几部分构成。

1. 断路器巡视检查项目和标准

（1）SF_6 封闭组合电器（GIS）巡视检查应按表 4-2 的项目、标准要求进行。

表 4-2　SF_6 封闭组合电器（GIS）巡视检查项目

序号	检查项目	标　准
1	标志牌	名称、编号齐全、完好
2	外观检查	无变形、无锈蚀、连接无松动，传动元件的轴、销齐全无脱落、无卡涩，箱门关闭严密，无异常声音、气味等
3	气室压力	在正常范围内，并记录压力值
4	闭锁	完好、齐全、无锈蚀
5	位置指示器	与实际运行方式相符
6	套管	完好、无裂纹、无损伤、无放电现象
7	避雷器	其在线监测仪指示正确，并记录泄漏电流值和动作次数
8	带电显示器	指示正确
9	防爆装置	防护罩无异样，其释放出口无障碍物，防爆膜无破裂
10	汇控柜	指示正常，无异常信号发出，操动切换把手与实际运行位置相符，控制、电源开关位置正常，联锁位置指示正常，柜内运行设备正常，封堵严密、良好，加热及驱潮电阻正常
11	接地	接地线、接地螺栓表面无锈蚀，压接牢固
12	设备室	通风系统运转正常，氧气仪指示大于 18%，SF_6 气体含量不大于 1000mL/L，无异常声音、异常气味等
13	基础	无下沉、倾斜

(2) SF_6 断路器巡视检查应按表 4-3 的项目、标准要求进行。

表 4-3 SF_6 断路器巡视检查项目

序号	检查项目	标　　准
1	标志牌	名称、编号齐全、完好
2	套管、绝缘子	无断裂、裂纹、损伤、放电现象
3	分、合闸位置指示器	与实际运行方式相符
4	软连接及各导流压接点	压接良好、无过热、断股现象
5	控制、信号电源	正常，无异常信号发出
6	SF_6 气体压力表或密度表	压力在正常范围内，并记录压力值
7	端子箱	电源开关完好、名称标志齐全、封堵良好、箱门关闭严密
8	各连杆、传动机构	无弯曲、变形、锈蚀，轴销齐全
9	接地	螺栓压接良好，无锈蚀
10	基础	无下沉、倾斜

(3) 真空断路器巡视检查应按表 4-4 的项目、标准要求进行。

表 4-4 真空断路器巡视检查项目

序号	检查项目	标　　准
1	标志牌	名称、编号齐全、完好
2	灭弧室	无放电、无异声、无破损、无变色
3	绝缘子	无断裂、裂纹、损伤、放电等现象
4	绝缘拉杆	完好、无裂纹
5	各连杆、传轴、拐臂	无变形、无裂纹，轴销齐全
6	引线连接部位	接触良好、无发热变色现象
7	位置指示器	与运行方式相符
8	端子箱	电源开关完好、名称标志齐全、封堵良好、箱门关闭严密
9	接地	螺栓压接良好，无锈蚀
10	基础	无下沉、倾斜

(4) 液压操动机构巡视检查应按表 4-5 的项目、标准要求进行。

表 4-5 液压操动机构巡视检查项目

序号	检查项目	标　　准
1	机构箱	开启灵活无变形、密封良好，无锈蚀、无异味、无凝露等
2	计数器	动作正确，并记录动作次数
3	储能电源开关	位置正确
4	机构压力	正常
5	油箱油位	油位在上下限之间，无渗（漏）油
6	油管及接头	无渗油
7	油泵	正常、无渗漏
8	行程开关	无卡涩、变形
9	活塞杆、工作缸	无渗漏
10	加热器（除潮器）	正常完好，投（停）正确

（5）弹簧操动机构巡视检查应按表4-6的项目、标准要求进行。

表4-6 弹簧操动机构巡视检查项目

序号	检查项目	标准
1	机构箱	开启灵活无变形、密封良好，无锈蚀、无异味、无凝露等
2	储能电源开关	位置正确
3	储能电动机	运转正常
4	行程开关	无卡涩、变形
5	分、合闸线圈	无冒烟、异味、变色
6	弹簧	完好，正常
7	二次接线	压接良好，无过热变色、断股现象
8	加热器（除潮器）	正常完好，投（停）正确
9	储能指示器	指示正确

（6）气动操动机构巡视检查应按表4-7的项目、标准要求进行。

表4-7 气动操动机构巡视检查项目

序号	检查项目	标准
1	机构箱	开启灵活无变形、密封良好，无锈蚀、无异味
2	压力表	指示正常，并记录实际值
3	储气罐	无漏气，按规定放水
4	接头、管路、阀门	漏气现象
5	空压机	运转正常，油位正常，计数器动作正常并记录次数
6	加热器（除潮器）	正常完好，投（停）正确

2. 隔离开关巡视检查

隔离开关巡视检查应按表4-8的项目、标准要求进行。

表4-8 隔离开关巡视检查项目

序号	检查项目	标准
1	标志牌	名称、编号齐全、完好
2	绝缘子	清洁，无破裂、无损伤放电现象，防污措施完好
3	导电部分	触头接触良好，无过热、变色及位移等异常现象；动触头的偏斜不大于规定数值；触点压接良好，无过热现象，引线弛度适中
4	传动连杆、拐臂	连杆无弯曲，连接无松动、无锈蚀，开口销齐全，轴销无变位脱落、无锈蚀、润滑良好，金属部件无锈蚀、无鸟巢
5	法兰连接	无裂痕，连接螺钉无松动、锈蚀、变形
6	接地开关	位置正确，弹簧无断股、闭锁良好，接地杆的高度不超过规定数值，接地引下线完整可靠接地
7	闭锁装置	机械闭锁装置完好、齐全，无锈蚀变形
8	操动机构	密封良好，无受潮
9	接地	应有明显的接地点，且标志色醒目；螺栓压接良好，无锈蚀

二、特殊巡视检查项目

（1）大风天气，检查引线摆动情况及有无搭挂杂物。

（2）雷雨天气，检查瓷套管有无放电闪络现象；检查端子箱、机构箱有无进水，设备构架有无倾斜，地基有无下沉。

（3）下雨、大雾天气，检查瓷套管有无放电、闪络、打火现象。

（4）大雪天气，观察积雪融化情况，检查接头发热部位，及时处理悬冰、冰棒。

（5）温度骤变，检查设备有无变化等情况。

（6）节假日时，监视负荷情况。

（7）高峰负荷期间，监视设备温度，触头、引线接头，限流元件接头有无过热现象，设备有无异常声响。

（8）短路故障跳闸后，检查隔离开关的位置是否正确，各附件有无变形，触头、引线接头有无过热、松动现象，测量合闸熔丝是否良好，断路器内部有无异音。

（9）设备重合闸后，检查设备位置是否正确，动作是否到位，有无异常声音或气味。

（10）严重污秽地区，检查瓷质绝缘的积污程度，有无放电、爬电、电晕等异常现象。

三、注意事项

（1）巡视检查时，必须严格遵守《国家电网公司电力安全工作规程（变电部分）》有关规定，做到不漏巡、错巡。

（2）每天进行正常巡视检查，不允许进入运行设备的遮栏内。

（3）禁止单人巡视设备时进入设备内检查作业，以防因无人监护而造成意外事故。

（4）单人巡线时，禁止攀登电杆和铁塔；新人员不得一人单独巡视。

（5）夜间巡视应沿设备外侧进行；大风天气巡线应沿设备上风侧前进，以防万一触及断落的导线。巡视人员发现导线断落地面或悬吊在空中，应设法防止行人进入断线地点 8m 以内，并迅速报告，等候处理。

四、危险点分析及控制措施

1. 危险点分析

（1）人身触电。

（2）摔伤、碰伤。

（3）设备异常伤人。

（4）意外伤人。

2. 预控措施

（1）巡视检查电气设备时，严格按《国家电网公司电力安全工作规程（变电部分）》有关规定执行；巡视检查设备时应戴好安全帽，应与带电设备保持足够的安全距离：10kV 及以下，0.7m；35kV，1m；110kV，1.5m；220kV，3m；330kV，4m。

（2）巡视时不得对设备进行任何操作或工作，且禁止接触高压电气设备的绝缘部分；雷雨天气需要巡视室外高压设备时，应穿绝缘靴，与带电体保持足够的距离，并不得靠近避雷针和避雷器。接触设备的外壳和构架时，应戴绝缘手套。

（3）高压设备发生接地时，室内不得接近故障点 4m 以内，室外不得接近故障点 8m 以内。进入上述范围的工作人员，必须穿绝缘靴，接触设备的外壳和构架时，应戴绝缘手套。

（4）注意行走安全，上下台阶、跨越沟道或配电室门口防鼠挡板时，防止摔、碰。

（5）搬动电缆沟盖板时，应防止砸伤和碰伤。

（6）及时清理杂物，保持通道畅通。

（7）断路器操动机构液压或压缩空气等压力异常升高时，应迅速断开其油泵或压缩机电源，人员远离现场，防止发生意外伤人。

（8）设备出现运行参数严重异常或基础下陷倾斜等异常可能对人身安全构成威胁时，人员应远离现场。

（9）夜间巡视设备时携带照明器具，并且要两人同时进行，注意行走安全。

（10）大风、雪、雾、沙尘等恶劣天气巡视设备时，应两人同时进行，注意保持与带电体的安全距离和行走安全。

（11）遇到自然灾害等特殊情况需巡视设备时，应携带通信工具，随时保持联络。

第四节　高压熔断器和互感器检查

一、高压熔断器

（一）概述

高压熔断器适用于35kV及以下、交流50Hz的输配电线路、电力变压器、高压电气设备的过负载及短路保护，按安装环境可分为户内式和户外式，按限流方式可分为限流式和不限流式。

3～35kV级RN系列高压限流熔断器可分为以下几种类型：

（1）用于变压器和电力线路短路保护的RN1、RN3系列高压限流熔断器。

（2）用于电压互感器短路保护的千伏级的RN2、RN4、RN5型户内限流熔断器。

（3）高压电动机短路保护用3～6kV级RN6户内限流熔断器，本产品为母线插入式。

RW系列3～35kV级户外高压跌落式熔断器属于喷射式熔断器的一种，俗称为跌落保险，主要作为配电变压器或电力线路的短路保护和过负载保护之用。

（二）高压熔断器的运行维护

1. 熔断器的运行操作

户内限流式熔断器熔断后，其红色指示器随即弹出，表明熔体已熔断，应查明熔断原因，处理完毕后即可更换熔管。

户外跌落式熔断器的熔体熔断后，在触点弹力及熔管自重的作用下，回转跌落，造成明显可见的断开点。操作户外跌落式熔断器时应有人监护，使用合格的绝缘手套，穿绝缘靴，戴防护眼镜；操作时应使用经检验合格的绝缘棒（俗称令克棒）来操作，拉闸时绝缘棒的金属钩穿入操作环中将熔管拉下。

在操作跌落式熔断器时，应注意以下原则：

（1）拉闸时。先拉开中间相，再拉背风相，最后拉迎风相。

（2）合闸时。先合迎风相，再合背风相，最后合中间相。

2. 熔断器的维护

（1）检查户内式熔断器的熔管密封是否完好，导电部分与固定底座静触点的接触是否紧密。

（2）检查熔断器的额定电流与熔体的额定电流是否配合，以及熔体的额定电流是否与线路负载电流相适应。

(3) 检查户外式熔断器的导电部分是否接触紧密，弹性触点的推力是否有效，熔体是否损伤，绝缘管是否损伤或变形。

(4) 检查户外熔断器的安装角度有无变动，分、合操作时动作是否灵活和有无卡涩现象。

(5) 检查跌落式熔断器熔管上端口的磷铜膜片是否完好，紧固熔体时应将膜片压封住熔管上端口，以保证灭弧速度。正常时，熔管不应发生因外力振动而掉落。

(6) 跌落式熔断器每次熔断后，应取下消弧管检查，有烧伤的应更换。

(7) 检查瓷绝缘体部分有无损伤、污垢和放电痕迹。

二、互感器

(一) 电流互感器

1. 概述

电流互感器将一次侧电路中的大电流，变成二次侧的小电流（5A 或 1A)。

电流互感器的特点如下：

(1) 一次绕组串联在一次侧电路中，其电流由一次侧的负载电流决定，与二次侧负载无关。

(2) 变流比 $K_i = I_1/I_2 = N_2/N_1$。

(3) 电流互感器二次绕组串联的仪表和继电器的电流线圈的阻抗很小，因此在正常运行时，相当于二次侧短路的变压器。

(4) 故障工作状态为二次侧开路。

2. 电流互感器运行

(1) 电流互感器在运行中二次绝对不允许开路，否则对人身和设备安全都有危险，其二次负载应符合要求。

(2) 电流互感器变比应进行核对。

(3) 电流互感器的二次侧在运行中必须接地，否则会产生高电压。

(4) 在电流互感器二次回路上工作时，应切断其与公用保护的连接回路，在送电前应恢复。

(5) 电流互感器的有关注意事项如下：

1) 新安装的电流互感器在投入运行前要检查顶部密封的情况，严防进水受潮。

2) 尽可能在投入运行前作局部放电和油的含水量测量。

3) 对已投入运行的电流互感器要采取有效的防雨措施，防止端部漏入雨水。例如加装防雨帽或采取其他防止进水受潮措施。

4) 结合预防性试验，每年检查一次电流互感器的密封状态是否良好，要尽力消除进水受潮的可能性。

5) 要加强电流互感器的预防性试验，并注意试验结果有无变化，进行前后对比和综合分析，不应仅仅满足于符合规程规定的标准，应对历次结果的增量分析后，进行正确的判断。

6) 已安装好长期不带电运行的电流互感器，容易进水或受潮，因此在带电之前，也应进行试验和检查，必要时先接入旁路母线先试运行一段时间再投入运行。

7) 如电流互感器经吊心检查或其他原因使主绝缘露出油面，复装时必须真空注油。

8）电流互感器的一次电容心的末屏，在修试工作后，应注意检查是否可靠接地。

9）为减小电流互感器事故的影响范围，应将母差保护投入运行，并要注意二次绕组的连接方式，避免电流互感器的V形电容心底部出现保护死区。

10）电流互感器工作后，应检查其公用保护回路的二次端子确已接好。

11）更换电流互感器后，应注意检查互感器的极性，保证极性正确。

3. 电流互感器巡视检查

（1）日常巡视。

1）检查瓷套有无裂纹、破损和放电痕迹。

2）检查接头有无发热、发红、散股、断股，连接螺钉有无松动和断脱，金具是否完整。

3）检查有无漏油、渗油现象，有无锈蚀。

4）检查油位是否正常，油色有无变化。

5）检查有无异常声响，外观有无严重污垢。

（2）定期巡视。定期巡视除完成上述日常巡视项目外，还应完成下列巡视内容：

1）端子箱内有无异常，端子有无异常、松脱、开路现象。

2）检查接头有无发热现象。

（3）特殊巡视。下述情况下需进行特殊巡视：

1）设备存在缺陷需加强监视时。

2）系统异常运行（过电压或过负载）时。

3）天气异常和雷雨、冰雹等恶劣天气后。

4. 电流互感器异常处理

（1）电流互感器二次回路开路时，可向调度申请停电处理。若无法停电，则在带电处理的过程中，必须注意安全，使用合格的绝缘工具。

（2）当电流互感器油位低于油标下限时，应向调度申请停电处理。

（二）电压互感器

电压互感器将一次电路中的高电压变成二次侧的低电压（100V）。

1. 电压互感器的特点

（1）电压互感器的容量很小，通常只有几十伏安至几百伏安。

（2）一次绕组并联于电网，二次绕组向并联的测量仪表和继电器的电压线圈供电。

（3）电压互感器的一次绕组和二次绕组的额定电压比，称为电压互感器的额定电压比K_u，即$K_u=U_1/U_2=N_1/N_2$。

（4）正常工作状态，接近于空载状态。

（5）故障工作状态为二次侧短路。

2. 电压互感器的运行

（1）运行中的电压互感器二次回路严禁短路，按规定保证每个二次绕组一点可靠接地，其负载不得超过额定容量。

（2）电压互感器退出运行时，应将失去电压可能误动的保护和自动装置退出运行。

（3）电压互感器停电检修时，应将其一次、二次全部断开，防止二次反送电。

（4）电压互感器的有关注意事项如下：

1）新安装的电压互感器在投入运行前要检查顶部密封情况，严防进水受潮。

2）应尽可能在投入运行前作局部放电和油的含水量测量。对于电容部分还应进行耐压试验。

3）对已投入运行的电压互感器要采取有效的防雨措施，防止端部漏入雨水，例如加装防雨帽或采取其他防止进水受潮措施。

4）结合预防性试验，每年检查一次电压互感器的密封状态是否良好，要尽力消除进水受潮的可能性。

5）要加强电压互感器的预防性试验，并注意试验结果有无变化，进行前后对比和综合分析，不应仅仅满足于符合规程规定的标准，应对历次结果的增量分析后，进行正确的判断。

6）已安装好长期不带电运行的电压互感器，容易进水或受潮，因此在带电之前，也应进行试验和检查，必要时先接入旁路母线先试运行一段时间再投入运行。

7）如电压互感器经吊心检查或其他原因使主绝缘露出油面，复装时必须真空注油。

8）电压互感器的高压绕组 X 端如果规定必须接地运行时，在安装和大修后，应注意检查是否可靠接地。

9）在系统运行方式和倒闸操作上，应注意防止铁磁谐振和操作过电压，避免损坏电压互感器。

10）更换电压互感器后，应注意检查极性，保证接线正确。

（5）电压互感器的运行维护如下：

1）电压互感器如遇停电时，必须进行绝缘子清扫。

2）每月应对电压互感器二次电压进行一次测量。

3. 电压互感器巡视检查

（1）日常巡视。

1）检查瓷套有无裂纹、破损和放电痕迹。

2）检查接头有无发热、发红、散股、断股，连接螺钉有无松动和断脱，金具是否完整。

3）检查有无漏油、渗油现象，有无锈蚀。

4）检查油位是否正常，油色有无变化。

5）检查有无异常声响，外观有无严重污垢。

（2）定期巡视。电压互感器定期巡视除完成上述日常巡视项目外，还应完成下列巡视内容：

1）端子箱内有无异常，二次快分断路器、熔断器有无异常或熔断现象。

2）端子箱内加热器是否按要求投入或退出。

（3）特殊巡视。下述情况下需进行特殊巡视：

1）存在缺陷需加强监视时。

2）系统异常运行（过电压或过负载）时。

3）天气异常和雷雨、冰雹等恶劣天气后。

（4）电压互感器异常处理。

1）对于油浸纸绝缘的电容式套管设备，出现任何程度的渗、漏油情况均需立即停电处理。

2）当系统发生电磁谐振时，可采取的消除谐振处理方法是：断开不重要客户的线路断路器；母联断路器在合上位置，两条母线并列运行时可短时在二次侧并列电压互感器；停用有关保护及自动装置后闭合电压互感器的断路器。

3）电压互感器发生异常情况时，应立即停用与电压互感器有关的保护及自动装置，运行人员应立即汇报相关调度。

4）当电压互感器爆炸着火，本体有过热现象，互感器向外喷油，内部有严重放电声或异常声响时，应立即停电，向相关调度汇报。

5）电压互感器着火时，应断开电源，并做必要的安全措施，用沙或干式灭火器灭火。

6）对于故障退出的电压互感器，应进行必要的电气试验检查和处理。

7）电压互感器发生异常时应及时记录时间，以便计算补差电量。

第五节　并联电力电容器组检查

一、概述

电力电容器有串联和并联两种使用方式，使用最广泛的是并联电容器，用来补偿感性无功功率以提高功率因数。

在交流电网中利用电磁感应原理工作的电气设备，在建立交变磁场时，虽然一个周期内由电网吸收和向电网放回的功率相等，但需要无功电源来供给，这样便降低了发、供电设备的利用率；同时，无功功率的传送将增加线路损失和影响电压质量。而电容性设备的交变电场，也周期性地由电网吸收和向电网放回电能。当感性负载吸收电能时，容性负载放出电能；感性负载放出电能时，容性负载吸收电能。所以可用电容性的无功功率来补偿电感性无功功率。这种补偿作用体现在时间相位上，即电容电流超前电压 90°，电感电流落后电压 90°，两者正好相互补偿。

并联电容器是静止电器，结构简单，安装维护方便，投资低，损耗小，与调相机的补偿相比，除它有逆调压功能外，其他都不及并联电容器，所以并联电容器是广泛应用的补偿装置。

二、并联电力电容器组检查

1. 并联电容器组投入运行前的验收

（1）并联电容器组所用的各个电气部件，其型号、规格均应符合设计要求，安装也应符合施工验收规范，并按规程要求进行交接试验和校验且均合格。

（2）应按设计要求装设继电保护装置，其安装应符合规范且经校验均应合格，定值正确且均已在投运位置。

（3）电容器组的接线应正确，各连接点接触良好，与接地网的连接应牢固可靠。

（4）放电器的型号、规格应符合设计要求并经试验合格。

（5）电容器及其他注油设备外壳应良好，无渗漏油现象。

（6）电容器组的固定遮栏或成套柜的挡板等均应完好，对带电体距离应符合设计及安全要求。

（7）电容器室的各类通道应符合设计和安全要求，建筑物应符合规范要求，应有良好的通风和必要的消防设施及防小动物进入，防雨雪，防风沙飘进等措施。

（8）电容器组三相的任何两个线路端子之间的最大与最小电容之比和电容器组每组各串联段之间的最大与最小电容之比，均不宜超过 1.02。

2. 并联电容器组运行中的巡视检查

并联电容器组运行中的巡视一般有日常巡视检查、定期停电检查及特殊巡视检查。

（1）日常巡视检查。变配电站运行值班人员进行并联电容器组运行中的日常巡视检查，每班巡视检查一次；如为无人值守，每周至少巡查一次。夏季应在电容器室环境温度最高时进行巡查，其他季节可在系统电压最高时进行巡查。当不停电巡查有困难时，可以将电容器组短时间停电，以便更仔细地进行检查（但应将电容器组充分放电，注意安全）。

运行中巡查项目主要有：电容器组的电流、端电压、本体温度及环境温度是否正常，有无超过允许范围；电容器外壳有无膨胀、渗漏油痕迹，有无异常的声响或火花放电痕迹；放电指示灯是否有熄灭等异常现象；单支熔丝是否正常、有无熔断现象；装置是否有其他缺陷存在或原有缺陷的发展情况如何。检查情况都应记录在运行记录簿中。

（2）定期停电检查。定期停电检查应结合设备清扫、维护一起进行，应根据设备情况和环境条件决定，一般每季度检查一次。检查内容主要有：①电容器外壳有无膨胀或渗漏油现象；②绝缘件表面等处有无放电痕迹；③各螺栓连接点的松紧及接触是否良好，连接线是否完好；④放电回路是否完整良好；⑤电容器外壳及柜体（构架）的保护接地线是否完好；⑥电容器组继电保护装置有无动作过；⑦单支熔丝是否完好，熔丝有无熔断；⑧电容器组的控制、指示设备等是否完好；⑨电容器室的房屋、电缆线、通风设施等是否完好，有无渗漏水、积水、积尘等；⑩清除电容器、绝缘子、构架等处的积尘等。

（3）特殊巡视检查。当电容器组发生熔丝熔断、短路、保护动作跳闸等情况时，应立即进行巡视检查，此类检查就称为特殊巡视检查。检查项目除上述各项外，必要时应对电容器组进行试验，如查不出故障原因，则不得将电容器组投入运行。

第六节 电力线路检查

架空线路在长期的运行过程中，既要承受机械和电气负载，又要经受恶劣天气的影响，线路上的设备和元件会老化和变形甚至损坏，使其性能不能保持原设计的要求，运行性能变坏，致使线路经常出现缺陷甚至故障。为了掌握线路的运行情况，发现线路存在的缺陷以及危及线路安全运行的各种隐患，要求运行管理部门经常巡视检查和测试，以便发现缺陷或故障，通过大修和日常维护来加以消除。但在巡视检查中，为保证巡视人员的安全，必须按《国家电网公司电力安全工作规程（电力线路部分）》的要求进行，不得违章操作，以免造成事故。

一、线路巡视的种类

线路的巡视按巡视的要求不同可分为以下几种：

（1）正常巡视。所谓正常巡视是指在正常情况下的一般巡视。其要求是掌握线路的运行状态和沿线环境的变化。这种巡视是定期的，所以也叫定期巡视。正常巡视对于市区线路一般每月一次，对于郊区和农村的线路每季至少一次。

（2）特殊巡视。所谓特殊巡视是指在下述情况发生时所进行的巡视：

1）线路发生过负载或负载大幅度增加。

2）新装或检修后线路初次投运。

3）线路或设备存在未查清的缺陷。

4）气候发生变化，诸如台风、暴雨、覆冰、河水泛滥、火灾以及气温上升和下降时，对线路的全部或部分进行巡视或检查。一般每季至少一次特殊巡视。

（3）故障性巡视。当线路发生单相接地、相间短接、线路断开或杆塔倾倒的时候，为查明故障地点和原因所进行的巡视，称为故障性巡视。重负载和污秽地区的 10kV 的线路每年至少一次。

（4）夜间巡视。在线路高峰负载或阴雾天气时，夜间为查清绝缘子表面有无闪络，导线连接点有无过热发红或打火等现象所进行的巡视，称为夜间巡视。对10kV的线路每年至少一次夜间巡视。

（5）监察性巡视。它是由部门领导和线路专责技术人员进行的巡视。其目的是检查线路保护区存在的缺陷和问题，了解线路及设备状况；抽查和考核电工的巡视质量。

二、巡视的主要内容

（1）杆塔的巡视。

1）杆塔是否有倾斜，铁塔构件有无弯曲、变形、锈蚀，螺栓有无松动。水泥杆的倾斜不应超过杆长的1.5%，转角不应向内角倾斜，终端杆不应向导线侧倾斜，向拉线倾斜不应小于200mm。

2）水泥杆有无严重的裂纹、铁锈水等现象，保护层有无脱落、酥松、钢筋外露等现象。水泥杆不宜有纵向裂纹，横向裂纹不宜超过1/3周长，且裂纹宽度不宜大于0.5mm。铁塔不应严重锈蚀。

3）杆塔的基础不应有损坏、上拔或下沉，否则应填土夯实；土台应高出地面30cm。塔基周围土壤不得有挖掘，不应有积水、结冻和冻鼓现象，不应有杂草和藤蔓类植物附生，不得有危及安全的鸟巢、风筝及杂物。容易被雨水冲刷的地段应设护桩。

4）杆塔标志（杆号和相应警示牌等）是否齐全和明显。

5）横担有无严重的变形和锈蚀，其歪斜度不得超过固定点长度的1%。

6）金具有无锈蚀和变形，所有螺栓应紧固，螺母应齐全，开口销应无锈蚀、断裂、脱落。铁横担、金具不应起皮和出现严重麻点，锈蚀面积不宜超过1/2。

7）绝缘子瓷件有无脏污、损坏、裂纹和闪络痕迹，绑线有无松散、断股、烧伤等现象，铁脚、铁帽有无锈蚀、松动弯曲。

（2）导线（包括架空地线、耦合地线）的巡视。

1）导线有无断股、损伤、烧损的痕迹，在化工、盐碱地区的导线有无腐蚀现象。导线接头的机械强度不应低于原导线机械强度的90%。接头电阻与等长导线相比，阻值不得超过2倍。接头处应无过热现象，连接线夹弹簧垫应齐全，螺母应紧固。

2）导线的弧垂三相应力要平衡，不得过紧或过松。弧垂最小不得小于规定值的2.5%，最大值不得大于规定值的5%。

3）跳（过）引线有无损伤、断股、歪扭，跳线、引下线的净空距离不应小于下列数值：10kV为0.2m，1kV以下为0.1m。

4）每相导线跳线、引下线对相邻导线、引线的净空距离，不应小于下列数值：10kV为0.3m，1kV以下为0.15m，10kV引下线与低压线间距离不应小于0.2m。

5）导线上有无抛扔物。

6）导线损伤有下列情况之一者，必须锯断重接：①钢芯导线的钢芯断一股；②多股钢芯铝线断股的截面超过总面积的25%；③导线产生无法修补的变形；④单股导线的损伤截面超过总截面的17%；⑤损伤长度超过一个修补管所能修补的长度。

7）接户线的巡视内容：①绝缘是否有损伤、烧焦现象；②连接点的接触是否良好，有无腐蚀现象；③支持物是否牢固，有无腐蚀和损坏；④弧度是否合适，有无混线烧伤现象。

（3）防雷设施的巡视。

1）避雷器瓷套有无裂纹、损伤、闪络痕迹，表面是否脏污。

2）避雷器的固定是否牢固。

3）引线连接是否良好，与相邻杆塔构件的距离是否符合规定。

4）各附件是否锈蚀，接地端焊接处有无开裂、脱落。

5）保护间隙有无烧伤、锈蚀或经物短接，间隙距离是否符合规定。

6）雷电观测装置是否完好。

（4）接地装置的巡视。

1）接地引下线有无丢失、断股、损伤。

2）接头接触是否良好，线夹螺栓有无松动、锈蚀。

3）接地引下线的保护管有无破损、丢失，固定是否牢靠。

4）接地体有无外露、严重腐蚀，在所埋范围内有无土方工程。

（5）拉线的巡视。

1）拉线有无断股、松弛、锈蚀等缺陷，张力是否分配均匀。拉线是否妨碍交通，水平拉线对地距离是否足够。

2）拉线棒、抱箍等金属有无变形、锈蚀，拉线在拉线夹中有无划伤。

3）拉线固定是否牢固。拉线基础周围土壤有无突起、下沉、位移、缺土等现象。

4）顶（撑）杆、拉线柱、保护桩等有无损坏、开裂、腐朽等现象。

（6）线路保护区内的巡视。所谓线路保护区内的巡视是指巡视沿线周围的设施、植物、环境、牲畜等对线路运行的影响，包括如下内容：

1）沿线有无易燃易爆物品和腐蚀性的液体和气体。

2）导线对地，对各种跨越物，诸如铁路、公路、河流、管道、索道、建筑物等的安全距离是否符合规定，有无可能触及导线的铁烟囱和天线等。

3）保护区内的树木、竹子是否超过高度，其与导线的距离是否过小。

4）查明线路附近的采石场、水泥场、化工厂的建筑位置，是否违反《电力设施保护条例》，附近的爆破工程有无爆破申请手续，其防护措施是否符合要求。

5）周围有无被风刮起危及线路安全的金属薄膜、杂物等，有无危及线路安全的工程设施（机械设备、脚手架）。

6）线路附近有无射击、放风筝、抛扔外物。电杆、拉线上有无拴养牲畜的情况。

7）巡视线路附近有无山洪、河水泛滥、滑坡塌方以及滚石等危及线路安全运行的现象。

（7）巡视线路的安全措施。

1）巡视中，巡视人员应始终认为线路处于带电状态，因为即使知道线路停电，线路也有突然送电的可能。

2）巡视应由有经验的人员担任，在边远地区和夜间巡视应有两人进行，新任巡视人员不得一人巡视。巡视应仔细、认真，不得遗漏。

3）巡视中，遇到有风天气，巡视人员应沿线路上风侧行走，巡视转角处的线路，应沿外侧行走，以防断线和倒杆危及巡视人员的安全。

4）发现倒杆和断线事故时，应设法阻止行人靠近故障点 8m 以内，以免因跨步电压伤人。

5）巡视中，未经许可一律不准登杆或越过设备的围栏、围墙。遇有雷雨、暴风时，应远离线路或暂停巡视。

第七节 安 全 距 离

一、变电部分

(1) 设备不停电时的安全距离见表4-9。

表4-9 设备不停电时的安全距离

电压等级 (kV)	安全距离 (m)	电压等级 (kV)	安全距离 (m)
10及以下 (13.8)	0.70	750	7.20*
20、35	1.00	1000	8.70
63 (66)、110	1.50	±50及以下	1.50
220	3.00	±500	6.00
330	4.00	±660	8.40
500	5.00	±800	9.30

注 未列电压等级的安全距离可按高一档电压等级安全距离选用。

* 该数据是按海拔2000m校正的,其他等级数据按海拔1000m校正。

(2) 车辆(包括装载物)外廓至无遮拦带电部分之间的安全距离见表4-10。

表4-10 车辆(包括装载物)外廓至无遮拦带电部分之间的安全距离

电压等级 (kV)	安全距离 (m)	电压等级 (kV)	安全距离 (m)
10	0.95	500	4.55
20	1.05	750	6.70**
35	1,15	1000	8.25
63 (66)	1.40	±50及以下	1.65
110	1.65 (1.75)*	±500	5.60
220	2.55	±660	8.00
330	3.25	±800	9.00

* 括号内数字为110kV中性点不接地系统所使用。

** 该数据是按海拔2000m校正的,其他等级数据按海拔1000m校正。

(3) 工作人员工作中正常活动范围与设备带电部分的安全距离见表4-11。

表4-11 工作人员工作中正常活动范围与设备带电部分的安全距离

电压等级 (kV)	安全距离 (m)	电压等级 (kV)	安全距离 (m)
10及以下 (13.8)	0.35	750	8.00*
20、35	0.60	1000	9.50
63 (66)、110	1.50	±50及以下	1.50
220	3.00	±500	6.80
330	4.00	±660	9.00
500	5.00	±800	10.10

注 表中未列电压等级的安全距离可按高一档电压等级的安全距离选用。

* 该数据是按海拔2000m校正的,其他等级数据按海拔1000m校正。

（4）带电作业时人身与带电体间的安全距离见表 4-12。

表 4-12　带电作业时人身与带电体间的安全距离

电压等级（kV）	10	35	63（66）	110	220	330	500	750	1000	±500	±660	±800
距离（m）	0.4	0.6	0.7	1.0	1.8（1.6）*	2.2	3.4（3.2）**	5.2（5.6）***	6.8（6.0）****	3.4	—	6.8

注　表中数据是根据线路带电作业安全要求提出的。

*　因受设备限制带电作业安全距离达不到 1.8m 时，经单位分管生产领导（总工程师）批准，并采取必要的措施后，可采用括号内 1.6m 的数值。

**　海拔 500m 以下，500kV 的取 3.2m 值，但不适用于 500kV 紧凑型线路。海拔在 500～1000m 时，500kV 的取 3.4m 值。

***　5.2m 为海拔 1000m 以下的安全距离，5.6m 为海拔 2000m 以下的安全距离。

****　此为单回输电线路数据，括号中数据 6.0m 为边相的安全距离，6.8m 为中相的安全距离。

（5）等电位作业人员对相邻相导线的最小距离见表 4-13。

表 4-13　等电位作业人员对相邻相导线的最小距离

电压等级（kV）	63（66）	110	220	330	500	750
距离（m）	0.9	1.4	2.5	3.5	5.0	6.9（7.2）*

*　6.9m 为边相值，7.2m 为中相值。

（6）等电位作业中的最小组合间隙见表 4-14。

表 4-14　等电位作业中的最小组合间隙

电压等级（kV）	63（66）	110	220	330	500	750	1000	±500	±660	±800
间隙距离（m）	0.8	1.2	2.1	3.1	4.0	4.9	6.9	3.8	—	6.8

（7）等电位作业转移电位时人体裸露部分与带电体的最小距离见表 4-15。

表 4-15　等电位作业转移电位时人体裸露部分与带电体的最小距离

电压等级（kV）	35、63（66）	110、220	330、500	±500
距离（m）	0.2	0.3	0.4	0.4

（8）保护间隙整定值见表 4-16。

表 4-16　保护间隙整定值

电压等级（kV）	220	330	500	750	1000
间隙距离（m）	0.7～0.8	1.0～1.1	1.3	2.3	3.6

注　330kV 及以下保护间隙提供的数据是圆弧形，500kV 及以上保护间隙提供的数据是球形。

（9）10kV 及以下变电站室内、外配电装置的最小电气安全净距见表 4-17。

露天或半露天变电站的变压器四周应设不低于 1.7m 高的固定栏（墙）。变压器外廓与围栏（墙）的净距不应小于 0.8m，变电器底部距地面不应小于 0.3m，相邻变压器外廓之间的净距不应小于 1.5m。

表 4-17　　变电站室内、外配电装置的最小电气安全净距

符号	适用范围	场所	额定电压（kV）			
			＜0.5	3	6	10
	无遮栏裸带电部分至地（楼）面之间（mm）	室内	屏前 2500 屏后 2300	2500	2500	2500
		室外	2500	2700	2700	2700
	有 IP2X 防护等级遮栏的通道净高（mm）	室内	1900	1900	1900	1900
A	裸带电部分至接地部分和不同相的裸带电部分之间（mm）	室内	20	75	100	125
		室外	75	200	200	200
B	距地（楼）面 2500mm 以下裸带电部分的遮栏防护等级为 IP2X 时，裸带电部分与遮护物间水平净距（mm）	室内	100	175	200	225
		室外	175	300	300	300
	不同时停电检修的无遮栏裸导体之间的水平距离（mm）	室内	1875	1875	1900	1925
		室外	2000	2200	2200	2200
	裸带电部分至无孔固定遮栏（mm）	室内	50	105	130	155
C	裸带电部分至用钥匙或工具才能打开或拆卸的栅栏（mm）	室内	800	825	850	875
		室外	825	950	950	950
	低压母排引出线或高压引出线的套管至屋外人行通道地面（mm）	室外	3650	4000	4000	4000

注　海拔高度超过 1000m 时，表中符号 *A* 项数值应按升高 100m 增大 1%进行修正。*B*、*C* 两项数值应相应加上 *A* 项的修正值。

（10）10kV 及以下变电站可燃油油浸变压器外廓与变压器室墙壁和门的最小净距见表 4-18。

表 4-18　　可燃油油浸变压器外廓与变压器室墙壁和门的最小净距

变压器容量（kV·A）	100～1000	1250 及以上
变压器外廓与后壁、侧壁净距（mm）	600	800
变压器外廓与门净距（mm）	800	1000

（11）10kV 高压配电室内各种通道最小宽度见表 4-19。

表 4-19　　10kV 高压配电室内各种通道最小宽度（mm）

开关柜布置方式	柜后维护通道	柜前操作通道	
		固定式	手车式
单排布置	800	1500	单手长度+1200
对排面对面布置	800	2000	双车长度+900
双排背对背布置	1000	1500	单手长度+1200

注　1. 固定式开关柜为靠墙布置时，柜后与墙净距应大于 50mm，侧面与墙净距应大于 200mm。

2. 通道宽度在建筑物的墙面遇有柱类局部凸出时，凸出部位的通道宽度可减少 200mm。

（12）低压配电屏前后通道最小宽度见表 4-20。

表 4-20　　低压配电屏前后通道最小宽度（mm）

形式	布置方式	屏前通道	屏后通道	形式	布置方式	屏前通道	屏后通道
固定式	单排布置	1500	1000	抽屉式	单排布置	1800	1000
	双排面对面布置	2000	1000		双排面对面布置	2300	1000
	双排背对背布置	1500	1500		双排背对背布置	1800	1000

注　当建筑物墙面遇有柱类局部凸出时，凸出部位的通道宽度可减少 200mm。

（13）110kV 以下高压配电装置的安全净距。

1）屋外配电装置的安全净距应符合表 4-21 的规定，并应按图 4-1～图 4-4 校验。当电气设备外绝缘体最低部位距地面小于 2.5m 时，应装设固定遮栏。

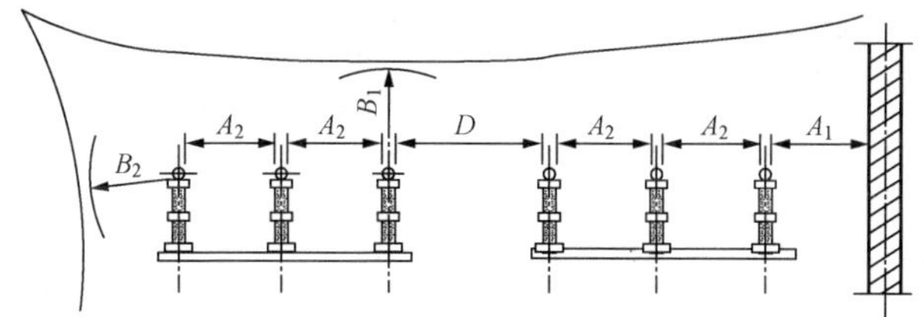

图 4-1　屋外 A_1、A_2、B_1、D 值的校验

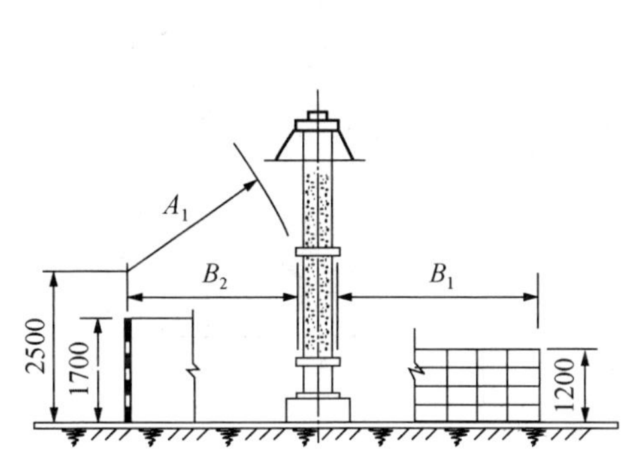

图 4-2　屋外 A_1、B_1、B_2 值的校验图

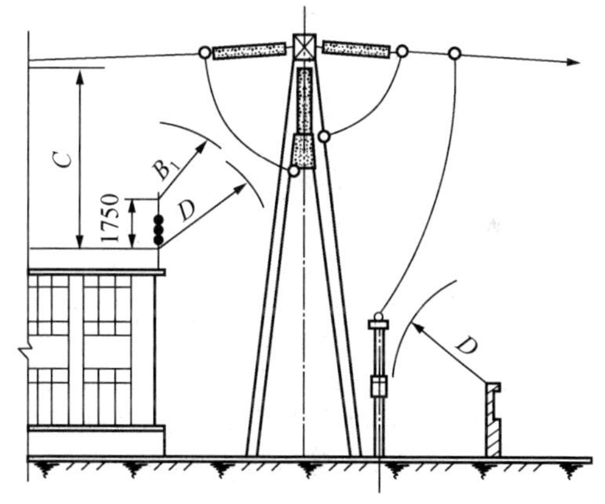

图 4-3　屋外 A_1、B_1、B_2、C、D 值的校验图

2）屋外配电装置使用软导体时，在不同条件下，带电部分至接地部分和不同相带电部分之间的安全净距，应根据表 4-22 进行校验，并应采用其中最大数值。

3）屋内配电装置的安全净距应符合表 4-23 的规定，并应按图 4-5 和图 4-6 校验。

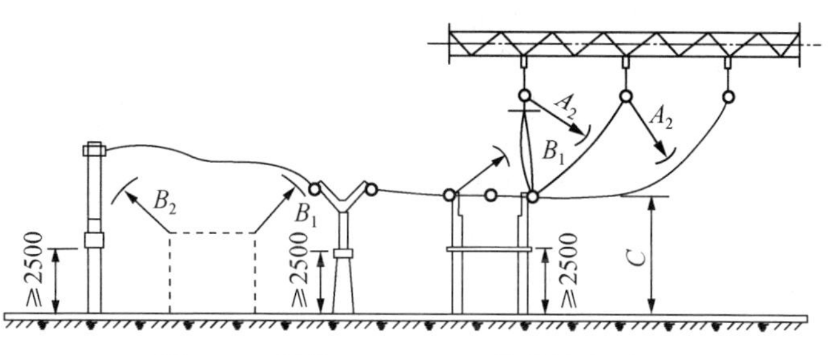

图 4-4　屋外 A_2、B_1、C 值的校验图

当电气设备外绝缘体最低部位距地面小于 2.3m 时，应装设固定遮栏。

表 4 - 21　110kV 以下高压配电装置的安全净距

<table>
<tr><td rowspan="2">符号</td><td rowspan="2">适用范围</td><td colspan="6">额定电压（kV）</td></tr>
<tr><td>3～10</td><td>15～20</td><td>35</td><td>63</td><td>110j</td><td>110</td></tr>
<tr><td rowspan="2">A_1</td><td>带电部分至接地部分之间（mm）</td><td rowspan="2">200</td><td rowspan="2">300</td><td rowspan="2">400</td><td rowspan="2">650</td><td rowspan="2">900</td><td rowspan="2">1000</td></tr>
<tr><td>网状遮栏向上延伸线距地 2.5m 处与遮栏上方带电部分之间（mm）</td></tr>
<tr><td rowspan="2">A_2</td><td>不同相的带电部分之间（mm）</td><td rowspan="2">200</td><td rowspan="2">300</td><td rowspan="2">400</td><td rowspan="2">650</td><td rowspan="2">1000</td><td rowspan="2">1100</td></tr>
<tr><td>断路器和隔离开关的断口两侧引线带电部分之间（mm）</td></tr>
<tr><td rowspan="2">B_1</td><td>设备运输时，其外廓至无遮栏带电部分之间（mm）</td><td rowspan="2">950</td><td rowspan="2">1050</td><td rowspan="2">1150</td><td rowspan="2">1400</td><td rowspan="2">1650</td><td rowspan="2">1750</td></tr>
<tr><td>栅状遮栏至绝缘体和带电部分之间（mm）</td></tr>
<tr><td rowspan="2">C</td><td>无遮栏裸导体至地面之间（mm）</td><td rowspan="2">2700</td><td rowspan="2">2800</td><td rowspan="2">2900</td><td rowspan="2">3100</td><td rowspan="2">3400</td><td rowspan="2">3500</td></tr>
<tr><td>无遮栏裸导体至建筑物，构筑物顶部之间（mm）</td></tr>
<tr><td rowspan="2">D</td><td>平行的不同时停电检修的无遮栏带电部分之间（mm）</td><td rowspan="2">2200</td><td rowspan="2">2300</td><td rowspan="2">2400</td><td rowspan="2">2600</td><td rowspan="2">2900</td><td rowspan="2">3000</td></tr>
<tr><td>带电部分与建筑物，构筑物的边沿部分之间（mm）</td></tr>
</table>

注　1. 110j 是指 110kV 中性点有效接地电网。
2. 海拔超过 1000m 时，A 值应进行修正。
3. 本表所列各值不适用于制造厂的产品设计。

表 4 - 22　不同条件下的计算风速和安全净距

<table>
<tr><td rowspan="2">条件</td><td rowspan="2">校验条件</td><td rowspan="2">计算风速（m/s）</td><td rowspan="2">A 值</td><td colspan="4">额定电压（kV）</td></tr>
<tr><td>35</td><td>63</td><td>110j</td><td>110</td></tr>
<tr><td rowspan="2">雷电过电压</td><td rowspan="2">雷电过电压和风偏</td><td rowspan="2">10</td><td>A_1（mm）</td><td>400</td><td>650</td><td>1000</td><td>1100</td></tr>
<tr><td>A_2（mm）</td><td>400</td><td>650</td><td>1000</td><td>1100</td></tr>
<tr><td rowspan="2">操作过电压</td><td rowspan="2">操作过电压和风偏</td><td rowspan="2">最大设计风速的 50%</td><td>A_1（mm）</td><td>400</td><td>650</td><td>900</td><td>1000</td></tr>
<tr><td>A_2（mm）</td><td>400</td><td>650</td><td>1000</td><td>1100</td></tr>
<tr><td rowspan="2">最大工作电压</td><td>最大工作电压短路和 10m/s 风速时的风偏</td><td rowspan="2"></td><td>A_1（mm）</td><td>150</td><td>300</td><td>300</td><td>450</td></tr>
<tr><td>最大工作电压和最大设计风速时的风偏</td><td>A_2（mm）</td><td>150</td><td>300</td><td>500</td><td>500</td></tr>
</table>

注　在气象条件恶劣如最大设计风速为 35m/s 及以上，以及雷暴时风速较大的地区，校验雷电过电压时的安全净距，其计算风速采用 15m/s。

表 4 - 23　屋内配电装置的安全净距

<table>
<tr><td rowspan="2">符号</td><td rowspan="2">适用范围</td><td colspan="9">额定电压（kV）</td></tr>
<tr><td>3</td><td>6</td><td>10</td><td>15</td><td>20</td><td>35</td><td>63</td><td>110j</td><td>110</td></tr>
<tr><td rowspan="2">A_1</td><td>带电部分至接地部分之间（mm）</td><td rowspan="2">75</td><td rowspan="2">100</td><td rowspan="2">125</td><td rowspan="2">150</td><td rowspan="2">180</td><td rowspan="2">300</td><td rowspan="2">550</td><td rowspan="2">850</td><td rowspan="2">950</td></tr>
<tr><td>网状和板状遮栏向上延伸线距地 2.3m 处与遮栏上方带电部分之间（mm）</td></tr>
<tr><td rowspan="2">A_2</td><td>不同相的带电部分之间（mm）</td><td rowspan="2">75</td><td rowspan="2">100</td><td rowspan="2">125</td><td rowspan="2">150</td><td rowspan="2">180</td><td rowspan="2">300</td><td rowspan="2">550</td><td rowspan="2">900</td><td rowspan="2">1000</td></tr>
<tr><td>断路器和隔离开关的断口两侧带电部分之间（mm）</td></tr>
<tr><td rowspan="2">B_1</td><td>栅状遮栏至带电部分之间（mm）</td><td rowspan="2">825</td><td rowspan="2">850</td><td rowspan="2">875</td><td rowspan="2">900</td><td rowspan="2">930</td><td rowspan="2">1050</td><td rowspan="2">1300</td><td rowspan="2">1600</td><td rowspan="2">1700</td></tr>
<tr><td>交叉的不同时停电检修的无遮栏带电部分之间（mm）</td></tr>
</table>

续表

符号	适用范围	额定电压（kV）								
		3	6	10	15	20	35	63	110j	110
B_2	网状遮栏至带电部分之间（mm）	175	200	225	250	280	400	650	950	1050
C	无遮栏裸导体至地（楼）面之间（mm）	2500	2500	2500	2500	2500	2600	2850	3150	3250
D	平行的不同时停电检修的无遮栏裸导体之间（mm）	1875	1900	1925	1950	1980	2100	2350	2650	2750
E	通向屋外的出线套管至屋外通道的路面（mm）	4000	4000	4000	4000	4000	4000	4500	5000	5000

注　1. 110j 是指 110kV 中性点有效接地电网。

2. 当为板状遮栏时，其 B_2 值可取 A_1+30mm。

3. 海拔超过 1000m 时，A 值应进行修正。

4. 本表所列各值不适用于制造厂的产品设计。

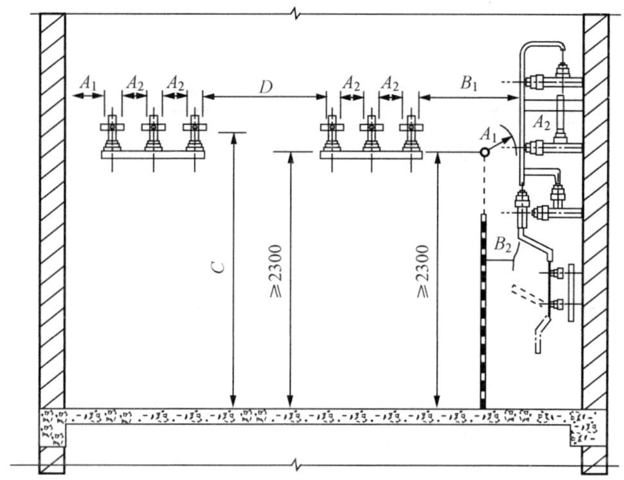

图 4-5　屋内 A_1、A_2、B_1、B_2、C、D 值的校验图

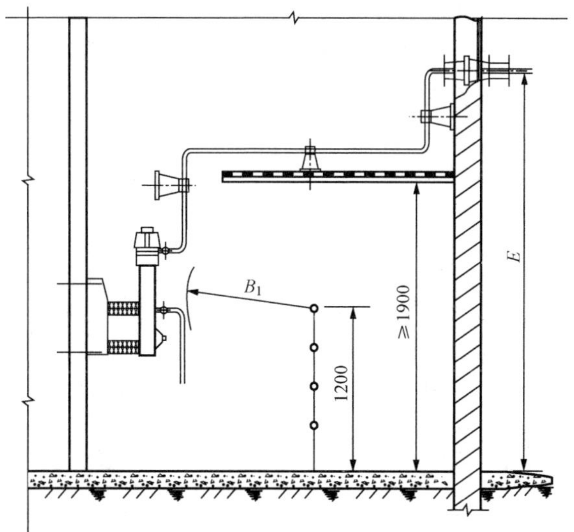

图 4-6　屋内 B_1、E 值的校验图

4）配电装置中相邻带电部分的额定电压不同时，应按高的额定电压确定其安全净距。

5）屋外配电装置带电部分的上面或下面，不应有照明、通信和信号线路架空或穿过；屋内配电装置裸露带电部分的上面不应有明敷的照明或动力线路跨越。

二、电力线路

（1）在带电线路杆塔上工作与带电导线最小安全距离见表 4 - 24。

（2）临近或交叉其他电力线工作的安全距离见表 4 - 25。

表 4 - 24　在带电线路杆塔上工作与带电导线最小安全距离

电压等级（kV）	安全距离（m）	电压等级（kV）	安全距离（m）
10 及以下	0.70	154	2.00
20～35	1.00	220	3.00
44	1.20	330	4.00
60～110	1.50	500	5.00

表 4 - 25　临近或交叉其他电力线路工作的安全距离

电压等级（kV）	安全距离（m）	电压等级（kV）	安全距离（m）
10 及以下	1.0	154～220	4.0
35（20～44）	2.5	330	5.0
60～110	3.0	500	6.0

案例

安全距离不够导致人身伤亡

一、事故简介

2000 年 8 月 3 日，某商住楼在施工作业中钢筋距高压线过近而产生电弧，致使 11 名民工触电被击倒在地，造成 3 人死亡，3 人受伤。

二、事故发生经过

某商住楼基础采用人工挖孔桩共 106 根。该工程的土方开挖、安放孔桩钢筋笼及浇筑混凝土工程，由某建筑公司以包工不包料形式转包给何某个人之后，何某又转包给民工温某施工。

在该工地的上部距地面 7m 左右处，有一条 10kV 架空线路东西方向穿过。2000 年 5 月 17 日开始土方回填，至 5 月底完成土方回填时，架空线路距离地面净空只剩 5～6m。期间施工单位曾多次要求建设单位尽快迁移该架空线路，但始终未得以解决，而施工单位就一直违章在高压架空线下方不采取任何措施冒险作业。当 2000 年 8 月 3 日承包人正违章指挥 12 名民工，将 6m 长的钢筋笼放入桩孔时，由于顶部钢筋距高压线过近而产生电弧，11 名民工触电被击倒在地，造成 3 人死亡，3 人受伤的重大事故。

三、事故原因分析

(1) 技术方面。由于高压线路的周围空间存在强电场，导致附近的导体成为带电体，因此电气规范规定禁止在高压架空线路下方作业。作业时应保持一定安全距离，防止发生触电事故。

该施工现场桩孔钢筋笼长 6m，上面高压线路距地面仅剩 5～6m，在无任何防护措施下又不能保证安全距离，因此必然发生触电事故。

(2) 管理方面。

1) 建筑市场管理失控，私自转包，无资质承包，从而造成管理混乱，违章指挥导致发生事故。

2) 建设单位不重视施工环境的安全条件，高压架空线路下方本不允许施工，然而建设单位未办理线路迁移，从而发生触电事故也是重要原因。

1. 变压器的作用有哪些？
2. 变压器定期检查的一般项目有哪些？
3. 变压器在特殊情况下巡视项目有哪些？
4. 低压配电屏在安装或检修后，投入运行前应进行哪些项目检查和试验？
5. GIS 的巡视检查的项目和标准有哪些？
6. SF_6 断路器巡视检查的项目和标准有哪些？
7. 真空断路器巡视检查的项目和标准有哪些？
8. 拉线的巡视检查有哪些内容？

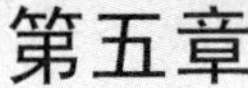

第五章

电气安全用具

在电能生产、使用或电气维护的过程中，工作人员经常使用各种电气工具，这些工具不仅对完成工作任务起一定的作用，而且对保护人身安全，如防止人身触电、电弧灼伤、高空摔跌等起重要作用。为充分发挥电气安全用具的保护作用，电气工作人员应对各种电气安全用具的基本结构、性能有所了解，掌握其使用和保管方法。

电气安全用具就其基本作用可分为电气绝缘安全用具和一般防护安全用具两大类。本章介绍这两类安全用具的性能、作用、使用及维护的方法。

第一节　电气绝缘安全用具

电气绝缘安全用具是用来防止电气工作人员直接触电的安全用具。它分为基本电气安全用具和辅助电气安全用具两种。

（1）基本电气安全用具是指那些绝缘强度能长期承受设备的工作电压，并且在该电压等级产生内部过电压时能保证人身安全的绝缘工具。基本电气安全用具可直接接触带电体，如绝缘棒、验电器等。

（2）辅助电气安全用具是指那些主要用来进一步加强基本电气安全用具绝缘强度的工具，如绝缘手套、绝缘靴、绝缘垫等。辅助电气安全用具的绝缘强度比较低，不能承受高电压带电设备或线路的工作电压，只能加强基本电气安全用具的保护作用。因此，辅助电气安全用具配合基本电气安全用具使用时，能起到防止工作人员遭受接触电压、跨步电压、电弧灼伤等伤害。但在低压带电设备上，辅助电气安全用具可作为基本电气安全用具使用。

一、基本电气安全用具

这里主要介绍验电器、绝缘棒、绝缘夹钳、绝缘隔板、绝缘罩、携带型短路接地线、个人保安接地线、核相器等基本电气安全用具。通过基本电气安全用具的介绍，掌握基本电气安全用具的正确使用与保管要求。

（一）验电器

验电器，也称携带型电压指示器，是一种用于检测设备或导线是否带电的轻便仪器。验电器分为低压验电器和高压验电器两类。

1. 低压验电器

低压验电器又称为试电笔，是一种用氖灯指示是否带电的基本电气安全用具。为便于携带，它多被制成类似钢笔或螺丝刀的形状，如图 5-1 所示。笔身用绝缘材料制成，笔尖用铜或铁做成，笔管里装有一个圆形的碳素高电阻（安全电阻）、一个氖灯和一个金属弹簧，弹簧用来使笔尖、电阻、氖灯、笔钩保持接触；另外，试电笔的笔钩，一方面可以挂在衣袋里便于携带，另一方面用于构成电流通路使电流通向人体入地。如图 5-2 所示，使用时手拿试电笔以一个手指触及金属盖或中心螺钉，金属笔尖与被检查的带电部分接触，若设备带电，就有电流流过氖灯，发出亮光；如果不亮，说明不带电；灯越亮则电压越高，越暗电压越低，试电笔只能用于 380/220V 的系统。试电笔在使用前要在有电的设备或线路上试验一下，以检验其是否良好。

试电笔还有如下几个用途：

(1) 在三相四线制系统中（即 380/220V）可检查系统故障或三相负荷不平衡。不管是相间短路、单相接地、相线断线、三相负荷不平衡，中性线上均出现电压，若试电笔灯亮，则证明系统故障或负荷严重不平衡。

(2) 检查相线接地。在三相三线制（星形接线）中，用试电笔分别触及三相时，试电笔氖灯在其中两相较亮，一相较暗，表明灯光暗的一相有接地现象。

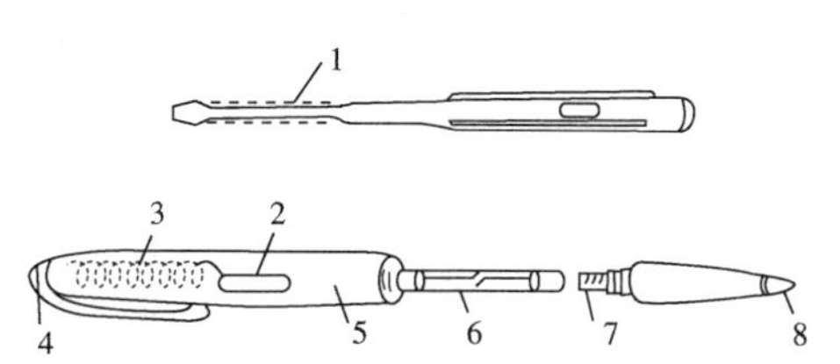

图 5-1 低压验电器（试电笔）
1—绝缘套管；2—小窗；3—弹簧；4—笔尾的金属体；5—笔身；6—氖管；7—安全电阻；8—笔尖的金属体

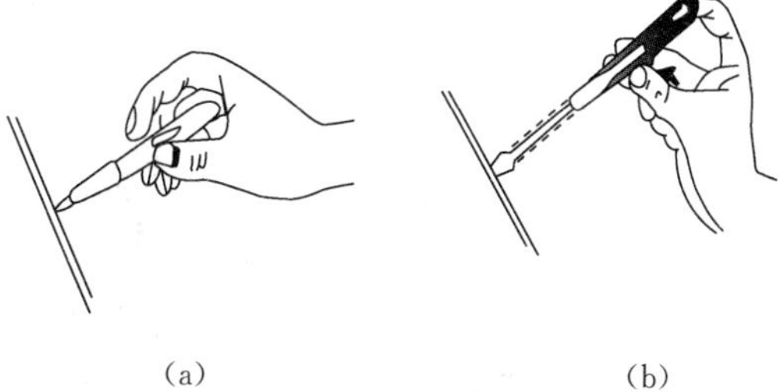

(a) (b)

图 5-2 低压验电器（试电笔）的正确使用方法

(3) 检查设备外壳漏电。当电气设备的外壳（如电动机、变压器）有漏电现象时，试电笔氖灯发亮。如果外壳原是接地的，氖灯发亮则表明接地保护断线或其他故障（接地良好，氖灯不亮）。

(4) 检查接触不良。当发现氖灯闪烁时，表明回路接头接触不良或松动，或是两个不同电气系统互相干扰。

(5) 区分直流、交流及直流电的正负极。试电笔通过交流时，氖灯的两个电极同时发亮。试电笔通过直流时，氖灯的两个电极只有一个发亮。这是因为交流正负极交变，而直流正负极不变造成的。把试电笔连接在直流电的正负极之间，氖灯亮的那端为负极。人站在地上，用试电笔触及正极或负极，氖灯不亮证明直流不接地，否则直流接地。

试电笔要定期试验，试验周期为 6 个月。

2. 高压验电器

高压验电器又称测电器、试电器或电压指示器，是检验电气设备、电器、导线上是否有电的一种专用安全用具。当每次断开电源进行检修时，必须先用它验明设备确实无电后，方可进行工作。

目前常用的高压验电器是电容型验电器。电容型验电器是通过检测流过验电器对地杂散电容中的电流，检验高压电气设备、线路是否带有运行电压的基本电气安全用具。

电容型验电器一般由接触电极、验电指示器、连接件、绝缘杆和护手环等组成。其结构如图 5-3 所示。

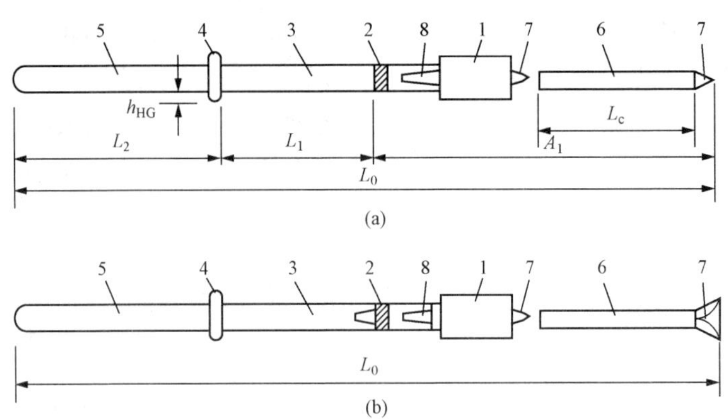

图 5-3 电容型验电器结构

(a) 包含绝缘杆的单件式验电器；(b) 可组装绝缘杆的分离式验电器

1—指示器（任何类型）；2—限度标志；3—绝缘杆；4—护手；5—手柄；6—接触电极延长段；7—接触电极；8—连接器

h_{HG}—护手的高度；L_2—手柄长度；L_1 绝缘杆的长度；L_c—接触电极延长段的长度；L_0—验电器的总长度；A_1—插入深度（长度）

验电器使用与保管时应注意如下事项：

（1）使用前根据被验设备的额定电压选用合适电压等级的合格高压验电器。验电操作顺序应按照验电“三步骤”进行，即在验电前必须进行自检。自检方法是用手指按动自检按钮，指示灯有间断闪光，同时发出间断报警声，说明该仪器正常，或将验电器在带电的设备上验电，以验证验电器是否良好；然后再在已停电的设备进出线两侧逐相验电；当验明无电后再用验电器在带电设备上复核一下，看其是否良好。

（2）验电时，应戴绝缘手套，验电器不要立即直接触及带电部分，应逐渐靠近带电部分，氖灯发亮为有电。

（3）验电时，验电器不应装设接地线，除非在木梯、木杆上验电，或不接地不能指示者，才可装接地线。

（4）避免跌落、挤压、强烈冲击、振动，不要用腐蚀性化学溶剂和洗涤剂等溶液擦洗。

（5）不要放在露天烈日下暴晒，验电器用后应存放于匣内，置于干燥处，避免积灰和受潮。

（6）高压验电器（指示器）有使用按钮和电池的，当按动自检开关时，如指示器强度弱（包括异常）应及时更换电池。

对高压验电器应每半年试验一次。

（二）绝缘棒

绝缘棒又称绝缘杆，也称绝缘拉杆、操作拉杆，是用于短时间对带电设备进行操作或测量的绝缘工具，如用来操作高压隔离开关和跌落式熔断器的分合、安装和拆除临时接地线、放电操作、处理带电体上的异物以及进行高压测量、试验、直接与带电体接触的各项作业和操作。

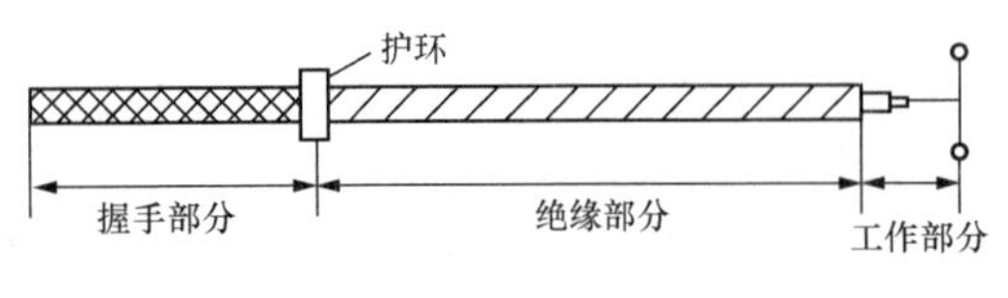

图 5-4 绝缘棒结构

绝缘棒的结构主要由工作部分、绝缘部分和握手部分构成，如图 5-4 所示。

工作部分一般由金属或具有较大机械强度的绝缘材料（如玻璃钢）制成，一般不宜过长，在满足工作需要的情况下，长度不应超过 50～80mm，以免操作时发生相间或接地短路。

绝缘部分和握手部分用浸过绝缘漆的木材、硬塑料或胶木制成的，两者之间由护环隔开。绝缘棒的绝缘部分需光洁、无裂纹或硬伤，其长度根据工作需要、电压等级和使用场所而定，如 110kV 以上电气设备使用的绝缘棒，其长度为 2～3m。

为了便于携带和保管，往往将绝缘棒分段制作，每段端头有金属螺钉，用以相互镶接，也可用其他方式连接，使用时将各段接上或拉开即可。绝缘棒每 3 个月检查一次。检查时要擦净表面，检查有无裂纹、机械损伤、绝缘层损坏。绝缘棒一般每年必须试验一次。

绝缘棒使用与保管应注意如下事项：

（1）使用绝缘杆前，应检查绝缘杆的堵头，如发现堵头破损，应禁止使用。

（2）雨雪天在户外用绝缘棒操作电气设备时，其绝缘部分应有防雨罩，罩的上口应与绝缘部分紧密结合，无渗漏现象，罩下部分的绝缘棒保持干燥。

（3）使用绝缘棒时，操作人员应戴绝缘手套、穿绝缘靴（鞋），人体应与带电设备保持足够的安全距离，并注意防止绝缘杆被人体或设备短接，以保持有效的绝缘长度。

（4）操作绝缘棒时，绝缘棒不得直接与墙或地面接触，以防碰伤其绝缘表面。

（5）绝缘棒应存放在干燥的地方，以防止受潮；一般应放在特制的架子上或垂直悬挂在专用挂架上，以防弯曲变形。

（三）绝缘夹钳

绝缘夹钳是用来安装和拆卸高压熔断器或执行其他类似工作的工具，主要用于 35kV 及以下电力系统。

绝缘夹钳由工作钳口、绝缘部分和握手部分等组成，如图 5-5 所示。各部分都用绝缘材料制成，所用材料与绝缘棒相同，只是它的工作部分是一个坚固的夹钳，并有一个或两个管形的开口，用以夹紧熔断器。

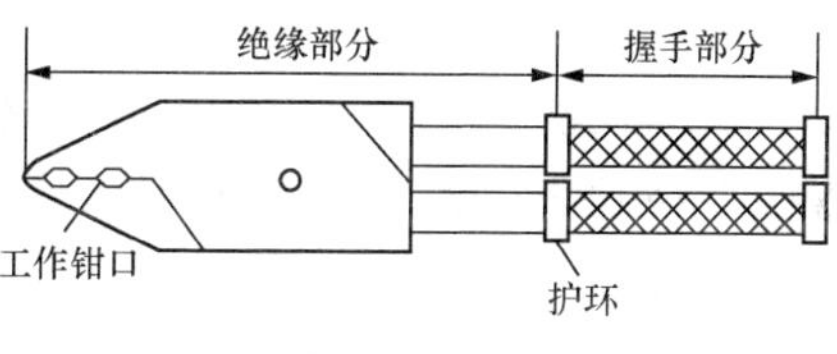

图 5-5 绝缘夹钳

绝缘夹钳使用及保存应注意如下事项：

（1）不允许使用绝缘夹钳装接地线。

（2）在潮湿天气只能使用专用的防雨绝缘夹钳。

（3）绝缘夹钳应保存在特制的箱子内，以防受潮。

（4）绝缘夹钳应定期进行试验，试验周期为一年。

（四）绝缘隔板

绝缘隔板由绝缘材料制成，是用于隔离带电部件、限制工作人员活动范围的基本电气安全用具。一般绝缘隔板用胶木板、环氧树脂板等绝缘材料制成。其外形多种多样，可根据其不同的用途和要求制成不同的形状。绝缘隔板一般用在部分停电工作中，当施工人员与 35kV 及以下线路的距离不能满足安全距离时，用能承受该电压等级的绝缘隔板将 35kV 及以下线路临时隔离起来。绝缘隔板可用来防止停电开关的误操作。当开关拉开后，可在动触头和静触头之间用绝缘隔板将其隔开，使得在发生误操作时也合不上开关，从而保证人身安全。在一个供电回路停电检修，做交流耐压试验，在电源断开点的两侧有可能产生电弧时，也可用绝缘隔板来加强绝缘，防止因试验电压产生对带电部分的闪络而发生的事故。绝缘隔板应满足绝缘工具的耐压试验要求。

（五）绝缘罩

绝缘罩由绝缘材料制成，是用于遮蔽带电导体或非带电导体的基本电气安全用具。

在检修高压开关柜时，为防止隔离开关拉杆自动脱落或误合而造成事故，以往大都采用绝缘板。但实践证明，由于绝缘隔板容易滑落和吸潮，放置困难、笨重，安全可靠性能尚难满足要求。后来绝缘罩逐渐代替绝缘板，成为理想的安全隔离工具。绝缘罩采用硅橡胶、PE、PVC等高分子树脂材料，一次热压成型。检修时，用专用的操作棒将绝缘罩套放在隔离开关的动触头上即可，有倒送电可能的，也应考虑在出线侧隔离开关装用绝缘罩。装绝缘罩要在挂地线之前；拆绝缘罩要在拆地线之后。隔离开关加绝缘罩在某种程度上比挂接地线更加安全可靠，挂接地线并不能减少事故，只能减小事故的伤害程度而已，唯有加装此罩，才能彻底杜绝事故。主进线侧隔离开关如图5-6所示。

图5-6 主进线侧隔离开关加绝缘罩

（六）携带型短路接地线和个人保安接地线

1. 携带型短路接地线

携带型短路接地线是用于防止设备、线路突然来电，消除感应电压，放尽剩余电荷的临时接地装置。

如图5-7所示，携带型接地线由以下几部分组成：

(1) 专用夹头（线夹）。专用夹头（线夹）包括连接接地线到接地装置的线夹、连接短路线到接地线部分的线夹和短路线连接到母线的线夹。

(2) 多股软铜线。其中相同的三根短的软铜线是接向三根相线用的，它们的另一端短接在一起；一根长的软铜线是接向接地装置端的。在短路电流通过时，铜线不会因产生高热而熔断，且应保持足够的机械强度，故该铜线截面不得小于25mm^2。铜线截面的选择应视该接地线所处的电力系统而定。电力系统比较大的，短路容量也大，这时应选择较大截面的短路铜线。

接地线装拆顺序的正确与否很重要。装设接地线必须先接接地端，后接导体端，且必须接触良好；拆接地线的顺序与此相反。

接地线的使用和保管应注意的事项：

(1) 使用时，接地线的专用夹头（线夹）装上后接触应良好，并有足够的夹持力，以防短路电流幅值较大时，由于接触不良而熔断或因电动力的作用而脱落。

(2) 应检查接地线和三根短线的连接是否牢固，一般应用螺丝拴紧后，再加焊锡焊牢，以防因接触不良而熔断。

(3) 装设接地线必须由两人进行，装、拆接地线均应使用绝缘棒和戴绝缘手套。

(4) 接地线在每次装设以前应经过详细检查，损坏的接地线应及时修理或更换，禁止使用不符合规定的导线作接地线使用。

(5) 接地线必须使用专用线夹固定在导线上，严禁用缠绕的

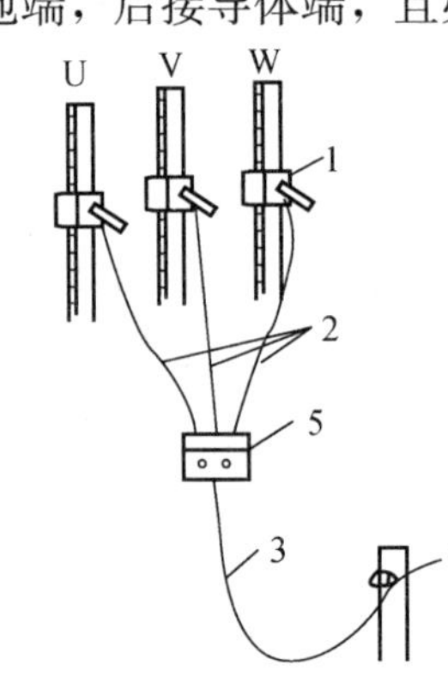

图5-7 携带型接地线

1、4、5—专用夹头（线夹）；2—三相短路；3—接地线

方法进行接地或短路。

(6) 每组接地线均应编号，并存放在固定的地点，存放位置亦应编号。接地线的编号与存放位置编号必须一致，以免在较复杂的系统中进行部分停电检修时，发生误拆或忘拆接地线而造成事故。

(7) 接地线和工作设备之间不允许连接隔离开关或熔断器，以防它们断开时，设备失去接地，使检修人员发生触电事故。

2. 个人保安接地线

个人保安接地线（俗称“小地线”）用于防止感应电压危害的个人用接地装置。

个人保安接地线仅作为预防感应电使用，不得以此代替工作接地线。只有在工作接地线挂好后，方可在工作相上挂个人保安接地线。

个人保安接地线由工作人员自行携带。凡在 110kV 及以上同杆塔并架或相邻的平行有感应电的线路上停电工作时，应在工作相上使用个人保安接地线，并不准采用搭连虚接的方法接地。工作结束时，工作人员应拆除所挂的个人保安接地线。

(七) 核相器

核相器是用于鉴别待连接设备、电气回路是否相位相同的装置，主要用于额定电压相同的两个系统核相定相，以确定两个系统可否并列运行。

核相器由长度和内部结构基本相同的两根测量杆配以带切换开关的检流计组成。

核相器每六个月应进行一次电气试验。

核相器使用及保管的注意事项：

(1) 使用核相器前，应检查核相器的工作电压与被测设备的额定电压是否相符，是否超过试验有效期。

(2) 使用核相器前，应检查核相器的测量杆绝缘是否完好。

(3) 使用核相器时，应戴绝缘手套。

(4) 户外使用核相器时，须在天气良好时进行。

(5) 核相器应存放在干燥的柜内。

二、辅助电气安全用具

辅助电气安全用具包括绝缘手套、绝缘靴（鞋）、绝缘垫、绝缘毯和绝缘站台等。

(一) 绝缘手套和绝缘靴（鞋）

在操作高压隔离开关、高压熔断器或装拆携带型接地线时，除了使用绝缘棒或绝缘夹钳外，还需要使用绝缘手套和绝缘靴（鞋），如图 5-8 所示。

(a)　　(b)

图 5-8 绝缘手套和绝缘靴（鞋）

(a) 绝缘手套；(b) 绝缘靴（鞋）

绝缘手套和绝缘靴（鞋）由特种橡胶制成。在低压带电设备上工作时，绝缘手套可作为基本电气安全用具使用。在任何电压等级的电气设备上工作时，绝缘靴（鞋）作为与地保持绝缘的辅助电气安全用具。当系统发生接地故障出现接触电压或跨步电压时，绝缘手套起到一定的防护作用。而绝缘靴（鞋）在任何电压等级下可作为防护跨步电压的基本电气安全用具。

绝缘手套长度应超过手腕 10cm 以上。绝缘手套、绝缘靴（鞋）不得作其他用途。同时，普通的、医疗的和化学用的手套和胶靴不能代替绝缘手套和绝缘靴（鞋）使用。

绝缘手套和绝缘靴（鞋）的使用和保管的注意事项：

（1）使用前应进行外部检查有无磨损、破漏、划痕等损伤，绝缘手套还可用吹气卷筒法检查是否有砂眼漏气，有损伤及砂眼漏气的禁止使用。使用绝缘手套时，最好先戴上一双棉纱手套，夏天可吸汗，冬天可以保暖；若出现橡胶被弧光熔化，棉纱手套还可防止灼烫手指。

（2）绝缘手套和绝缘靴（鞋）应定期进行试验，试验按高压试验规程进行，试验合格应有明显标志并注明试验日期。

（3）使用后应擦净、晾干，在绝缘手套上还应洒一些滑石粉，以免粘连。绝缘手套和绝缘靴（鞋）应存放在通风阴凉的专用柜子里，温度保持在 5～20℃，湿度在 50％～70％时最为合适。

（4）不合格的绝缘手套和绝缘靴（鞋）不应与合格的混放在一起，以避免错拿使用。

（二）绝缘垫和绝缘毯

绝缘垫和绝缘毯由特种橡胶制成，表面有防滑槽纹。绝缘垫及试验接线如图 5-9 所示。

绝缘垫一般用来铺在配电装置室的地面上，用以提高操作人员对地的绝缘程度，防止接触电压和跨步电压对人体的伤害。在低压配电室地面铺上绝缘垫，工作人员站在上面可不使用绝缘手套和绝缘靴。在发电机、电动机滑环处和励磁机的整流子处铺上绝缘垫，在维护时可不必穿绝缘靴。

绝缘毯一般铺设在高、低压开关柜前，用作固定的辅助电气安全用具。

绝缘毯使用及保管注意事项：

（1）在使用过程中，应保持绝缘垫干燥、清洁，注意防止与酸、碱及各种油类物质接触，以免受腐蚀后老化、龟裂或变黏，降低其绝缘性能。

（2）绝缘垫应避免阳光直射或锐利金属划刺，存放时应避免与热源（暖气等）距离太近，以防止急剧老化变质，绝缘性能下降。

（3）使用过程中要经常检查绝缘垫有无裂纹、划痕等，发现有问题的要禁用并及时更换。

（三）绝缘站台

绝缘站台如图 5-10 所示。台面用直木纹、无节疤的干燥木条或木板制成，用以代替绝缘垫或绝缘靴。用木条制成的绝缘站台，木条间距不大于 2.5cm，以免靴跟陷入。台面尺寸最小不小于 0.8m×1.5m，最大不宜超过 1.5m×1.5m。台面边缘不得超出绝缘子以外，以防止绝缘站台倾倒而摔伤作业人员，绝缘子高度不小于 10cm。

绝缘站台使用及保管注意事项：

（1）绝缘站台多用于变电站和配电室内，如用于户外，应将其置于坚硬的地面，不应放在松软的地面或泥草中，以避免台脚陷入泥土中造成站台面触及地面而降低绝缘性能。

（2）绝缘站台的台脚绝缘子应无裂纹、破损，木质台面要保持干燥清洁。

（3）绝缘站台使用后应妥善保管，不得随意登、踩或作板凳用。

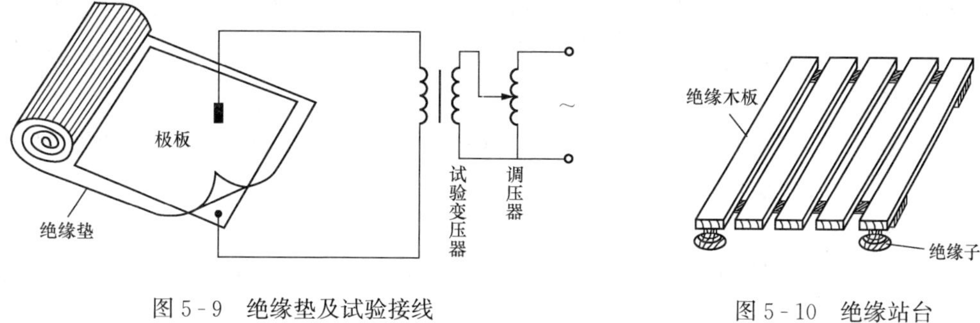

图 5-9　绝缘垫及试验接线　　图 5-10　绝缘站台

绝缘站台每 3 年做一次试验，试验电压为 40kV，时间为 2min。

第二节　一般防护安全用具

为了保证电力工作人员的安全和健康，除上述基本和辅助电气安全用具之外，还可使用一般防护安全用具，如安全带、安全帽、脚扣、梯子、安全绳、防静电服（静电感应防护服）、防电弧服、安全自锁器、速差自控器、防护眼镜、过滤式防毒面具、正压式消防空气呼吸器、SF_6 气体检漏仪、氧量测试仪、遮栏、标示牌、安全牌等。通过一般防护安全用具的形象化介绍，掌握其正确使用与管理要求。

一般防护安全用具主要用于防止停电检修的设备突然来电而发生触电事故，或防止工作人员走错间隔、误登带电设备、电弧灼伤和高空跌落等事故的发生。这种安全用具虽不具备绝缘性能，但对保证电气工作的安全是必不可少的。

一、安全带

安全带是高空作业人员预防坠落伤亡的防护用品。

1. 安全带结构

安全带是由带子、绳子和金属配件组成的。根据作业性质的不同，其结构形式也有所不同。

目前安全带和绳多以锦纶为主要材料。电工围杆带可用黄牛革制作，金属配件用普通碳素钢或铝合金钢制作。安全带的腰带和保险带、绳应有足够的机械强度，材质应有耐磨性，卡环（钩）应具有保险装置。保险带、绳使用长度在 3m 以上的应加缓冲器。安全带的试验周期为半年。

2. 安全带使用与保管

（1）安全带使用前，必须作如下外观检查：①组件完整、无短缺、无伤残破损；②绳索、编带无脆裂、断股或扭结；③金属配件无裂纹、焊接无缺陷、无严重锈蚀；④挂钩的钩舌咬口平整不错位，保险装置完整可靠；⑤铆钉无明显偏位，表面平整。如发现不合格者，应禁止使用。平时不用时也应一个月对安全带作一次外观检查。

（2）安全带应系在牢固的物体上，禁止系挂在移动或不牢固的物体上，不得系在棱角锋利处。安全带要高挂或平行拴挂，严禁低挂高用。在杆塔上工作时，应将安全带后备保护绳系在安全牢固的构件上（带电作业视具体任务决定是否系后备安全绳），不得失去后备保护。

（3）安全带使用和存放时，应避免接触高温、明火和酸类物质，以及有锐角的坚硬物体和化学药物。

（4）安全带可放入低温水中，用肥皂轻轻擦洗，再用清水漂干净，然后晾干，不允许浸入热水中，以及在日光下曝晒或用火烤。

（5）安全带上的各种部件不得任意拆掉，更换新绳时要注意加强套；带子使用期为 3～5 年，发现异常应提前报废。

二、安全帽

安全帽是用来保护使用者头部或减缓外来物体冲击伤害的个人防护用品。

1. 安全帽的保护原理

安全帽对头颈部的保护基于两个原理：

（1）使冲击载荷传递分布在头盖骨的整个面积上，避免打击一点。

（2）头与帽顶空间位置构成一能量吸收系统，可起到缓冲作用，因此可减轻或避免伤害。

2. 安全帽的使用

（1）使用安全帽前应进行外观检查，检查安全帽的帽壳、帽箍、顶衬、下颚带、后扣（或帽箍扣）等组件，应完好无损，帽壳与顶衬缓冲空间在 25～50mm。

（2）安全帽戴好后，应将后扣拧到合适位置（或将帽箍扣调整到合适的位置），锁好下颚带，防止工作中前倾后仰或其他原因造成滑落。

安全帽的使用期限视使用状况而定，若使用、保管良好，可使用 5 年以上。

3. 电报警安全帽

该产品是在普通安全帽的基础上加装了近电报警器，增加了近电报警功能，不影响安全帽的基本功能。当工作人员接近带电体安全距离时，安全帽内近电报警器即自动鸣响报警，警告工作人员此处有电。安全帽报警器灵敏度高，抗干扰能力强，性能可靠。

每次使用电报警安全帽前，选择灵敏开关的高挡或低挡，然后按一下安全帽的自检开关，若能发出音响信号，即可使用。头戴或手持电报警安全帽检修架空电力线路和用电设备时，在报警距离范围内，若发出报警声音，表明带电。

使用高压接近电报警安全帽检查其音响部分是否良好，不得作为是否带电的依据。

三、脚扣

脚扣是攀登电杆的主要工具。

脚扣是用钢或合金铝材料制作的近似半圆形、带皮带扣环和脚蹬板的轻便登杆用具。脚扣有木杆用和水泥杆用两种形式。木杆用脚扣的半圆环和根部均有突起的小齿，以便登杆时刺入杆中起防滑作用；水泥杆用脚扣的半圆环和根部装有橡胶套或橡胶垫来防滑。脚扣有大小号之分，以适应电杆杆径粗细不同的需要。脚扣使用较方便，攀登速度快、易学会，但易于疲劳，适于短时间作业。

脚扣使用注意事项：

（1）脚扣使用前应进行如下外观检查：①金属母材及焊缝无任何裂纹及可目测到的变形；②橡胶防滑块（套）完好，无破损；③皮带完好，无霉变、裂缝或严重变形；④小爪连接牢固，活动灵活。在不用时，也应每月对脚扣进行一次外表检查。

（2）正式登杆前在杆根处用力试登，判断脚扣是否有变形和损伤。

（3）登杆前应将脚扣登板的皮带系牢，登杆过程中应根据杆径粗细随时调整脚扣尺寸。

（4）特殊天气使用脚扣时，应采取防滑措施。

（5）严禁从高处往下扔摔脚扣。

脚扣虽是攀登电杆的防护安全用具，但应经过较长时间的练习、熟练地掌握后，才能起到防护作用，若使用不当，也会发生人身伤亡事故。脚扣应半年试验一次。

四、梯子

梯子是工作现场常用的登高工具，分为直梯和人字梯两种，直梯和人字梯又分为可伸缩型和固定长度型；按使用材料又分绝缘材料梯和金属梯。在变电站高压设备区或高压室内应使用绝缘材料梯，禁止使用金属梯。搬动梯子时，应放倒两人搬运，并与带电部分保持安全距离。

登梯作业注意事项：

（1）梯子应能承受工作人员携带工具攀登时的总重量。

（2）梯子不得接长或垫高使用。如需接长时，应用铁卡子或绳索切实卡住或绑牢并加设支撑。

（3）梯子应放置稳固，梯脚要有防滑装置；使用前，应先进行试登，确认可靠后方可使用。有人员在梯子上工作时，梯子应有人扶持和监护。

（4）梯子与地面的夹角应为65°左右，工作人员必须在距梯顶不少于2挡的梯蹬上工作。

（5）人字梯应具有坚固的铰链和限制开度的拉链。

（6）靠在管子上、导线上使用梯子时，其上端需用挂钩挂住或用绳索绑牢。

（7）在通道上使用梯子时，应设监护人或设置临时围栏。梯子不准放在门前使用，必要时应采取防止门突然被开启的措施。

（8）严禁人在梯子上时移动梯子，严禁上下抛递工具、材料。

梯子应每半年试验一次。此外，每个月要对梯子外表进行检查一次，看是否有断裂、腐蚀现象。

五、安全绳

安全绳是高空作业时必须具备的人身安全防护用品，通常与护腰式安全带配合使用。

安全绳是用锦纶丝捻制而成的，具有质量小、柔性好、强度高等优点，目前广泛应用于送电线路等高处作业中。目前常用的安全绳有2、3m和5m三种。

安全绳的使用与保管：

（1）每次使用前必须进行外观检查，凡连接铁件有裂纹或变形、锁扣失灵、锦纶绳断股者，都不得使用。

（2）安全绳必须按规程进行定期静荷重试验，并做好合格标志。

（3）安全绳应高挂低用。如果高处无绑扎点，可挂在等高处，不得低挂高用（即安全绳的绑扎点低于作业点）。

（4）绑扎安全绳的有效长度，应根据工作性质而定，一般为3～4m。如果在2.0m处的高空作业，绑扎安全绳的有效长度应小于对地高度，以便起到人身保护作用。如果在500kV线路上作业，因绝缘子串很长，可将安全绳接长使用。

（5）安全绳用完应放置好，切忌接触高温、明火和酸类物质，以及有锐角的坚硬物等。

安全绳的试验周期为半年。

六、防静电服

防静电服的全称为静电感应防护服，是用于在有静电的场所降低人体电位，避免服装上带高电位引起的其他危害的特种服装。

防静电服是10～500kV带电作业时的必备服装，具有优良可靠的电气性能和阻燃性能，各项指标均符合GB/T 6568—2008《带电作业用屏蔽服装》规定的指标。当作业人员穿着该服装后，能有效地保护人体免受高压电场及电磁波的影响。

七、防电弧服

防电弧服是一种用绝缘和防护的隔层制成的保护穿着者身体的防护服装，用于减轻或避免电弧发生时散发出的大量热能辐射和飞溅融化物的伤害。

八、安全自锁器、速差自控器、防护眼镜

1. 安全自锁器

安全自锁器能在限定距离内快速制动锁定坠落人，特别适合于攀登作业。当发生坠落时安全绳拉出距离不超过0.2m，冲击力小于2949N。控制系统采用经过特殊处理的特种钢，质轻、耐磨、耐腐蚀、抗冲击；外壳采用铝合金，质轻、不老化；安全绳材质为航空钢丝绳，悬挂绳，可与任何有挂点的安全带配套使用。

2. 速差自控器

速差自控器是一种装有一定长度绳索的器件，作业时可不受限制地拉出绳索。坠落时，因速度的变化可将拉出绳索的长度锁定。

3. 防护眼镜

防护眼镜是在维护电气设备和进行检修工作时，保护工作人员眼镜不受电弧灼伤以及防止异物落入眼内的防护用具。

九、过滤式防毒面具、正压式消防空气呼吸器

1. 过滤式防毒面具

过滤式防毒面具（简称防毒面具），是用于有氧环境中使用的呼吸器。

（1）使用防毒面具时，空气中氧气浓度不得低于18%，温度为－30～45℃，不能用于槽、罐等密闭容器环境。

（2）使用者应根据其面型尺寸选配适宜的面罩号码。

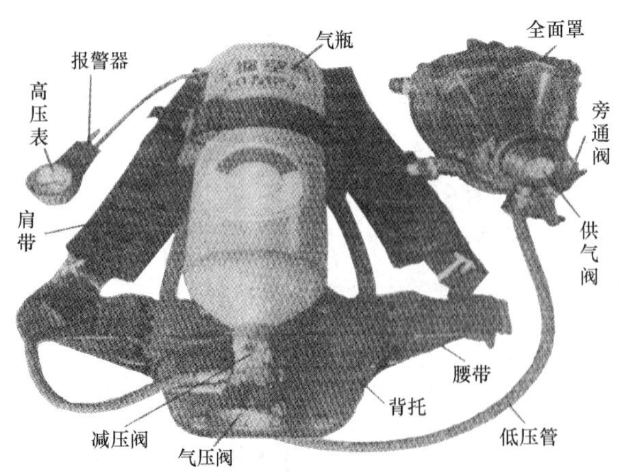

图5-11 空气呼吸器

（3）使用前应检查面具的完整性和气密性，面罩密合框应与佩戴者颜面密合，无明显压痛感。

（4）使用中应注意有无泄漏，滤毒罐是否失效。

（5）防毒面具的过滤剂有一定的使用时间，一般为30～100min。过滤剂失去过滤作用（面具内有特殊气味）时，应及时更换。

2. 正压式消防空气呼吸器

正压式消防空气呼吸器（简称空气呼吸器），是用于无氧环境中的呼吸器，如图5-11所示。该空气呼吸器配有视野广

阔、明亮、气密良好的全面罩，供气装置配有体积较小、质量轻、性能稳定的新型供气阀；选用高强度背板和安全系数较高的优质高压气瓶；减压阀装置装有残气报警器，在规定气瓶压力范围内，可向佩戴者发生声响信号，提醒使用人员及时撤离现场。抢险救护人员使用它能够在充满浓烟、毒气、蒸气或缺氧的恶劣环境下安全地进行灭火、抢险救灾和救护工作。

空气呼吸器使用注意事项：

（1）使用时应根据其面型尺寸选配适宜的面罩号码。

（2）使用前应检查面罩的完整性和气密性，面罩密合框应与人体面部密合良好，无明显压痛感。

（3）使用中应注意有无泄漏。

十、SF_6 气体检漏仪、氧量测试仪

1. SF_6 气体检漏仪

SF_6 气体检漏仪主要用来检测环境空气中 SF_6 气体含量和氧气含量，当环境中 SF_6 气体含量超标或缺氧，能实时进行报警。它采用了微量 SF_6 气体检测技术，能检测到 1000ppm 浓度的 SF_6 气体，不仅可以达到保障人身安全的目的，而且还能确保设备正常运行。

2. 氧量分析仪

氧量分析仪是对空气、氮气、氢气、氩气等气体中的氧气浓度连续监测的仪器。它采用进口高性能电化学式气体传感器和微处理机技术，具有数字显示、上下限报警、标准信号输出及继电器触点报警输出等功能。

十一、遮栏

高压电气设备部分停电检修时，为防止检修人员走错位置，误入带电间隔及过分接近带电部分，一般采用遮栏进行防护。此外，遮栏也用作检修安全距离不够时的安全隔离装置。

遮栏分为栅遮栏、绝缘挡板和绝缘罩三种。如图 5-12 所示，遮栏用干燥的绝缘材料制成，不能用金属材料制作，遮栏高度不得低于 1.7m，下部绝缘离地不应超过 10cm。

遮栏必须安置牢固，并悬挂“止步，高压危险！”的标示牌。遮栏所在位置不能影响工作，与带电设备的距离不小于规定的安全距离。

图 5-12 遮栏

在室外进行高压电气设备部分停电工作时，可用线网或绳子拉成临时遮栏，一般可在停电设备的周围插上铁棍，将线网或绳子挂在铁棍或特设的架子上。这种遮栏要求对地距离不小于 1m。

十二、标示牌

标示牌的用途是警告工作人员，不得接近设备和线路的带电部分，提醒工作人中在工作地点采取安全措施，以及表明禁止向某设备合闸送电等。标示牌的悬挂和拆除，应按调度员的命令执行。

标示牌按用途可分为禁止类、允许类和警告类三种，如图 5-13 所示。

1. 禁止类标示牌

禁止类标示牌悬挂在已停电的断路器和隔离开关的操作把手上，防止运行人员误合断路

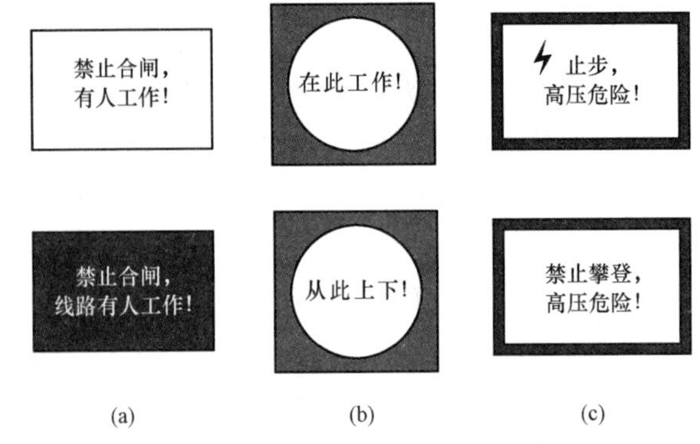

图 5-13　标示牌
(a) 禁止类；(b) 允许类；(c) 警告类

器和隔离开关，将电送到有人工作的设备和线路上。“禁止合闸，有人工作！”标示牌为白底红字，用来悬挂在施工设备的断路器和隔离开关操作把手上；“禁止合闸，线路有人工作！”标示牌为红底白字，用来悬挂在线路的断路器和隔离开关把手上。

这类标示牌为长方形，尺寸有 200mm×100mm 和 80mm×50mm 两种。大的悬挂在隔离开关操作把手上，小的悬挂在断路器的操作把手上。

2. 允许类标示牌

允许类标示牌有两种。“在此工作”标示牌用来悬挂在工作地点或施工设备上。“从此上下”标示牌悬挂在允许工作人员上下用的铁架或梯子上。此类标示牌的规格均为 250mm×250mm，在绿色的底板中间为一个直径为 210mm 的白色圆圈，文字用黑色标出。

3. 警告类标示牌

警告类标示牌用来提醒工作人员注意有高压危险的地方。“止步，高压危险！”标示牌用来悬挂在施工地点附近带电设备的遮栏上、室外工作地点的围栏上、禁止通行的过道上、高压试验地点以及室内构架和工作地点临近带电设备的栋梁上。“禁止攀登，高压危险！”标示牌用来挂在与工作人员上下铁架临近可能上下的另外铁架上（以防工作人员走错位置）和挂在运行中变压器的梯子上。这类标示牌的规格均为 250mm × 200mm，白底红边，文字为黑色。

十三、安全牌

安全牌是由安全色、几何图形和简易图形构成的告示牌。在生产现场设置了多种安全牌，用以提醒工作人员对危险或不安全因素的注意，预防意外事故的发生。

安全牌有多种类型，电气部分常用的安全牌主要分为三类，即禁止类、指令类和警告类，如图 5-14 所示。

禁止开动　禁止通行　禁止烟火

(a)

当心触电　注意头上吊装　注意下落物　注意安全

(b)

必须戴安全帽　必须戴绝缘手套　必须戴防护眼镜

(c)

图 5-14　电气部分安全牌
(a) 禁止类；(b) 指令类；(c) 警告类

案例

不戴安全帽人字梯上摔下死亡

一、事故经过

2000年8月3日上午，某贸易公司进行室内装饰。装饰临时工李某对二楼平顶架板面的一只照明灯座进行移位，未戴安全帽，使用人字形梯子登高，因操作不慎坠落地面。当时李某起身并自认为没有受到伤害，便自己走上三楼洗脸后上床休息，中午11时30分，大家见他正在入睡，并有呼噜声，就没有叫醒他。但是，到下午3时再次去观望他时，任大家呼其名，也未见反应，这才拨打120救护中心，送医院抢救，最终抢救无效死亡。

二、事故分析

李某本人违章操作，自认为室内高度不高，未采取任何防护措施，就登上梯子作业，不慎从人字形梯上坠落，造成事故。

作业现场未设看护人，认为平顶架板面上的照明灯座移位工作简单，忽视安全生产，也违反了禁止一人爬高作业的安全制度。

现场安全检查监督不力，李某登高作业未戴安全帽，没有及时制止，摔下后又未及时去医院诊断救治，造成死亡事故。

思考题

1. 电容型验电器、绝缘杆的使用与保管的注意事项有哪些？

2. 接地线时应该注意些什么？

3. 核相器、绝缘挡板和绝缘罩的作用是什么？

4. 安全带、安全帽、脚扣、梯子、安全绳、过滤式防毒面具、正压式消防空气呼吸器如何正确使用？

5. 防静电服（静电感应防护服）、防电弧服、安全自锁器、速差自控器、防护眼镜、SF_6气体检漏仪、氧量测试仪的作用是什么？

6. 标示牌和遮栏的作用是什么？

第六章

电气工作安全措施

电气工作包括电气安装、检修、维护以及电气系统的运行操作等。为保证工作的安全，必须遵循相关的安全规程和安全规定。本章介绍保证电气工作安全的组织措施和技术措施，电气倒闸操作的安全技术以及变电站安全运行的管理规定。

第一节　电气工作安全组织措施

电气工作安全组织措施是指在进行电气作业时，将与检修、试验、运行有关的部门组织起来，加强联系、密切配合，在统一指挥下，共同保证电气作业安全的规定或制度。

在电气设备上工作，保证电气作业安全的组织措施为：

（1）工作票制度。

（2）工作许可制度。

（3）工作监护制度。

（4）工作间断、转移和终结制度。

目前，有的企业在线路施工中，除完成上述国家规定的组织措施外，还增加了现场勘察制度。

一、工作票制度

工作票是指将需要检修、试验的设备、工作内容、工作人员、安全措施等填写在具有固定格式的书面上，作为进行工作的书面联系。这种印有电气工作固定格式的书页称为工作票。所谓工作票制度，是指在电气设备上进行任何电气作业，都必须填写工作票，并依据工作票布置安全措施和办理开工、终结手续，这种制度称为工作票制度。

1. 执行工作票制度的方式

执行工作票有两种方式：

（1）填写工作票（第一种工作票或第二种工作票）。

（2）执行口头或电话命令。

2. 工作票的作用

工作票是准许在电气设备或线路上工作的书面命令，也是明确安全职责，向工作人员进行安全交底，履行工作许可手续和工作间断、转移、终结手续，实施安全技术措施的书面依据。因此，在电气设备或线路上工作时，应根据工作性质和工作范围的不同，认真填写和使用工作票。

3. 工作票的种类及适用范围

（1）工作票的种类。工作票有第一种工作票和第二种工作票两种。第一种工作票和第二种工作票的格式及内容见附录 A 和附录 B。

（2）工作票的使用范围。第一种工作票的使用范围如下：

1）在高压电气设备（包括线路）上工作时，需要全部停电或部分停电。

2）在高压室内的二次接线和照明回路上工作时，需要将高压设备停电或做安全措施。

第二种工作票的使用范围如下：

1）带电作业和在带电设备外壳（包括线路）上工作。

2）在控制盘、低压配电盘、低压配电箱、低压电源干线（包括运行中的配电变压器台上或配电变压器室内）上工作。

3）在二次接线回路上工作，无需将高压设备停电。

4）在转动中的发电机、同期调相机的励磁回路或高压电动机转子电阻回路上工作。

5）非当班、值班人员用绝缘棒和电压互感器定相或用钳形电流表测量高压回路的电流。

对于无需填用工作票的工作，可以通过口头或电话命令的形式向有关人员进行布置和联系。如注油、取油样、测量接地电阻、悬挂警告牌、电气值班员按现场规程规定所进行的工作、电气检修人员在低压电动机和照明回路上工作等均可根据口头或电话命令执行。对于根据口头或电话命令的工作，若没有得到有关人员的命令，也没有向当班、值班人员联系，擅自进行工作，是违反《国家电网公司电力安全工作规程（变电部分）》的。

口头或电话命令必须清楚正确，值班人员应将发令人、负责人及工作任务详细记入操作记录簿中，并向发令人复诵核对一遍；对重要的口头或电话命令，双方应进行录音。

4. 工作票的正确填写与签发

（1）工作票的正确填写。工作票由签发人填写，也可以由工作负责人填写。工作票要使用钢笔或圆珠笔填写，一式两份，填写应正确清楚，不得任意涂改，如有个别错、漏字需要修改时，允许在错、漏字处将两份工作票作同样修改，字迹应清楚，否则，会使工作票内容混乱模糊，失去严肃性并可能引起不应有的事故。填写工作票时，应查阅电气一次系统图了解系统的运行方式，对照系统图填写工作地点及工作内容、安全措施和注意事项。

一张工作票只能填写一个工作任务，但下列情况可以只填写一张工作票：

1）工作票上所列的工作地点，以一个电气连接部分为限的可填写一张工作票。所谓一个电气连接部分，是指配电装置中的一个电气单元，它通过隔离开关与其他电气部分截然分开。该部分无论引伸到变电站的其他什么地方，均为一个电气连接部分。一个电气连接部分由连接在同一电气回路中的多个电气元件组成，是连接在同一电气回路中所有设备的总称。

2）若一个电气连接部分或一个配电装置全部停电，则所有不同地点的工作，可以填写一张工作票，但要详细填明主要工作内容。几个班同时进行工作时，在工作票工作负责人栏内填写总负责人的名字，在工作班成员栏内只填写各班的负责人，不必填写全部工作人员的名单。

3）若检修设备属于同一电压、位于同一楼层、同时停送电，且工作人员不会触及带电导体时，则允许在几个电气连接部分共用一张工作票。开工前应将工作票内的全部安全措施一次做完。

4）如果一台主变压器停电检修，其各侧断路器也一起检修，能同时停送电，虽然其不属于同一电压，为简化安全措施，也可共用一张工作票。开工前应将工作票内的全部安全措施一次做完。

5）在几个电气连接部分上依次进行不停电的同一类型工作（如对各设备依次进行仪表

校验），可填写一张第二种工作票。

6）对于电力线路上的工作，一条线路或同杆架设且同时停送电的几条线路可填写一张第一种工作票；对同一电压等级、同类型的工作，可在数条线路上共用一张第二种工作票。

当设备在运行中发生故障或严重缺陷需要进行紧急事故抢修时，可不使用工作票，但应同样认真履行许可手续和做好安全措施；设备若转入正常事故检修，则仍应按要求填写工作票。

（2）工作票的签发。工作票应由工作票签发人签发。工作票签发人应由车间、工区（变电站）中熟悉人员技术水平、熟悉设备情况、熟悉《国家电网公司电力安全工作规程（变电部分）》的生产领导人或技术人员或经主管生产领导批准的人员担任。工作票签发人员名单应书面公布。工作负责人和工作许可人（值班员）应由车间或工区主管生产的领导书面批准。

工作票的签发应遵守的规定：

1）工作票签发人不得兼任所签发工作票的工作负责人。

2）工作许可人不得签发工作票。

3）整台机组检修的工作票必须由车间主任、检修副主任或专责工程师（技术员）签发。

4）外单位在本单位生产设备系统上工作的由管理该设备的生产部门签发。

5．工作票的使用

（1）工作票的收存。经签发人签发的一式两份的工作票，一份必须经常保存在工作地点，由工作负责人收执，以作为进行工作的依据；另一份由运行值班人员收执，按班移交。在无人值班变电站的设备上工作时，第二份工作票由工作许可人收执。

第一种工作票应在工作的前一天交给值班员。若变电站距工区较远或因故更换新工作票，不能在工作前一天将工作票送到，工作票签发人可根据自己填写好的工作票用电话全文传达给变电站值班员，传达必须清楚，值班员应根据传达做好记录，并复诵核对；若电话联系有困难，也可在进行工作的当天预先将工作票交给值班员；临时工作可在工作开始前直接交给值班员。第二种工作票应在进行工作的当天预先交给值班员。

（2）两种工作票的有效时间。两种工作票的有效时间以批准的检修期为限。第一种工作票至预定时间，工作尚未完成，应由工作负责人办理延期手续（延期一次）。延期手续应由工作负责人向值班负责人申请办理，主要设备检修延期要通过值长办理。第二种工作票不办理延期手续，到期尚未完成工作应重新办理工作票。工作票有破损不能继续使用时，应按原票补填签发新的工作票。

（3）工作班中成员变更。需要变更工作班中的成员时，需经工作负责人同意。需要变更工作负责人时，应由工作票签发人将变动情况记录在工作票上。若扩大工作任务，必须由工作负责人通过工作许可人，并在工作票上增添工作项目。若需变更或增设安全措施者，必须填用新的工作票，并重新履行工作许可手续。

工作班的工作负责人在同一时间内只能接受一项工作任务、接受一张工作票。其目的是工作负责人在同一时间内只接受一个工作任务，避免造成接受多个工作任务使工作负责人将工作任务、地点、时间弄混乱而引起事故。

几个工作班同时工作，且共用一张工作票时，则工作票由总负责人收执。

6. 工作票中有关人员安全责任

工作票中的有关人员有工作票签发人、工作负责人、工作许可人、值长、工作班成员。他们在工作票中分别负有相应的安全责任。

(1) 工作票签发人，负责审查该项工作的必要性，工作是否安全，工作票上所填的安全措施是否正确完备，所派工作负责人和工作班成员是否适当和足够及他们精神状态是否良好。

(2) 工作负责人（监护人），根据工作任务，正确、安全地组织工作，结合实际进行安全思想教育，督促、监护工作人员遵守《国家电网公司电力安全工作规程（变电部分)》，负责检查工作票所列的安全措施是否正确完备，负责检查值班员所做的安全措施是否符合现场实际条件，工作前对工作人员交待安全注意事项，检查工作班人员有无变动和变动是否合适。

(3) 工作许可人，负责审查工作票所列安全措施是否正确完备，是否符合现场条件，工作现场布置的安全措施是否完善；负责检查停电设备有无突然来电的危险；仔细检查工作票所列的内容，如有疑问，必须向工作票签发人询问清楚，必要时应要求作详细补充。

(4) 值长，负责审查工作的必要性和检修工期是否与批准期限相符，工作票所列的安全措施是否正确完备。

(5) 工作班成员。认真执行《国家电网公司电力安全工作规程（变电部分)》和现场安全措施，互相关心施工安全，监督《国家电网公司电力安全工作规程（变电部分)》规定和现场安全措施的实施。

二、工作许可制度

工作许可制度是指凡在电气设备上进行停电或不停电的工作，事先都必须得到工作许可人的许可，并履行许可手续后方可工作的制度。未经许可人许可，一律不准擅自进行工作。

1. 变电站的工作许可制度

工作许可应完成的工作：

(1) 审查工作票。工作许可人对工作负责人送来的工作票应进行认真、细致的全面审查，审查所列的安全措施是否正确完备，是否符合现场条件。若对工作票中所列的内容即使哪怕发生细小疑问，也必须向工作票签发人询问清楚，必要时应要求作详细补充或重新填写。

(2) 布置安全措施。工作许可人审查工作票并确认合格，然后由工作许可人根据票面所列的安全措施到现场逐一布置，并确认安全措施布置无误。

(3) 检查安全措施。安全措施布置完毕，工作许可人应会同工作负责人到工作现场检查所做的安全措施是否完备、可靠，工作许可人应以手触拭，证明检修设备确实无电压，然后，工作许可人向工作负责人指明带电设备的位置和注意事项。

(4) 签发许可工作。工作许可人会同工作负责人检查工作现场安全措施，确认无问题后，双方分别在工作票上签名，至此，工作班方可开始工作。应该指出的是，工作许可手续是逐级许可的，即工作负责人从工作许可人那里得到工作许可后，工作班成员只有得到工作负责人许可工作的命令后方可开始工作。

2. 电力线路工作许可制度

电力线路填用第一种工作票进行工作，工作负责人必须在得到值班调度员或工区值班员的许可后，方可开始工作。

对于线路停电检修，值班调度员必须在发电厂、变电站将线路可能受电的各方面都拉闸停电，并装好接地线后，将工作班、组数目，工作负责人的姓名，工作地点和工作任务，线路装设接地线的位置及编号记入记录簿内，才能发出许可工作的命令。许可工作的命令必须当面通知、电话传达或派人传达到工作负责人。

严禁约时停、送电。约时停电是指不履行工作许可手续，工作人员按预先约定的计划停电时间而进行工作；约时送电是指不履行工作终结制度，由值班人员或其他人员按预先约定的计划送电时间合闸送电。

由于电网运行方式的改变，往往发生迟停电或不停电；工作班检修工作也有因路途和其他原因提前完成或不能按时完成的情况。所以，约时停送电有可能造成触电伤亡事故。因此，电力线路工作人员和有关值班人员必须明确：工作票上所列的计划停电时间不能作为开始工作的依据，计划送电时间也不能作为恢复送电的依据，而应严格遵守工作许可、工作终结和恢复送电制度，严禁约时停、送电。

3. 执行工作许可制度注意事项

工作负责人、工作许可人任何一方不得擅自变更安全措施，值班人员不得变更有关检修设备的运行接线方式；工作中如有特殊情况需要变更时，应事先取得对方的同意。

三、工作监护制度

工作监护制度是指工作人员在工作过程中，工作负责人（监护人）必须始终在工作现场，对工作人员的安全认真监护，及时纠正违反安全的行为和动作的制度。

发电厂、变电站及电力线路上的工作，必须严格执行工作监护制度，这是由其工作性质和工作条件决定的。在发电厂和变电站的电气设备上进行作业时，除检修设备无电外，其周围都是带电或运用中的设备，稍有大意，就会错走带电间隔、接近带电设备或误碰、误操作；而电力线路的工作，工作人员经常处于高空作业或在运行中的电气设备上工作，工作中一旦疏忽，会发生高空摔跌、误登带电杆塔或触及邻近带电部位的事故。因此，执行工作监护制度可使工作人员在工作过程中受到监护人的监督和指导，及时纠正不安全的动作和其他错误做法，避免事故的发生。特别是工作人员在靠近有电部位及工作转移时，工作监护就更为重要。

工作负责人（监护人）在办完工作许可手续之后，在工作班开工之前应向工作班成员交待现场安全措施，指明带电部位和其他注意事项。工作开始以后，工作负责人必须始终在工作现场，对工作人员的安全认真监护。

1. 监护工作要点

根据工作现场的具体情况和工作性质（如设备防护装置和标志是否齐全，是室内还是室外工作，是停电工作还是带电工作，是在设备上工作还是在设备附近工作，是进行电气工作还是非电气工作，参加工作的人员是熟练电工还是非熟练电工或是一般的工作人员等）进行工作监护。监护工作的要点如下：

（1）监护人应有高度的责任感，并履行监护职责。从工作一开始，工作监护人就要对全体工作人员的安全进行认真监护，发现危及安全的动作立即提出警告和制止，必要时可暂停工作。

（2）监护人因故离开工作现场，应指定一名技术水平高且能胜任监护工作的人作的代替监护人。监护人离开前，应将工作现场向代替监护人交待清楚，并告知全体工作人员。原监护人返回工作地点时，也应履行同样的交待手续。若工作监护人长时间离开工作现场，应由原工作票签发人变更新的工作监护人，新老工作监护人应做好必要的交接。

(3) 为了使监护人能集中注意力监护工作人员的一切行动，一般要求监护人只担任监护工作，不兼做其他工作。在全部停电时，工作监护人可以参加工作；在部分停电时，只有安全措施可靠，工作人员集中在一个工作地点，不致误碰导电部分，则工作监护人可一边工作，一边进行监护。

(4) 专人监护和被监护人数。对有触电危险、施工复杂、容易发生事故的工作，工作票签发人或工作负责人（监护人），应根据现场的安全条件、施工范围、工作需要等具体情况，增设专人监护并批准被监护的人数。专人监护只对专一的地点、专一的工作和专门的人员进行特殊的监护，因此，专责监护人员不得兼做其他工作。例如，建筑工、油漆工、通信工和杂工等在高压室或变电站工作时，应指派专人负责监护。其所需要的材料、工具、仪器等应在开工前，在施工负责人的监督下运到工作地点。对于这些工种的工作，一般在部分停电的情况下，一个专责监护人可监护三人。在室外变电站同一地点的配电装置上工作时，一个专责监护人可监护六人。如设备全部停电，一个专责监护人能监护的人数根据具体情况可增多。若在室内工作，且所有带电设备或隔离室全部未装设可靠的遮栏，一个专责监护人监护人数不超过两人。当工作人员接近设备带电部分工作，有触电危险的可能时，一个专责监护人只能监护一人。在线路高杆塔上工作，地面监护有困难的，应增设杆塔上监护人。

(5) 允许单人在高压室内工作时监护人的职责。为了防止独自行动引起触电事故，一般不允许工作人员（包括工作负责人）单独留在高压室内和室外变电站高压设备区内。若工作需要（如测量极性、回路导通试验等），且现场设备具体情况允许时，可以准许工作班中有实际经验的一人或几人同时在它室进行工作，但工作负责人（监护人）应在事前将有关安全注意事项予以详尽地指示。

2. 监护工作的内容

(1) 部分停电时，监护所有工作人员的活动范围，使其与带电部分之间保持不小于规定的安全距离。

(2) 带电作业时，监护所有工作人员的活动范围，使其与接地部分保持安全距离。

(3) 监护所有工作人员工具使用是否正确，工作位置是否安全，操作方法是否得当。

四、工作间断、转移和终结制度

工作间断、转移和终结制度是指工作间断、工作转移和工作全部完成后应遵守的制度。

发电厂、变电站及电力线路的电气工作，根据工作任务、工作时间、工作地点，在工作过程中，一般都要经历工作间断、工作转移和办理工作终结几个环节。因此，所有的电气工作都必须严格遵守“工作间断、转移和终结制度”的有关规定。

1. 工作间断制度

变电站和发电厂的电气工作在当日内工作间断时，工作班人员应从工作现场撤出，所有安全措施保持不动，工作票仍由工作负责人执存；间断后继续工作，无需通过工作许可人许可。隔日工作间断时，当日收工，应清扫工作现场，开放已封闭的通路，并将工作票交回值班员；次日复工时，应得到值班员许可，取回工作票，工作负责人必须事前重新认真检查安全措施，合乎要求后，方可工作。若无工作负责人或监护人带领，工作人员不得进入工作地点。

电力线路上的电气工作当日内工作间断时，工作地点的全部接地线仍保留不动；如果工作班需暂时离开工作地点，则必须采取安全措施和派人看守，不让人、畜接近挖好的基坑或接近未竖立稳固的杆塔以及负荷的起重和牵引机械装置等。恢复工作前，应检查接地线等各项安全措施的完整性。在工作中若遇雷、雨、大风或其他任何情况威胁到工作人员的安全时，工作负责人或监护人可根据情况，临时停止工作。填用数日内工作有效的第一种工作票，每日收工时，如果要将工作地点所装的接地线拆除，次日重新验电装接地线恢复工作，均需得到工作许可人许可后方可进行；如果经调度允许的连续停电，夜间不送电的线路，工作地点的接地线可以不拆除，但次日恢复工作前应派人检查。

2. 工作转移制度

在同一电气连接部分用同一工作票依次在几个工作地点转移工作时，全部安全措施由值班员在开工前一次做完，转移工作时，不需再办理转移手续，但工作负责人在转移工作地点时，应向工作人员交待带电范围、安全措施和注意事项，尤其应该提醒新的工作条件的特殊注意事项。

3. 工作终结制度

发电厂、变电站的电气作业全部结束后，工作班应清扫、整理现场，消除工作中各种遗留物件。工作负责人经过周密检查，待全体工作人员撤离工作现场后，再向值班人员讲清检修项目、发现的问题、试验结果和存在的问题等，并在值班处检修记录簿上记载检修情况和结果，然后与值班人员一道，共同检查检修设备状况，有无遗留物件，是否清洁等，必要时做无电压下的操作试验，然后，在工作票（一式两份）上填明工作终结时间，经双方签名后，即认为工作终结。工作终结并不是工作票终结，只有工作地点的全部接地线由值班人员全部拆除并经值班负责人在工作票上签字后，工作票方告终结。

电力线路工作完工后，工作负责人（包括小组负责人）必须检查线路检修地段的状况及在杆塔上、导线上、绝缘子上有无遗留的工具、材料等，通知并查明全部工作人员确由杆塔上撤下后，再命令拆除接地线（线路上工作地点的接地线由工作班组装拆）。接地线拆除后，应即认为线路带电，不准任何人员登杆进行任何工作。

由于停电线路随时都有突然来电的可能，所以，接地线一经拆除，即应认为线路已带电，此时，对工作人员来说已无任何安全保障，任何人不得再登杆作业。

当接地线已经拆除，而尚未向工作许可人进行工作终结报告前，又发现新的缺陷或有遗留问题，必须登杆处理时，可以重新验电装设接地线，做好安全措施，由工作负责人指定人员处理，其他人员均不能再登杆，工作完毕后，要立即拆除接地线。

当工作全部结束，工作负责人已向工作许可人报告了工作终结，工作许可人在工作票上记录了终结报告的时间，则认为该工作负责人办理了工作终结手续，之后若需再登杆处理缺陷，则应向工作许可人重新办理许可手续。

检修后的线路必须履行下述手续才能恢复送电：

（1）线路工作结束后，工作负责人应向工作许可人报告，报告的方式为当面亲自报告或用电话报告且经复诵无误。

（2）报告的内容为：工作负责人姓名，某线路上某处（说明起止杆号、分支线名称等）工作已经完工，设备改动情况，工作地点所装设的接地线已全部拆除，线路上已无本班组工作人员，可以送电。

（3）工作许可人在接到工作负责人（包括用户）的完工报告后，并确知工作已经完毕，所有工作人员已由线路上撤离，接地线已经拆除，并与记录簿核对无误后，拆除发电厂、变电站线路侧的安全措施。

经上述手续后，方可向线路恢复送电。

第二节 电气工作安全技术措施

电气工作安全技术措施是指工作人员在电气设备上工作时，为了防止停电检修设备突然来电，防止工作人员由于身体或使用的工具接近邻近设备的带电部分而小于允许的安全距离，防止工作人员误走带电间隔和带电设备等而造成触电事故，对于在全部停电或部分停电的设备上作业，必须采取的安全技术措施。

在全部停电和部分停电的电气设备上工作时，必须完成的技术措施有：

（1）停电（断开电源）；

（2）验电；

（3）挂接地线；

（4）装设遮栏和悬挂标示牌。

目前，在工作地段如有临近、平行、交叉跨越及同杆塔架设线路，为防止停电检修线路上感应电压伤人，在需要接触或接近导线工作时，有的企业在线路施工中，除完成国家规定的上述技术措施外，在装设接地线后，还增加了使用个人保安接地线的技术措施。

一、停电

1. 工作地点必须停电的设备

停电作业的电气设备和电力线路，除了本身应停电外，影响停电作业的其他带电设备和带电线路也应停电。电气设备停电作业应停电的设备为：

（1）检修的设备。

（2）工作人员在进行工作时，正常活动范围与带电设备的距离小于表 4－11 规定值的设备。

（3）在 44kV 以下的设备上进行工作时，工作人员正常活动范围与带电设备的距离大于表 4－11 规定的值，但小于《国家电网公司电力安全工作规程（变电部分）》规定的设备不停电时的安全距离（见表4－9），同时又无安全遮栏措施的设备。

（4）带电部分在工作人员的后面或两侧且无可靠安全措施的设备。

（5）其他需要停电的设备。

2. 电气设备停电检修应切断的电源

电气设备停电检修，必须将下列各方面的电源完全断开：

（1）断开检修设备各侧的电源断路器和隔离开关。为了防止突然来电的可能，停电检修设备的，各侧电源都应切断，要求除各侧的断路器断开外，还要求各侧的隔离开关也同时拉开，使各个可能来电的方面至少有一个明显的断开点。这是为了防止设备在检修的过程中，由于断路器误合闸而突然来电，同时也便于工作人员检查和识别停电检修的设备。禁止在只经断路器断开电源的设备上工作。如图 6－1 所示，当变压器 T 停电检修时，各侧的断路器和隔离开关都应断开，T 的各侧都有一个明显的断开点，即使断路器误合闸，变压器 T 也不可能突然来电。

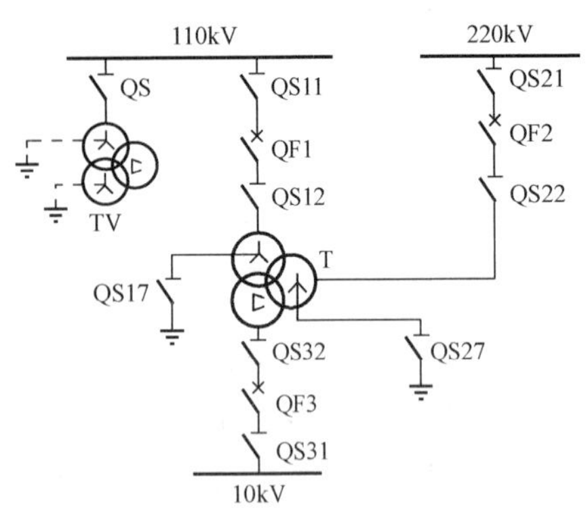

图 6-1 系统接线图

（2）断开与停电检修设备有关的变压器和电压互感器。停电检修的设备在切断电源时，应注意变压器向其反送电的可能性。如图 6-1 中的 110kV 母线停电检修，应考虑变压器 T 向其反送电的可能，同时还应考虑电压互感器 TV 向其反送电的可能性。特别是在发电机或系统并列装置二次回路比较复杂的情况下，若运行人员误操作，已停电的电压互感器可能通过二次回路，由运行系统反馈，致使高压侧带电，当工作人员接近或接触时造成触电事故。所以，图 6-1 中的 110kV 母线停电检修时，除与母线相连的所有电源断路器和隔离开关（QF1、QS11、QS12、其他与母线相连的 QF 和 QS）断开外，母线上的 TV 的隔离开关 QS 也应拉开，TV 的二次侧回路也应断开（断开二次侧快速空气开关、取下二次侧熔断器），防止因误操作将运行系统电源经 TV 的二次侧向 TV 的高压侧送电而发生触电事故。

（3）断开断路器和隔离开关的操作能源。隔离开关的操作把手必须锁住。为了防止断路器和隔离开关在工作中由于控制回路发生故障，如直流系统接地、机械传动装置失灵或由于运行人员误操作造成合闸，必须断开断路器和隔离开关的操作能源（取下控制、动力熔断器或储能电源）。

（4）断开停电设备的中性点接地开关。运行中星形接线设备的中性点，由于线路三相导线的不对称排列，导致三相对地电容不平衡或三相负荷不平衡等因素，都能使中性点产生偏移电压。对于中性点经消弧线圈接地的系统，若消弧线圈调谐不当，脱谐度过大时，中性点也会产生偏移电压。若检修设备与运行设备的中性点连接在一起，偏移电压将加到检修设备上。尤其当系统中发生单相接地的故障时，中性点对地电压可达到相电压的数值，显然这是非常危险的。因此，检修设备停电时，应将检修设备的中性点接地开关拉开（它与运行、备用设备的中性点通过接地网相连），并采取防止误合的措施。基于上述原因，《电业安全工作规程》规定，任何运行中的星形接线设备的中性点，必须视为带电设备，有中性点接地的设备停电检修时，其中性点接地开关都应拉开。

3. 电力线路停电作业应采取的停电措施

（1）断开发电厂、变电站（包括用户）线路断路器和隔离开关。

（2）断开需要工作班操作的线路各端断路器、隔离开关和熔断器。

（3）断开危及该线路停电作业，且不能采取安全措施的交叉跨越、平行和同杆线路的断路器和隔离开关。

（4）断开可能将电源返至停电作业线路的所有断路器和隔离开关。

二、验电

1. 验电的目的

验电的目的是验证停电作业的电气设备和线路是否确无电压，防止带电装设接地线或带电合接地开关等恶性事故的发生。

2. 验电的方法

(1) 验电时，应先将验电器在有电的设备上试验，验证验电器良好，指示正确。

(2) 验证验电器是否合格，指示正常后，在被试设备的进出线各侧按相分别验电，将验电器慢慢靠近被试设备的带电部分，若指示灯亮则为有电；反之，为无电。也可用绝缘棒，慢慢靠近带电部分，绝缘棒端部有火花和放电噼啪声，则为有电；反之，为无电。

3. 验电注意事项

(1) 验电时，验电人员应佩戴合格的绝缘手套，并有人监护。

(2) 使用的验电器电压等级与被试设备（线路）的电压等级要一致，且合格。绝不允许用低于被试设备额定电压的验电器进行验电，因为这会造成人身触电；也不能用高于被试设备额定电压的验电器验电，因为这会引起误判断（验电器用于比其电压低的被试设备上时灯泡可能不亮，误判带电设备无电压）。

(3) 验电时，必须在被试设备的进出线两侧各相上分别验电，对处于断开位置的断路器或隔离开关的两侧也要同时按相验电，不允许只验一相无电就认为三相均无电。

(4) 线路的验电也应逐相进行。对同杆塔架设的多层电力线路进行验电时，必须在被试设备的进出线两侧各相及中性线上分别验电。对处于断开位置的断路器两侧线路也要同时按相验电，不允许只验一相无电就认为三相均无电。对杆上电力线路验电时，应先验低压、后验高压，先验下层、后验上层，先验近侧、后验远侧。对停电的电缆线路验电时，因电缆线路电容量大，则停电时因储存剩余电荷量较多，又不易释放，因此，刚停电时验电，验电器灯泡仍会发亮。此时，要每隔几分钟验电一次，直至验电器灯泡不亮时，才确认该电缆线路已停电。

(5) 如果在木杆、木梯或木架上验电，不接地线不能指示者，可在验电器上接地线，但必须得到值班员的许可。

(6) 330kV 及以上的电气设备，在没有相应电压等级的专用验电器的情况下，可用合格的绝缘棒代替验电器，根据绝缘棒端部有无火花和放电声来判断有无电压。

(7) 对 500V 及以下设备的验电，可使用低压试电笔或白炽灯检验有无电压。

三、装设接地线

当验明设备（线路）确已无电压后，应立即用接地线（或合接地开关）将检修设备（线路）三相短路接地。

1. 接地线的作用

接地线（接地开关）由三相短路部分和接地部分组成，它的作用如下：

(1) 当工作地点突然来电时，能防止工作人员触电伤害。在检修设备的进出线各侧或检修线路工作地段两端装设三相短路的接地线，使检修设备或检修线路工作地段上的电位始终与地电位相同，形成一个等地电位的作业保护区域，防止突然来电时停电设备或检修线路工作地段导线的对地电位升高，从而避免工作地点工作人员因突然来电而受到触电伤害。

(2) 当停电设备（或线路）突然来电时，接地线造成突然来电的三相短路，促使保护动作，迅速断开电源，消除突然来电。

(3) 泄放停电设备或停电线路由于各种原因产生的电荷，如感应电、雷电等，都可以通过接地线入地，对工作人员起保护作用。

2. 接地线装设原则

(1) 凡可能送电至停电设备的各侧，或停电设备可能产生感应电压的均应装设接地线；

当有产生危险感应电压的，应适当增设接地线。

（2）停电线路工作地段的两侧应装设接地线，凡有可能送电到停电线路的分支线也要装设接地线；若有感应电压反映在停电线路上时，应增设接地线；停电线路在发电厂、变电站的出线隔离开关线路侧也要装设接地线。

（3）发电厂、变电站母线检修时，若母线长度在10m以内，母线上只装设一组接地线；在门型架构的线路侧进行停电检修，如工作地点与所装接地线的距离小于10m，工作地点虽在接地线外侧，也可不另装接地线；当母线长度大于10m时，应视母线上电源进线的多少和分布情况及感应电压的大小，适当增设接地线。

（4）抢修分段母线（分段母线以隔离开关或断路器分段），每一个分段不连接，且每个分段都连接有电源进线时，则各分段母线均应装设接地线；若每一个分段上无电源进线，则可不装设接地线。

3. 装、拆接地线方法及安全注意事项

（1）装、拆接地线必须由两人进行。若为单人值班，只允许使用接地开关接地，或使用绝缘棒合接地开关。这是因为如果单人装接地线时，发生带电装设接地线，则会出现无人救护的严重后果，故规程规定必须有两人进行。同样，为保证人身安全，拆除接地线也必须由两人进行。单人值班合、拉接地开关不会出现上述严重情况。

（2）装设接地线时，应先将接地端可靠接地，验明停电设备无电压后，立即将接地线的另一端接在设备的导体部分上。这样做可以防止装设接地线人员因设备突然来电或感应电压的触电危险。

（3）拆除接地线时，应先拆除设备的导体端，后拆除接地端。按这种顺序拆除接地线，可防止突然来电和感应电压对拆除接地线人员的触电伤害。

（4）装、拆接地线时，应使用绝缘棒并戴绝缘手套，人体不得碰触接地线，以免感应电压或突然来电时的触电。

（5）装设接地线时，接地线与导体、接地桩必须接触良好。为使接地线与导体、接地桩接触良好，接地线必须使用线夹固定在导体上，严禁用缠绕的方法接地或短路；在室内配电装置上，接地线应装在该装置已刮去油漆的导电部分（这些地点是室内装接地线的规定地点且标有黑色记号）。如果不按上述要求装设接地线，则接地线与导体、接地桩可能接触不良，当接地线流过短路电流时，在接触电阻上产生的电压降将施加于停电设备上，使停电设备带上电压，这是不允许的。

（6）接地线的接地点与检修设备之间不得接有断路器、隔离开关或熔断器。若接地线的接地点与检修设备之间按有断路器、隔离开关或熔断器，则在设备检修过程中，如果有人将断路器、隔离开关断开，将熔断器取下或熔断器熔体熔断，致使检修设备处于无接地保护状态，倘若布置的安全措施中存在切断电源操作不彻底的情况，在检修过程中有可能造成电压反馈，使检修设备带电而发生触电事故。故装设接地线应避免上述情况发生。

（7）对带有电容的设备或电缆线路，在装设接地线之前应放电，以防工作人员触电。

（8）同杆塔架设的多层电力线路装设接地线时，应先装低压、后装高压、先装下层、后装上层。

（9）接地线与带电部分安全距离应符合相关规定。

四、悬挂标示牌和装设遮栏

在电源切断后，应立即在有关地点悬挂标示牌和装设临时遮栏。

1. 标示牌和遮栏的作用

标示牌可提醒有关人员及时纠正将要进行的错误操作和行为，防止误操作而错误地向有人工作的设备（线路）合闸送电，防止工作人员错走带电间隔和误碰带电设备。遮栏可限制工作人员的活动范围，防止工作人员在工作中对高压带电设备的危险接近。实践证明，悬挂标示牌和装设遮栏是防止事故发生的有效措施。

2. 悬挂标示牌和装设遮栏部位和地点

下列部位和地点应悬挂标示牌和装设遮栏：

（1）在一经合闸即可送电到工作地点的断路器和隔离开关的操作把手上，均应悬挂“禁止合闸，有人工作”的标示牌。

（2）凡远方操作的断路器和隔离开关，应在控制盘的操作把手上悬挂“禁止合闸，有人工作”的标示牌。

（3）线路上有人工作时，应在线路断路器和隔离开关的操作把手上悬挂“禁止合闸，线路有人工作”的标示牌。

（4）部分停电的工作，当安全距离小于“设备不停电时的安全距离（见表 4-9）”时，小于该距离以内的未停电设备，应装设临时遮栏。临时遮栏与带电部分的距离不得小于“工作人员工作中正常活动范围与带电设备的安全距离（见表 4-11）”，在临时遮栏上悬挂“止步，高压危险！”的标示牌。

（5）在室内高压设备上工作时，应在工作地点两旁间隔的遮栏上、工作地点对面间隔的遮栏上和禁止通行的过道（通道应装临时遮栏）上悬挂“止步，高压危险！”的标示牌。

（6）在室外地面高压设备上工作时，应在工作地点四周用绳子做好围栏，围栏上悬挂适当数量的“止步，高压危险！”的标示牌，标示牌有标示的一面必须朝向围栏里面（使工作人员随时可以看见）。

（7）在工作地点悬挂“在此工作！”的标示牌。

（8）在室外架构上工作，应在工作地点邻近带电部分的横梁上，悬挂“止步，高压危险！”的标示牌。在工作人员上下铁架和梯子上应悬挂“从此上下！”的标示牌。在邻近其他可能误登的带电架构上应悬挂“禁止攀登，高压危险！”的标示牌。

上面提到的接地线、标示牌、临时遮栏、绳索围栏等都是保证工作人员人身安全和设备安全运行所做的措施，工作人员不得随意移动和拆除。

第三节 电气倒闸操作安全技术

电气设备由一种状态转换到另一种状态，或改变电气一次系统运行方式所进行的一系列操作，称为倒闸操作。倒闸操作的主要内容有：拉开或合上某些断路器或隔离开关，拉开或合上接地开关（拆除或挂上接地线），取下或装上某些控制、合闸及电压互感器的熔断器，停用或加用某些继电保护和自动装置及改变定值，改变变压器、消弧线圈分接头及检查设备绝缘等。

倒闸操作是一项复杂而重要的工作，操作正确与否，直接关系到操作人员的安全和设备的正常运行。如若发生误操作事故，其后果是极其严重的。因此，电气运行人员一定要树立“精心操作，安全第一”的思想，严肃认真地对待每一个操作。

一、倒闸操作一般原则

（1）电气设备投入运行之前，应先将继电保护投入运行。没有继电保护的设备不允许投入运行。

（2）拉、合隔离开关及合小车断路器之前，必须检查相应断路器在断开位置（倒母线除外）。

因隔离开关没有灭弧装置，当拉、合隔离开关时，若断路器在合闸位置，将会造成带负荷拉、合隔离开关而引起短路事故。而倒母线时，母线断路器必须在合闸位置，其操作、动力熔断器应取下，以防止母线隔离开关在切换过程中，因母联断路器跳闸引起母线隔离开关带负荷拉、合闸。

（3）停电拉闸操作必须按照断路器→负荷侧隔离开关→母线侧隔离开关的顺序依次操作，送电合闸操作应按上述相反的顺序进行，严防带负荷拉、合隔离开关。

（4）拉、合隔离开关后，必须就地检查刀口的开度及接触情况，检查隔离开关位置指示器及重动继电器的转换情况。

（5）在倒闸操作过程中，若发现带负荷误拉、合隔离开关，则误拉的隔离开关不得再合上，误合的隔离开关不得再拉开。

（6）油断路器不允许带工作电压手动分、合闸（采用弹簧操动机构的断路器，当弹簧储能已储备好，可带工作电压手动合闸）。带工作电压用机械手动分、合油断路器时，因手力不足，会形成断路器慢分、慢合，容易引起断路器爆炸事故。

（7）操作中发生疑问时，应立即停止操作，并将疑问汇报给发令人或值班负责人，待情况弄清楚后，再继续操作。

二、倒闸操作安全技术

1. 隔离开关操作安全技术

（1）手动合隔离开关时，先拔出联锁销子，开始要缓慢，当刀片接近刀嘴时，要迅速果断地合上，以防止产生弧光；但在合到终了时，不得用力过猛，防止冲击力过大而损坏隔离开关绝缘子。

（2）手动拉隔离开关时，应按“慢→快→慢”的过程进行。开始时，将动触头从固定触头中缓慢拉出，使之有一小间隙。此时若有较大电弧（错拉），应迅速合上；若电弧较小，则迅速将动触头拉开，以利灭弧。拉至接近终了，应缓慢，防止冲击力过大，损坏隔离开关绝缘子和操动机构。操作完毕后应锁好销子。

（3）隔离开关操作完毕，应检查其开、合位置，三相同期情况及触头接触插入深度，均应正常。

2. 断路器操作安全技术

高压断路器一般采用控制开关或微机远方电动合闸几种方式。

（1）用控制开关远方电动合闸时，先将控制开关顺时针方向扭转90°至“预合闸”位置；待绿灯闪光后，再将控制开关顺时针方向扭转45°至“合闸”位置；当红灯亮、绿灯灭后，松开控制开关，控制开关自动逆时针方向返回45°，完成合闸操作。

(2) 用控制开关远方电动分闸时，先将控制开关逆时针方向扭转 90°至“预分闸”位置；待红灯闪光后，再将控制开关逆时针方向扭转 45°至“分闸”位置；当红灯灭、绿灯亮后，松开控制开关，控制开关自动顺时针方向返回 45°，完成分闸操作。

应指出的是：操作控制开关时，操作应到位，停留时间以灯光亮或灭为限，不要过快松开控制开关，防止分、合闸操作失灵。操作控制开关时，不要用力过猛，以免损坏控制开关。

断路器操作完毕，应检查断路器的位置状态。判断断路器分、合闸实际位置的方法是：检查有关信号及测量仪表指示，作为断路器分、合闸位置参考判据；检查断路器机械位置指示器，根据机械位置指示器分、合位置指示，确认断路器实际分、合闸位置状态；检查断路器分、合闸弹簧状态及传动机构水平拉杆或外拐臂的位置变化，在机械位置指示器失灵情况下，也能确认断路器分、合闸实际位置状态。

3. 倒闸操作注意事项

(1) 倒闸操作时，不允许将设备的电气和机械防误操作闭锁装置解除，特殊情况下如需解除必须经值长（或值班负责人）同意。

(2) 操作时，应戴绝缘手套和穿绝缘靴。

(3) 雷电时，禁止倒闸操作。雨天操作室外高压设备时，绝缘棒应有防雨罩。

(4) 装、卸高压熔断器时，应戴防护目镜和绝缘手套，必要时使用绝缘夹钳，并站在绝缘垫或绝缘台上。

(5) 装设接地线（或合接地开关）前，应先验电，后装设接地线（或合接地开关）。

(6) 电气设备停电后，即使是事故停电，在未拉开有关隔离开关和做好安全措施前，不得触及设备或进入遮栏，以防突然来电。

三、防止电气误操作的措施

在倒闸操作过程中，发生电气误操作，不仅会导致设备损坏、系统停电，而且会发生人身伤亡事故，危害极大。典型的电气误操作归纳起来包括以下五种：①带负荷拉、合隔离开关；②带地线合隔离开关；③带电挂接地线（或带电合接地开关）；④误拉、合断路器；⑤误入带电间隔。

防止电气误操作的措施包括组织措施和技术措施两方面。

1. 防止误操作的组织措施

防止误操作的组织措施就是建立一整套的操作制度，并要求各级值班人员严格贯彻执行。组织措施有操作命令和操作命令复诵制度、操作票制度、操作监护制度、操作票管理制度。

(1) 操作命令和操作命令复诵制度。操作命令和操作命令复诵制度是指值班调度员或值班负责人下达操作命令，受令人重复命令的内容无误后，按照下达的操作命令进行倒闸操作的制度。

为了避免操作混乱，一个操作命令，只能由一个人下达，每次下达的操作命令，只能给一个操作任务，执行完毕后，再下达第二个操作命令，受令人不应同时接受几项操作命令。

为了避免受令人受令时发生错误，发令人发布命令应准确、清晰，使用正规的操作术语和设备双重名称（设备名称和编号）；受令人接到操作命令后，应向发令人复诵一遍，经发令人确认无误并记入操作记录簿中。为避免操作错误，值班调度员发布命令的全过程（包括对方复诵命令）和听取命令的报告，都要录音并做好记录。

（2）操作票制度。凡改变电力系统运行方式的倒闸操作及其他较复杂操作项目，均必须填写操作票，这就是操作票制度。操作票制度是防止误操作的重要组织措施。

电气设备的倒闸操作种类繁多，内容极广，操作方法和操作步骤各不相同，如果值班人员不使用操作票进行操作，就容易发生误操作事故。如果正确填写操作票，将操作项目依次填写在操作票上，按票进行操作，就可避免发生误操作。

变电站高压断路器和隔离开关倒闸操作必须填写操作票，在《国家电网公司电力安全工作规程（变电部分）》里规定只有下列工作可以不用操作票：①事故处理；②拉合断路器的单一操作；③拉开接地开关或拆除全厂（所）仅有的一组接地线。

除了上述情况外，其他在变电站高压设备上的倒闸操作都必须执行操作票制度，必须填写操作票。

倒闸操作操作票由操作人填写，每张操作票只准填写一个操作任务。操作票的格式应统一按照《国家电网公司电力安全工作规程（变电部分）》规定的格式见附录 C 执行。为了便于考核，在操作票上操作项目栏的右侧可以增加一栏操作时间（“时、分”）。

操作票填写的要求如下：

1）操作票上的操作项目要详细具体，必须填写被操作开关设备的双重名称，即设备的名称和编号；拆装接地线要写明具体地点和地线编号。

2）操作票填写字迹要清楚，严禁并项（例如验电和挂地线不得合并在一起填写）、添项以及用勾画的方法颠倒顺序。

3）操作票的填写不得任意涂改，如有错字、漏字需要修改时，必须保证清晰，在修改的地方要由修改人签章，因每页修改字数不宜太多，如超过三个字最好重新填写。

4）下列检查内容应列入操作项目，单列一项填写：①拉合隔离开关前，检查断路器的实际开、合位置。②操作中拉、合断路器或隔离开关后，检查实际开、合位置（如在操作地点已能明显看到隔离开关的实际开、合位置时，可不再列入操作项目）；对于在操作前已拉、合的隔离开关，在操作中需要检查实际开、合位置者，应列入操作项目。③并、解列时，检查负荷分配。④设备检修后，合闸送电前，检查送电范围内的接地开关是否确已拉开，接地线是否确已拆除。

5）填写操作票时，应使用规定的术语。①断路器、隔离开关和熔断器的切、合用“拉开”、“合上”。②检查断路器、隔离开关的运行状态用“检查在开位”、“检查在合位”。③拆、装接地线分别用“拆除接地线”和“装设接地线”，并要详细说明拆、装接地线的具体位置及接地线的编组号。④检查负荷分配用“指示正确”。⑤继电保护回路连接片的切换用“启用”、“停用”。⑥验电用“验电确无电压”。

6）操作票的操作任务栏内应填写通过倒闸操作引起的运行方式的变化，如“1 变压器停运”或“2 变压器投运”等，对于操作结束后的检修作业任务，在操作票内可填写，也可不填写，视具体情况而定。填写文字要简洁。

7）一个操作任务应填写一份操作票，即使对于连续进行的停送电操作也应分开填写两份操作票。

8）操作票填好后，操作人和监护人共同根据模拟图板或接线图核对所填写的操作项目是否正确，并经值班负责人审核签名。

(3) 操作监护制度。倒闸操作必须在接到上级调度的命令后执行。值班人员在接受调度下达的操作任务时，受令人应复诵无误，如有疑问应及时提出。

倒闸操作由 2 人进行，1 人操作，1 人监护，操作中进行唱票和复诵，这就是操作监护制度。操作监护制度也是防止误操作的重要组织措施之一。

倒闸操作时，监护人按照操作票顺序逐项向操作人发布操作命令，直至全部操作完毕。监护人每发出一项操作令后，操作人应复诵一遍，并按操作命令，检查对照设备的位置、名称、编号、拉合方向，经监护人检查无误，在监护人下达命令“对，执行”后，操作人才可操作。监护人始终监护操作人的每一个操作动作，发现错误立即纠正。所以，操作监护制度也是对操作人员采取的一种保护性的措施。

值班人员在执行倒闸操作任务时，不允许借故拒绝操作，也不允许在没有监护的情况下进行操作。操作人在操作过程中不得有任何未经监护人同意的操作行为。有的变电值班员在进行倒闸操作时，为了缩短操作时间，几个人同时都去操作，这也是绝对不允许的。

为了防止操作漏项、顺序颠倒，每操作完一项，在该项做一个“√”记号。全部操作完毕复查无误后，将操作任务、要点和时间记录在值班记录簿内。

(4) 操作票管理制度。该制度包括以下内容：操作票先编号（含微机开票编号）并按顺序使用，操作票执行后的管理与检查，操作票合格率的统计及错误操作票的分析等。这是保证操作票及操作监护制度认真执行的一项措施。

操作票应先编号，按照编号顺序使用。作废的操作票应注明“作废”字样（盖上“作废”的章），已操作的注明“已执行”的字样（盖上“已执行”的章）。操作票应保存一年。

2. 防止误操作的技术措施

实践证明，单靠防止误操作的组织措施，还不能最大限度地防止误操作事故的发生，还必须采取能有效防止误操作的技术措施。防止误操作技术措施是多方面的，其中最重要的是采用防止误操作闭锁装置。

防误操作闭锁装置有机械闭锁、电气闭锁、电磁闭锁、微机闭锁等几种。

电气一次系统进行倒闸操作时，误操作的对象主要是隔离开关及接地开关。其表现是：①带负荷拉、合隔离开关；②带电合接地开关；③带接地线合隔离开关等。为防止误操作，对于手动操作的隔离开关及接地开关，一般采用电磁锁进行闭锁；对于电动、气动、液压操动的隔离开关，一般采用辅助触点或继电器进行电气闭锁。若隔离开关与接地隔离开关装在一起，则它们之间采用机械闭锁。机械闭锁是靠机械制约达到闭锁目的的一种闭锁。如两台隔离开关之间装设机械闭锁，当一台隔离开关操作后，另一台隔离开关就不能操作。由于机械闭锁只能和装在一起的隔离开关与接地开关之间进行闭锁，所以，如需与断路器、其他隔离开关或接地开关之间进行闭锁，则只能采用电气闭锁。电气闭锁是靠接通或断开控制电源而达到闭锁目的的一种闭锁。当闭锁的两电气元件相距较远或不能采用机械闭锁时，可采用电气闭锁。

目前发展的微机防误闭锁装置能够做到硬、软件结合，达到电气操作的“五防”功能，即防止带负荷拉、合隔离开关，防止带地线合闸，防止带电挂接地线（或带电合接地开关），防止误拉、合断路器，防止误入带电间隔，极大地减少操作事故的发生。

3. 防止误操作具体实施措施

为防止电气误操作，确保设备和人身安全，确保电网安全稳定运行，防止电气误操作的实施措施可从如下几个方面着手：

（1）加强“安全第一”的思想教育，增强运行人员的责任心，自觉执行运行制度。

（2）健全完善防止误操作闭锁装置，加强防止误操作闭锁装置的运行管理和维护工作。凡高压电气设备都应加装防误操作闭锁装置。闭锁装置的解锁用具（包括钥匙）应妥善保管，按规定使用，不许乱用。机械闭锁要一把钥匙开一把锁，钥匙要编号，并妥善保管，方便使用。所有投运的闭锁装置（包括机械闭锁）不经值班调度员或值长的同意，不得擅自解除闭锁装置（也不能退出保护）进行操作。

（3）杜绝无票操作。根据规程规定，除事故处理、拉合开关的单一操作、拉开接地开关、拆除全厂（站）仅有的一组接地线外，其他操作一律要填写操作票，凭票操作。

（4）把好受令、填票、三级审查三道关。下达操作命令时，发令人发令应准确、清晰，受令人接受操作命令时，一定要听清、听准，复诵无误并做记录；运行值班人员接受操作命令后，按填票要求，对照系统图，认真填写操作票，操作票一定要填写正确；操作票填写好后，一定要经过三级审查，即填写人自审、监护人复审、值班负责人审查批准。

（5）操作之前，要全面了解系统运行方式，熟悉设备情况，做好事故预想。

（6）正式操作前，要先进行模拟操作。模拟操作时，操作人和监护人一起，对照一次系统模拟图，按操作票顺序，唱票复诵，进行模拟操作。通过模拟操作，细心核对系统接线，核实操作顺序，确认操作票正确合格。

（7）严格执行操作监护制度，确实做到操作的“四个对照”。倒闸操作时，监护人应认真监护，对于每一项操作都要做到对照设备位置、设备名称、设备编号、设备拉合方向。

（8）严格执行操作唱票和复诵制度。操作过程中，每执行一项操作，监护人应认真唱票，操作人应认真复诵，结合“四个对照”，完成每项操作，全部操作完毕，进行复查。克服操作中的依赖思想、无所谓的思想、怕麻烦的思想、经验主义和错误的习惯做法。

（9）操作过程中，如若发生异常或事故，应按电气运行规程处理原则处理，防止误操作扩大事故。

（10）凡挂接地线，必须先验电，验明无电后，再挂接地线。防止带电挂接地线或带电合接地开关。

（11）完善现场一、二次设备及间隔编号，设备标志明显醒目，防止错走带电间隔，防止误操作和发生触电事故。

（12）重大的操作（如倒母线等）时，运行主任、运行技术人员、安全员均应到场，监督和指导倒闸操作。

（13）加强技术培训，提高运行人员的素质和对设备的熟悉程度及操作能力。

（14）开展反事故演习，提高运行人员判断和处理事故的能力；结合运行方式，做好事故预想，提高运行人员的应变能力。

（15）做好运行绝缘工具和操作专用工具的管理及试验。运行绝缘工具应妥善管理并定期进行绝缘试验，使其经常处于完好状态，防止因绝缘工具不正常而发生误操作事故。操作用的专用工具（如摇把），在操作使用后，不得遗留现场；用后放回指定位置，严禁用后乱丢或用其他物件代替专用工具。

第四节 防止误触电的措施

误触电是指工作人员误登带电设备，误碰和误接近带电导体所造成的电击。发生误触电时，人体所承受的电压往往是带电设备的全电压，其后果一般都是比较严重的。造成误触电的原因很多，但主要原因是违章作业造成的。因此，在工作中必须要严格遵守《国家电网公司电力安全工作规程》和 DL 477—2001《农村低压电气安全工作规程》的有关规定，纠正习惯性违章作业。

一、巡视检查安全措施

巡视检查时，禁止攀登电杆或配电变压器台架，也不得进行其他工作。夜间巡视检查时，应沿线路的外侧进行；遇有大风时，应沿线路的上风侧进行，以免触及断落的导线。发现倒杆、断线，应立即派人看守，设法阻止行人通过，并与导线接地点保持 4m 以上的距离，同时应尽快将故障点的电源切断。

事故巡视检查时，应始终认为该线路处在带电状态，即使该线路确已停电，亦应认为该线路随时有送电的可能。

巡视检查配电装置时，进出配电室必须随手关门，以免他人入室造成触电或小动物入室造成接地、短路。配电箱巡视检查结束后应立即锁好。巡视检查设备时，不得移开或越过遮栏；如果需要移开或越过遮栏时，必须有专人监护，保持安全距离。

在巡视检查中，发现有威胁人身安全的缺陷时，应采取全部停电、部分停电或其他临时性的安全措施。

二、电气测量安全措施

（1）电气测量工作应在无雷雨和干燥天气下进行。测量时，一般由两人进行，即一人操作，一人监护。夜间进行测量时，应有足够的照明。测量人员必须了解测量仪表的性能、使用方法和正确接线，熟悉测量工作的安全措施及注意事项。

（2）测量电压、电流时，应戴线手套或绝缘手套，手与带电设备的安全距离应保持在 100mm 以上，人体与带电设备应保持足够的安全距离。电压测量工作应在较小容量的开关上、熔体的负荷侧进行，不允许直接在母线上测量。

（3）测量配电变压器低压侧线路负荷时，可使用钳形电流表。使用时，应防止短路或接地。

（4）测试低压设备绝缘电阻时，应使用 500V 的绝缘电阻表，并做到以下几点：

1）被测设备应全部停电，并与其他连接的回路断开。

2）设备在测量前后，都必须分别对地放电。

3）被测设备应派人看守，防止外人接近。

4）穿过同一管路中的多根绝缘线，不应有带电运行的线路。

5）在有感应电压的线路上（同杆架设的双回线路或单回但与另一线路有平行段的线路）测量绝缘时，必须将另一回线路同时停电后方可进行。

（5）测试低压电网中性点的接地电阻时，必须在低压电网和该电网所连接的配电变压器全部停电的情况下进行；测试低压避雷器独立接地体的接地电阻时，应在停电的状态下进行。

（6）测量架空线路对地面或对建筑物、树木以及导线与导线之间的距离时，一般应在线路停电后进行。带电测量时，应使用清洁、干燥的绝缘尼龙绳，严禁使用皮尺、线尺。

（7）使用绝缘电阻表时，应注意以下安全事项：

1）测试用的导线为绝缘线，其端部应有绝缘护套。

2）在带电设备附近测量绝缘电阻时，测量人员和绝缘电阻表的位置必须选择适当，保持安全距离，以免绝缘电阻表引线或引线支持物触碰带电部分。移动引线时，必须注意监护，防止工作人员触电。

3）摇测电容器时，绝缘电阻表必须在额定转速的状态下，方可用测电笔接触或离开电容器（即开始或停止摇测）。

（8）使用钳形电流表时，应注意以下安全事项：

1）使用钳形电流表时，应注意钳形电流表的电压等级和电流值挡位。测量时，应戴绝缘手套，穿绝缘鞋。观测数值时，要特别注意人体与带电部分保持足够的安全距离。

2）测量回路电流时，应在有绝缘层的导线上进行测量，同时要与其他带电部分保持安全距离，防止相间短路事故发生。测量中禁止更换电流挡位。

3）测量低压熔断器或水平排列的低压母线电流时，应将熔断器或母线用绝缘材料进行相间隔离，以免引起短路。同时应注意不得触及其他带电部分。

（9）使用万用表时，应注意以下安全事项：

1）测量时，应确认转换开关、量程、表笔的位置正确。

2）在测量电流或电压时，如果对被测电压、电流值不清楚，应将量程置于最高挡。不得带电转换量程。

3）测量电阻时，必须将被测回路的电源切断。

三、临近带电导线工作的安全规定

（1）在低压带电线路电杆上工作时，只允许在带电线路的下方处理水泥杆裂纹、加固拉线、拆除鸟窝、紧固螺钉、查看导线金具和绝缘子等工作。作业人员活动范围及其所携带的工具、材料等与低压带电导线的最小距离不得小于0.7m。在带电电杆上进行拉线加固工作，只允许调整拉线下把的绑扎或补强工作，不得将连接处松开。

（2）在邻近或交叉其他电力线路的工作。新架或停电检修的线路（指放线、撤线或紧线、松线、落线等工作）如与另一强电、弱电线路邻近或交叉，以致工作时将可能和另一回导线接触或接近至危险距离以内（见表6-1），则均应对另一线路采取停电或其他安全措施。

表6-1 低压线路邻近或交叉其他电力线路工作的安全距离

电压等级（kV）	安全距离（m）	电压等级（kV）	安全距离（m）
10及以下	1.0	220	4.0
35（20～44）	2.5	330	5.0
60～110	3.0		

为了防止新架或停电检修线路的导线产生跳动，或因过牵引引起导线突然脱落、滑跑

而发生意外，应用绳索将导线牵拉牢固或采用其他安全措施。为防止登杆作业人员错误登杆而造成人身触电事故，与检修线路邻近带电线路的电杆上必须挂标示牌，或派专人看守。

(3) 同杆架设多回低压线路中的停电检修工作。同杆架设的多回线路中的任一回路检修，其他线路都必须停电，并均必须挂接地线。停电检修的每一回线路均应具有双重称号，即线路名称、左（右）线或上（下）线的称号（面向线路杆号增加的方向，在左边的线路称为左线，在右边的线路称为右线）。工作票中应填写线路的双重称号。

四、低压间接带电作业的安全规定

(1) 进行低压间接带电作业时，作业范围内电气回路的剩余电流动作保护装置必须投入运行。

(2) 进行低压间接带电工作时应设专人监护，工作人员必须穿着长袖衣服和绝缘鞋，戴绝缘手套，使用有绝缘手柄的工具。

(3) 间接带电作业应在天气良好的条件下进行。

(4) 在带电的低压配电装置上工作时，应采取防止相间短路和单相接地短路的隔离措施。

(5) 在紧急情况下，允许用有绝缘柄的钢丝钳断开带电的绝缘照明线。断线时，应分相进行，断开点应在导线固定点的负荷侧，被断开的线头应用绝缘胶布包扎、固定。

(6) 带电断开配电盘或接线箱中的电压表和电能表的电压回路时，必须采取防止短路或接地的措施。

(7) 更换户外式熔断器的熔丝或拆搭接头时，应在线路停电后进行。如需带电作业时必须在监护人的监护下进行间接带电作业，但严禁带负荷作业。

(8) 严禁在电流互感器二次回路中带电工作。

五、防止双电源及自发电客户倒送电的措施

双电源客户是指由电力企业供给两个电源的客户。自发电客户是指除由电力企业供给主供电源外，又具有自备发电设备的客户。低压自发电客户，正常情况下从电网受电，当电网供电中断时，即开启发电机给全部或部分负荷供电。开机前如果未断开电网进线开关，就会造成倒送电。低压自发电客户面广量大，给管理工作带来了较大的困难。由于防止倒送电的技术装置不完善，在倒电操作中往往发生误操作，造成向电网倒送电，直接威胁电网检修人员的安全，后果十分严重。

要防止双电源及自发电客户向电网倒送电，必须落实组织措施和技术措施。组织措施是从制度上来防止倒送电事故的发生。技术措施是从设备上采取一定的技术改进措施，使设备本身就具有防止发生倒送电的功能，这样就能有效地防止倒送电的发生。

（一）防止双电源客户倒送电的组织措施

1. 装设双电源条件

按 GB 50052—2016《供配电系统设计规范》的规定，凡属于下列条件之一的，属于一级负荷，应由双电源供电：

(1) 中断供电将造成人身伤亡的负荷。

(2) 中断供电将在政治、经济上造成重大损失的负荷。

(3) 中断供电将影响有重大政治、经济意义的用电客户的正常工作的负荷。

2. 装设应急电源的条件

按GB 50052—2016《供配电系统设计规范》的规定，在一级负荷中，当中断供电将发生中毒、爆炸和火灾等情况的负荷，以及特别重要场所的不允许中断供电的负荷，应视为特别重要负荷。一级负荷中的特别重要负荷，除由两个电源供电外，尚应增设应急电源。这里的应急电源是指：①独立于正常电源的发电机组；②供电网络中独立于正常电源的馈电线路；③蓄电池；④干电池。

3. 双电源及自发电客户的核准

凡是具备双电源及自发电条件的客户，如果要求双电源或自发电时，必须严格地核准手续。其审批程序如下：

（1）申请。要求双电源或自发电的客户，需向当地供电企业提交书面申请，说明理由，必要时应提供生产工艺流程及上级主管部门下达的有关文件、资料等。

供电企业接到申请后，应进行登记，并将双电源、自发电客户申请表交给客户，客户按照申请表的填写内容逐一填好后再交回供电企业。

（2）调查。供电企业收到客户填好的申请表后，应及时派人去现场调查、了解，并提出调查意见。

（3）核准。根据国家有关规定和调查结果，供电企业应及时研究有关事宜，核准后由客户服务部门答复客户。

4. 双电源及自发电客户的管理

做好双电源及自发电客户的管理，是防止双电源及自发电客户倒送电的组织措施。其主要管理工作如下：

（1）供用电双方签订安全用电协议。双电源及自发电客户在供电前，应与供电企业签订安全用电协议。协议内容包括：明确双方的安全职责；要求客户必须遵守的操作制度和必须安装的防止倒送电的技术装置；严禁私拉乱接，严禁在本单位内随意扩大双电源、自发电的供电范围，更不得向外单位转供电等。安全用电协议应在客户配电室保存一份。

（2）制定操作制度。制定操作制度的目的是防止在倒电操作中发生错误，因此必须具体明确，并严格执行。凡是违反操作制度者，按约定追究违约责任。

（3）坚持定期检查。双电源及自发电客户接电前，供电企业应派人去现场检查验收，检验合格后方可接电，严禁未经检验合格就私自接电。

为了随时掌握双电源及自发电客户的具体情况，供电企业还应定期进行检查，做到经常化、制度化，对不合格的双电源及自发电客户应严肃处理。

（4）做好技术管理。所有双电源及自发电客户都要进行登记，建立台账，并绘制双电源及自发电客户的电气主接线图。图上应标明电源接线方式及防止倒送电技术装置的电气接线。当电气接线改变时，应及时修改电气主接线图，并报送供电企业。

（二）防止双电源及自发电客户倒送电技术措施

1. 防止低压双电源客户倒送电的技术措施

为了防止低压双电源客户向电网倒送电，最简单、最经济、最可靠的方法是在电源进线回路上安装双投隔离开关。

（1）对于用电负荷很小的客户，往往采用隔离开关作为控制设备。在这种情况下，可以在电源进线回路上直接安装双投隔离开关。当客户由Ⅰ回路受电时，将双投隔离开关投向Ⅰ回路侧；由Ⅱ回路受电时，则将双投隔离开关投向Ⅱ回路侧。在安装双投隔离开关时，一定要将用电侧接在双投隔离开关的中间接线柱上。

（2）采用低压断路器作为控制设备。当以低压断路器作为控制设备时，仍可在总的电源进线回路上安装双投隔离开关。但此时双投隔离开关仅作空载情况下倒换电源用，而停、送电操作则由低压断路器来进行。大致可采用以下两种接线方式：

1）双投隔离开关安装在低压断路器前侧，如图 6-2 所示。该接线方式的优点是只需要安装一台电源低压断路器，较经济；缺点是当低压断路器检修时，将使全厂用电中断。其倒闸操作顺序是：先断开低压断路器 Q，然后将双投隔离开关 QS 由主供电电源回路（Ⅰ回路）倒向备用电源回路（Ⅱ回路），随后再合上低压断路器 Q。

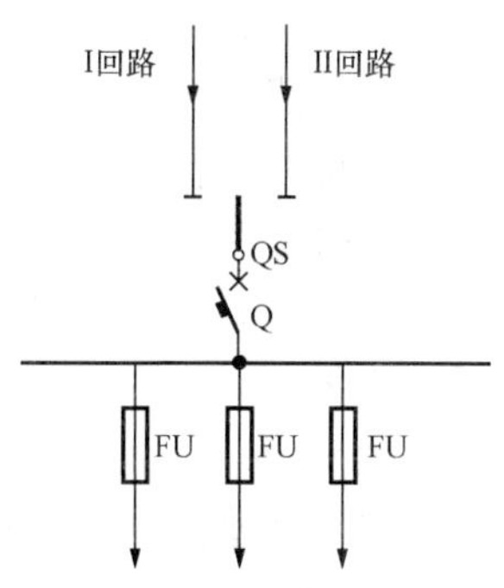

图 6-2 双投隔离开关安装在低压断路器前侧

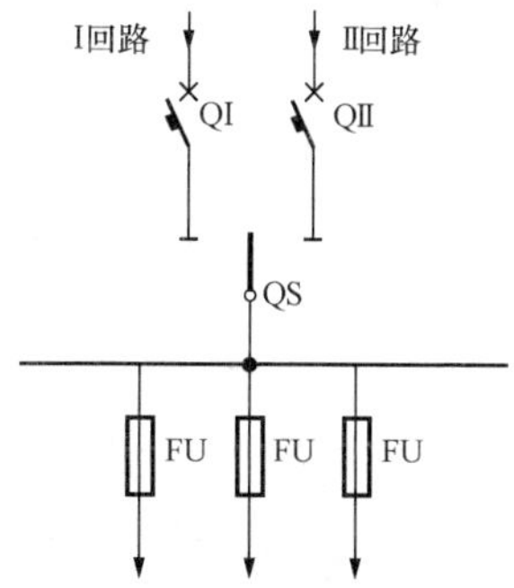

图 6-3 双投隔离开关安装在低压断路器后侧

2）双投隔离开关安装在低压断路器后侧，如图 6-3 所示。该接线方式的特点是需要安装两台电源低压断路器；当任一电源低压断路器检修时，不会影响正常用电。其倒闸操作顺序是：如原来由Ⅰ回路供电，Ⅱ回路备用，当需要由Ⅰ回路倒由Ⅱ回路供电时，先拉开Ⅰ回路低压断路器 QⅠ，然后将双投隔离开关 QS 倒向Ⅱ回路侧，随后再合上Ⅱ回路的低压断路器 QⅡ。

双电源客户的情况是十分复杂的，例如，有很多双电源客户仅是对部分负荷采用双电源供电。对于这种用电方式，如处理不当，往往容易发生倒送电，因此必须特别引起注意。

对于部分负荷采用双电源供电的客户，不得将双投隔离开关安装在双电源供电的分路母线上，如图 6-4 所示。图中的丁车间采用双电源供电，双投隔离开关安装在该车间的馈电母线上。这种接线方式在正常用电情况下不会发生倒送电。但当主供电电源（Ⅰ回路）停电，丁车间经倒闸由备用电源供电后，如乙车间有特殊任务需要用电（用电负荷较小），若扩大双电源供电范围，采取由丁车间向乙车间临时转供电，如果由于疏忽而未将相应的低压断路器 QⅠ断开，就会造成对停电的主供电线路（Ⅰ回路）倒送电。这类倒送电事故屡见不鲜。

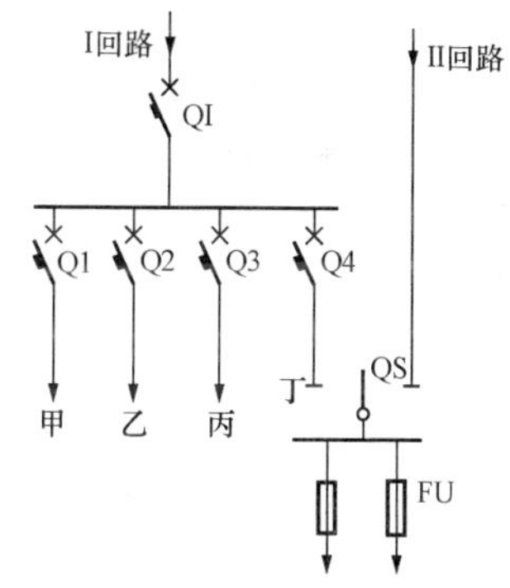

图 6-4 双投隔离开关安装在双电源供电的分路母线上

为了防止上述倒送电事故的发生，应遵循这样一条原则：即使备用电源仅给部分负荷供电，在接线上也应按总的备用电源进行考虑，双投隔离开关应安装在总的电源进线回路上，如图 6-5 所示。当主供电源（Ⅰ回路）中断时，应断开全部分路低压断路器，然

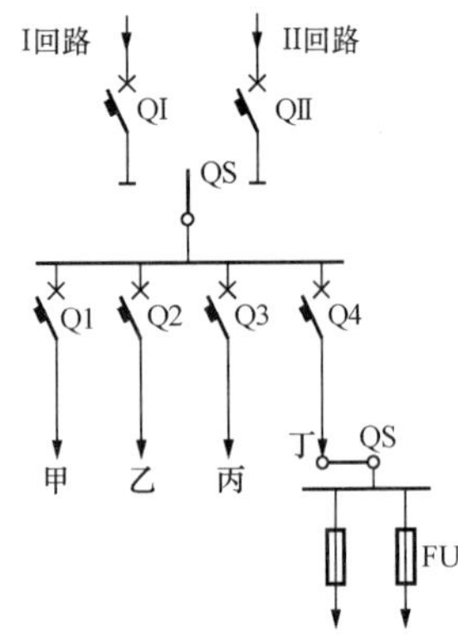

图 6-5 双投隔离开关安装在总的电源进线回路上

后将双投隔离开关 QS 倒由备用电源（Ⅱ回路）供电，随后合上低压断路器 Q4，保持对丁车间的供电。为控制备用电源的负荷不超过规定值，可通过正确选择备用电源回路的熔断器容量或调整开关保护定值来实现。

通过以上介绍可知，双投隔离开关是防止低压双电源倒送电普遍使用的一种电器，在实际使用中，应选用四极双投隔离开关。

低压双电源客户除了采用双投隔离开关来防止倒送电外，还可以在总电源进线回路上安装具有失压自动脱扣的低压断路器，同时还要安装一个隔离开关，使其与电源有一个明显的断开点。这样，当主供电源供电中断后，低压断路器即由失压而自动跳开，切断可能向外倒送电的电路。为了防止低压断路器由于机构失灵在电源中断后并未断开，所以当主供电源中断后，必须检查电源进线低压断路器确已断开并拉开隔离开关后，才能倒闸由备用电源供电。

2. 防止自发电客户倒送电的技术措施

（1）低压供电的自发电客户。当自发电客户从低压配电网受电时，即为低压供电的自发电客户。如果将自备发电机看作一个电源，即自发电客户就相当于低压双电源客户，上面所介绍的防止低压双电源客户倒送电的措施，完全适用于低压供电的自发电客户，不再重复介绍。但必须强调指出：无论自发电源是供给全部负荷还是部分负荷，甚至于极少部分负荷，均应将自发电源作为一个总的备用电源回路来处理。低压供电的自发电客户的供电范围一般都比较小，要做到这一点并不困难。

（2）高压供电的自发电客户。当自发电客户从高压配电网络受电时，即为高压供电的自发电客户。该类用电客户的特点是：其本身是高压供电客户，但又具备低压自发电源（自发电一般是低压的），因此它是一种高低压混合的双电源客户。极大多数的自发电客户是属于这一类型的。

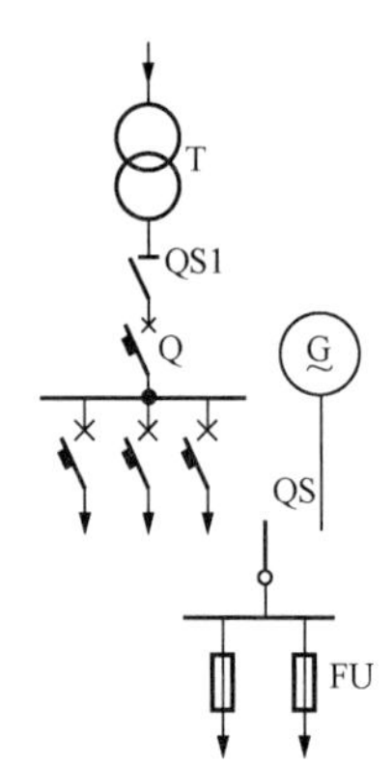

图 6-6 双投隔离开关安装在分路

高压供电的自发电客户，由于它的自发电是低压电源，所以防止倒送电的措施一般从低压入手。这样，就可以把高压供电的自发电客户作为低压双电源客户来处理，所以防止低压双电源客户倒送电的措施也同样适用于高压供电的自发电客户。所不同的是，当总的用电量较大时，由于自发电只能供给其中很小一部分负荷用电，这样，把自发电源视作总的备用电源来处理就会有困难，因此可以按局部双电源供电的情况来进行处理。按此处理后也还是有发生倒送电的危险，因此必须在配电变压器低压侧装设一个具有失压自动脱扣的总低压断路器 Q（见图 6-6）。当电网供电突然中断时，低压断路器 Q 即因失压而自动跳开，把可能向电网倒送电的总电路断开，从而可以防止意外地发生倒送电。为了防止因低压断路器机构失灵，在电网供电中断时低压断路器并未自动跳开而造成倒送电，所以在开启发电机之前，必须检查该低压断路器是否确已断开。只有在断开低压断路器 Q 并拉开与电网电源隔离的隔离开关 QS1 后才能开机，千万不能粗心大意。

第五节　变电站安全制度及事故处理

一、变电站“两票三制”

保证变电站工作和运行安全的规章制度有工作票、操作票、交接班制度、设备巡回检查制度、设备定期试验轮换制度等，即“两票三制”。

工作票、操作票是保证电气工作和电气操作安全的重要的组织措施，其作用、要求及执行过程等在前面已经作了重点介绍。

（一）交接班制度

（1）变电站电气值班人员上、下班必须履行交接班手续。接班人员必须按规定时间到班，未经履行交接班手续前交班人员不准离岗。

（2）禁止在事故处理或倒闸操作中交接班。交接班时如发生事故，未办理手续前仍由交班人员负责处理，接班人员在交班值班长领导下协助处理，一般在交班前 30min 停止正常操作。

（3）交接班内容：①本站运行方式；②保护和自动装置运行及变化情况；③异常运行和设备缺陷、事故处理情况；④倒闸操作及未完成的操作指令；⑤设备检修、试验情况，安全措施的布置，地线组数、编号及位置和使用中的工作情况；⑥仪器、工具、材料、备件和消防器材完备情况；⑦领导指示与运行有关的其他事项。

（4）交接班必须严肃认真做到“交得细致，接得明白”。

（5）交接班时由交班值班长向接班值班长及全体值班员作全面交待，接班人员要进行重点检查核实。

（6）交接检查后，双方值班长应在运行记录簿上签字，并与系统调度试验电话，互通姓名，核对时钟。

（二）设备巡回检查制度

值班人员对运行和备用（包括附属）设备及周围环境，按运行规程的规定，定时、定点，按巡视路线进行巡回检查。

遇有下列情况由值班长决定增加巡视次数：

（1）过负荷或负荷有显著增加时。

（2）新装、长期停运或检修后的设备投入运行时。

（3）设备缺陷有发展，运行中有可疑现象时。

（4）遇有大风、雷雨、浓雾、冰冻、大雪等天气变化时。

（5）根据领导指示需增加巡视时。

巡视后向值班长汇报，并将发现的缺陷记入设备缺陷记录簿，重大设备缺陷应立即向领导汇报。

值班长每班至少全面巡视一次，变电站站长、专责工程师（技术员）每周应分别进行一次监督性的巡视，每月至少进行一次夜间熄灯巡视；巡视中遇有严重威胁人身和设备安全的情况，应按事故处理规定进行处理，并同时向领导汇报。

巡视检查应遵守如下安全规定：

（1）巡视高压设备时，不论设备停电与否，值班人员不得单独移开或越过遮栏进行工作；若有必要移开遮栏时，必须有监护人在场，并符合表 6 - 2 中安全距离的规定。

（2）巡视中发现高压带电设备接地时，室内值班人员不得接近故障点 4m 以内，室外不得接近故障点 8m 以内；进入上述范围人员必须穿绝缘靴，接触设备的外壳和架构时，应戴绝缘手套。

（3）雷雨天气，需要巡视室外高压设备时，应穿绝缘靴，并不得靠近避雷针，以防雷击泄放的雷电流产生危险的跨步电压对人体的伤害，防止避雷针上产生的高电压对人的反击，防止有缺陷的避雷器雷击时爆炸对人体的伤害。

（4）巡视配电装置时，进出高压室应随手关门。

（三）设备定期试验轮换制度

为保证设备的完好性和备用设备完好处于备用状态，应定期对设备及备用设备、事故照明、消防设施等进行试验和切换使用。

变电站应根据规程规定及实际情况，制定设备的预防性试验、继电保护及安全自动装置定期检验周期、项目、质量标准以及设备定期轮换的项目、要求和周期。

对运行影响较大的切换试验，应做好事故预测和制定完整对策，并及时将试验切换结果记入专用的记录薄中。

为保证安全、规范管理，变电站还可以根据实际情况，制定其他的管理制度，如设备缺陷管理制度、安全保卫及消防制度等。

二、变电站事故处理

（一）变电站常见事故类别及起因

变电站发生的事故都有其一定的原因。如设计、安装、检修、运行中存在的问题和设备缺陷都会引起事故，由于值班人员业务不熟悉或违反规章制度也会造成事故。整个变配电系统中，由于设备种类繁多，可能发生的故障类别也就较多。一般常见的事故或故障类别及其起因如下：

（1）断路。断路故障大都出现于运行时间较长的变配电设备中，原因是受到机械力或电磁力的作用，以及受到热效应或化学效应的作用等，使导体严重氧化而造成断线。断路故障可能发生在中性线或相线上，也会发生在设备或装置内部。

（2）短路。由于绝缘老化、过电压或机械作用等，都可能造成设备及线路的短路故障，可能出现一相对地、相与相之间以及设备内部匝间短路等故障。

（3）错误接线。错误接线绝大多数是由于工作人员的过失而造成的。在检查、修理、安装、调校等过程中，可能会发生接线错误，所以，在每次接线后都应注意进行仔细核对。常见的错误接线有相序接错、变压器一次侧接反或极性错接等。

（4）错误操作。常见的错误操作如带负荷拉、合隔离开关，带地线合闸，带电挂接地线（或带电合接地隔离开关），误拉、合断路器，误入带电间隔等，大都是因为未能严格按照安全规程及措施（包括技术措施及组织措施）操作引起的。

根据运行经验及事故统计变电站较严重的事故常有以下几种：

（1）主要电气设备的绝缘损坏事故。

（2）电气误操作事故。

（3）电缆头与绝缘套管的损坏事故。

(4) 高压断路器与操动机构的损坏事故。

(5) 继电保护装置及自动装置的误动作或缺少这些必要的装置而造成的事故。

(6) 由于绝缘子损坏或脏污所引起的闪络事故。

(7) 由于雷电所引起的事故。

(8) 电力变压器故障而引发的事故。

变配电值班人员对变电站发生的各种故障或事故，应能正确分析并及时处理。

(二) 处理事故的一般原则

(1) 发生事故时，值班人员必须沉着、迅速、正确地进行处理。

1) 迅速限制事故的发展，寻找并消除事故根源，解除对人身及设备安全的威胁。

2) 用一切可能的办法保持设备继续运行，对重要负荷应尽可能做到不停电，对已停电的线路及设备则要及早恢复供电。

3) 改变运行方式，使供电尽早恢复正常。

(2) 处理事故时，除领导和有关人员外，其他外来人员均不准进入或者逗留在事故现场。

(3) 调度管辖范围内的设备发生事故时，值班人员应将事故情况及时、扼要且准确地报告调度员，并依照当班调度员的命令进行处理；在处理事故的整个过程中，值班人员应与调度员保持密切的联系，并迅速执行命令并做好记录。

(4) 凡解救触电人员、扑灭火灾及挽救危急设备等工作，值班人员有权先行果断处理，然后报告有关领导及调度员。

(5) 事故处理的过程中，值班人员应有明确分工；处理完毕后要将事故发生的时间、情况和处理的全过程，详细填写在记录簿内。

(6) 交接班时如发生事故，应由交班人员负责处理，接班人要全力协助，待处理完毕、恢复正常后再行交班；如果一时不能恢复，则要经领导同意后才可交接班。

(三) 常见事故的处理方法

1. 线路事故处理

(1) 线路跳闸，运行人员应立即将详细情况查明，并报告上级调度和运行负责人，包括断路器是否重合、线路是否有电压、动作的继电保护及自动装置等；详细检查本站有关线路的一次设备有无明显的故障迹象。

(2) 如断路器三相跳闸后，线路仍有电压，则要注意防止长线路引起的末端电压升高，必要时申请调度断开对侧断路器。

(3) 两端跳闸重合不成功的试送电操作，应按调度员的命令执行。试送时应停用重合闸。

2. 变压器事故处理

(1) 变压器跳闸后若引起其他变压器超负荷时，应尽快投入备用变压器或在规定时间内降低负荷；根据继电保护的动作情况及外部现象判断故障原因，在未查明原因并消除故障之前不得送电。

(2) 当发现变压器运行状态异常，如内部有爆裂声、温度不正常且不断上升、油枕或防爆管喷油、油位严重下降、油化验严重超标、套管有严重破损和放电现象等时，应申请停电进行处理。

3. 电气误操作事故处理

（1）万一发生了错误操作，必须保持冷静，尽快抢救人员和恢复设备的正常运行。

（2）错误合上断路器，应立即将其断开；错误断开的断路器应按实际情况重新合上或按调度命令合上。

（3）带负荷误合隔离开关，严禁重新拉开，必须先断开与此隔离开关直接相连的断路器；带负荷误拉隔离开关，在相连的断路器断开前，不得重新合上。

（4）误合接地开关，应立即重新拉开。

4. 站用交、直流电源故障处理

（1）若交、直流电源发生故障全部中断时，要尽快投入备用电源，并注意首先恢复重要的负荷，以免过大的电流冲击；若在晚上则要投入必要的事故照明。

（2）处理过程中，要注意交、直流电源对设备运行状态的影响，要对设备进行详细检修，恢复一些不能自动恢复的状态。

（3）直流接地点的查找必须严格按现场规程进行，不得造成另一点接地或直流短路。

（4）迅速查明故障原因并尽快消除。

5. 变电站全站停电的事故处理

（1）造成变电站全站停电的几种情况：

1）单电源、单母线运行时发生短路事故。

2）变电站受电线路故障。

3）上一级系统电源故障。

4）主要电气设备故障。

5）二次继电保护拒动，造成越级跳闸。

（2）全站停电的处理方法。

1）上一级电源故障。如果变电站全站停电是由于上一级电源故障或受电线路故障造成的，则向用户供电线路的出口断路器均不必切断；电压互感器柜应保持在投入状态，以便根据电压表指示和信号判明是否恢复送电。

2）变压器故障。变压器内部故障使重瓦斯保护动作，主变压器两侧断路器全部断开，如是单台主变压器运行，即会造成全站停电。这时应将二次侧负荷全部切除，将一次侧隔离开关拉开，待主变压器事故处理好后再恢复送电。

3）越级跳闸。对于断路器拒动或保护失灵造成越级跳闸而使全站停电的事故，要根据断路器的合、分位置和事故征象，准确判断后即向调度汇报；根据调度命令将拒动断路器切除，或暂时停掉误动的继电保护装置，然后恢复送电。

熟悉电气设备事故处理的方法对值班人员来说十分重要，因为这不仅是靠经验积累，还需要不断学习有关规程，了解电气设备的技术性能。值班人员应经常开展事故预想、安全活动讨论等多种形式的活动，增强对事故处理方法的认识，在真正发生事故时做到头脑清醒、有条不紊，提高事故处理的效率。同时，还要对已发生事故的原因进行认真分析，调查处理，做到“事故原因不查清不放过，事故责任者得不到处理不放过，整改措施不落实不放过，教训不吸取不放过”的四不放过，预防事故的再次发生。

看错工作票　合闸电死人

一、事故经过

2007年3月26日，某县供电企业所管辖的35kV变电站，值班人员万某根据本单位检修班填写的作业工作票，按停电操作顺序于9时操作完毕，并在操作把手上挂上“有人工作，禁止合闸”的标示牌。12时，万某与副值付某交接班，万某口头交待了工作票所列工作任务和注意事项后，又在值班记录上填写“郎张线有人工作，待工作票交回后再送电”。17时，付某从外面巡视高压设备区回到值班室，见到一张郎张线路工作票，误认为郎张线工作已经结束，在没有认真审核工作票、没有填写操作票等一系列违章操作中，于16时36分将郎张线恢复送电。此时，检修班人员正在郎张线上紧张工作着，线路维护工张某在郎张线路罐头厂配电变压器门型架上作业，其他人员均在变压器周围工作，工作前未挂短路接地线，在付某送上电的一刹那，张某触电，从5.1m高的门型架上跌落下来，经抢救无效死亡。付某听说送电电死人后，吓得立即瘫痪在地；待清醒过来，一看那张郎张线工作票，却原来是昨天（3月25日）已执行过的。

二、原因分析

(1) 变电站值班员付某违反《国家电网公司电力安全工作规程（变电部分）》规定的：在未办理工作票终结手续以前，值班员不准将施工设备合闸送电，是造成此次事故的主要原因。

(2) 违反《国家电网公司电力安全工作规程（变电部分）》规定的：工作许可人在接到所有工作负责人（包括客户）的完工报告后，并确认工作已经完毕，所有工作人员已由线路上撤离，接地线已拆除，并与记录簿校对无误后方可下令拆除发电厂、变电站线路侧的安全措施，向线路恢复送电和线路经过验明确无电压后，各工作班应立即在工作地段两端挂接地线，是造成这次事故的重要原因。

三、防范措施

(1) 在未办理工作票终结手续以前，严禁合闸送电。

(2) 对工作票要认真审核，不能盲目送电。停送电时，要严格按照操作要求进行操作。

(3) 已结束的工作票，应加盖“已执行”章，并妥善保存。

(4) 按规程要求，认真履行工作终结和恢复送电制度。

(5) 高压线路上工作，停电后一定要验电，并在工作地段两端挂接地线。

思 考 题

1. 电气工作保证安全的组织措施有哪些？技术措施有哪些？
2. 工作票的作用是什么？工作票的种类有哪些？使用范围分别是什么？
3. 什么叫约时停送电？电气工作为什么要严禁约时停送电？

4. 工作监护制度的主要内容是什么？
5. 电气工作中接地线的作用有哪些？
6. 对停电设备验电的注意事项有哪些？
7. 说明电气倒闸操作票制度对防止电气误操作的意义。
8. 倒闸操作的五种典型误操作是什么？
9. 防止发生误操作的措施有哪些？
10. 停送电时断路器与隔离开关的操作顺序如何？
11. 电气巡视检查的安全规定有哪些？
12. 变电站“两票三制”的内容是什么？简述“两票三制”对保证安全的意义。
13. 变电站事故处理的一般原则是什么？
14. 事故调查处理的“四不放过”的内容是什么？

第七章 电气装置的防火与防爆

电气装置在运行过程中不可避免地存在许多引起火灾和爆炸的因素。例如，电气设备的绝缘大多数由易燃物（绝缘纸、绝缘油等）组成，它们在导体经过电流时的发热、开关产生的电弧及系统故障时产生的火花等因素作用下，可能发生火灾甚至爆炸，若不采取切实的预防措施及正确的扑救方法，则会酿成严重的后果甚至灾难。本章介绍电气火灾和爆炸的原因、预防措施及扑救方法。

第一节 电气火灾和爆炸

一、火灾和爆炸的基本概念

1. 火灾

超出有效控制范围而形成灾害的燃烧称为火灾。可燃物在空气中的燃烧是最普遍的现象，因而绝大多数火灾都是发生在空气中的。

燃烧的实质是伴随有热和光的强烈的氧化反应。它的发生必须有三个基本要素：可燃物质、助燃物质（氧化剂）和着火源。凡能与空气中的氧或其他氧化剂起剧烈化学反应的物质都称为可燃物质。木材、纸张、煤等是固体可燃物，甲烷、乙炔、氢等是气体可燃物，酒精、绝缘油等是液体可燃物。具有较强的氧化性、能与可燃物发生化学反应并引起燃烧的物质，称为助燃物质，例如空气、氧气等。具有一定温度和热量、能引起可燃物质着火的能源，称为着火源，如明火、灼热物体、电火花、电弧等。着火源不参加燃烧，但它是可燃物质与助燃物进行燃烧化学反应的起始条件。

以上三个要素必须同时存在并相互作用才能发生燃烧，缺一不可。

2. 爆炸

物质发生剧烈的物理或化学变化，瞬间释放大量的能量，产生高温高压的气体，使周围空气猛烈震荡而发生巨大声响的现象称为爆炸。爆炸的特征是物质的状态或成分瞬间变化，温度和压力骤然升高，能量突然释放。爆炸往往是与火灾密切相关的，火灾能引起爆炸，爆炸后伴随发生火灾。

根据爆炸性质的不同，爆炸可分物理性爆炸、化学性爆炸和核爆炸三类。

（1）物理性爆炸。物理性爆炸是由于物质的物理变化如温度、压力、体积等的变化引起的爆炸。物理性爆炸过程不产生新的物质，完全是物理变化过程。如蒸汽锅炉、蒸汽管道的爆炸是由于其压力超过锅炉或管道能承受的极限压力所引起的。物理性爆炸一般不会直接发生火灾，但能间接引起火灾。

（2）化学性爆炸。化学性爆炸是指物质在短时间完成化学反应，形成其他物质，产生高温高压的气体而引起的爆炸。其特点是爆炸过程中含化学变化过程且速度极快，有新的物质产生，伴随有高温及强大的冲击波。如梯恩梯（TNT）炸药、氢气与氧气混合物的爆炸，其破坏力极强。由于化学性爆炸内含剧烈的氧化反应，伴随发光、发热现象，故化学性爆炸能直接引起火灾。

化学性爆炸的产生必须同时具备三个基本条件，即可燃物质、可燃物质与空气（氧气）混合、引起爆炸的引燃能量。这三个条件共同作用，才能产生化学性爆炸。

（3）核爆炸。核爆炸是物质的原子核在发生“裂变”或“聚变”的连锁反应瞬间放出大量能量而引起的爆炸，如原子弹、氢弹的爆炸。核爆炸时产生极高的温度和强烈的冲击波，同时伴随有核辐射，具有极大的破坏性。

二、电气火灾和爆炸的原因

引发电气火灾和爆炸要具备两个条件，即易燃易爆的环境和引燃条件。

1. 易燃易爆环境

在发电厂、变电站、用电场所，广泛存在易燃易爆物质，许多地方潜伏着火灾和爆炸的可能性。

（1）煤场。燃煤电厂要消耗大量的原煤。煤场上堆积的原煤在环境温度高时，特别是夏天，会发生原煤自燃，引起火灾。

（2）输煤及制粉系统。输煤及制粉系统会产生大量的煤粉，与空气中氧的混合物易引起火灾和爆炸。

（3）电厂锅炉。炉膛内有未燃尽的煤粉和可燃气体，炉膛检修动火时容易引起膛内爆炸。

（4）天然气罐和输气管道。有些电厂用天然气作为能源，当天然气罐或管道泄漏时容易引起火灾和爆炸。

（5）油库及用油设备。发电厂要消耗大量的原油、工业用油，如燃料油、汽轮机润滑油、变压器油、油断路器油。油库及用油设备均容易发生火灾和爆炸。

（6）制氢站及氢气系统。发电机运行需用氢气冷却，制氢站不断地向发电机提供冷却用的氢气，若发生氢气泄漏，氢气与氧气的混合气体达到爆炸极限时，遇明火会发生氢气爆炸。制氢站、输气管道、发电机氢气系统都是容易发生爆炸的危险环境。

（7）供配电系统中大量使用电缆。电缆本身是由易燃的绝缘材料制成的，故电缆沟、电缆夹层和电缆隧道容易发生电缆火灾。

（8）电气装置在运行过程中，广泛存在易燃物质，如变压器、断路器、电容器等设备的绝缘油、绝缘纸、绝缘木材等，为火灾的发生提供了大量的可燃物质和环境。

（9）变电站使用的烘房、烘箱、电热设备、乙炔发生站、氧气瓶库、化学药品库都容易发生火灾或爆炸。

2. 引燃条件

电气系统和电气设备在正常和事故的情况下都可能产生电气着火源，具有火灾和爆炸的引燃条件。电气着火源产生的原因：

（1）电气设备或电气线路过热。由于导体接触不良、电力线路或设备过负荷、短路、电气产品制造和检修质量不良造成运行时铁心损耗过大、转动机械长期相互摩擦、设备通风散热条件恶化等原因都会使电气线路或设备整体或局部温度过高。若其周围存在易燃易爆物质则会引起火灾和爆炸。

（2）电火花和电弧。电气设备正常运行时，有时会产生电火花和电弧。如开关的分合、熔断器熔断、继电器触点动作均产生电弧；运行中的发电机的电刷与滑环、交流电机电刷与整流子间也会产生或大或小的电火花；绝缘损坏时发生短路故障、绝缘闪络、电晕放电时产生电弧或电火花；另外，电焊产生电弧、使用喷灯产生火苗等。这些都为火灾和爆炸提供了引燃条件。

（3）静电。两个不同性质的物体相互摩擦，可使两个物体带上异号电荷；处在静电场内的金属物体上会感应静电；施加电压后的绝缘体上会残留静电。当带上静电的导体或绝缘体等具有较高的电位时，会使周围的空气游离而产生火花放电。静电放电产生的电火花可能引燃易燃易爆物质，发生火灾或爆炸。

（4）照明器具或电热设备使用不当也能产生火灾或爆炸的引燃条件，雷击易燃易爆物品时，往往也引起火灾和爆炸。

第二节　电气装置的防火防爆

一、电气防火防爆的一般措施

根据电气火灾和爆炸产生的条件和原因分析，电气防火防爆一般措施是加强工作人员安全教育，严格执行安全操作规程；改善环境条件，排除生产场所空气中的各种易燃易爆物质；强化安全管理，消除电气设备产生火灾或爆炸的着火源。

1. 改善环境条件，排除易燃易爆物质

（1）防止易燃易爆物质的泄漏。发电厂、变电站易燃物质的跑、冒、滴、漏是火灾和爆炸发生的根源。因此，对存有易燃易爆物质的容器、设备、管道、阀门加强密封，杜绝易燃易爆物质的泄漏，从而消除火灾和爆炸事故的隐患。

（2）保持环境卫生，保持良好通风。在有易燃易爆物质的场所，经常打扫环境卫生，保持良好通风，不仅是美化、净化环境的需要，而且是防火防爆安全的重要措施之一。经常清扫泄漏的易燃易爆物质，保持良好的通风，把易燃易爆气体、液体、蒸气、粉尘和纤维的浓度降低到爆炸极限以下，能达到有火不燃、有火不爆的效果。

（3）加强对易燃易爆物质的管理。发电厂、变电站中的易燃易爆物质必须严格管理，特别是对重要的煤场、油库、化学药品库、气瓶库、乙炔站、木材库等应严格管理，严禁带进火种，实行严格的进出入制度。

2. 强化安全管理、排除电气火源

排除电气火源就是指消除或避免电气线路、电气设备在运行中产生电火花、电弧和高温。

（1）在易燃易爆区域内，应选用绝缘合格的导线，连接必须良好可靠、严禁明敷。导线和电源的额定电压不得低于电网的额定电压，且不得低于500V；导线截面应满足要求，防止因电流过大而使导线过热；移动电气设备应采用中间无接头的橡皮软线供电。

（2）合理选用电气设备。根据危险场所的级别合理选用电气设备类型，特别是在易燃易爆的危险场所，应选用防爆型电气设备，例如采用防爆开关、防爆电机、防火电缆头等，这对防止火灾和爆炸具有重大意义。在易燃易爆危险场所，应尽量不用或少用携带型电气设备。

（3）加强对设备的运行管理。保持设备正常运行，防止设备过载过热；对设备定期检修、试验，防止机械损伤、绝缘损坏等造成短路。

（4）易燃易爆场所内电气设备的金属外壳应可靠接地或接零，以便发生碰壳接地短路时迅速切断电源，避免产生着火源。

（5）保持电气设备与危险场所的安全距离。室内外配电装置与爆炸危险场所的建筑物和易燃易爆液体、气体的储存场所之间应保持必要的距离，必要时应加装防火隔墙。

（6）合理应用保护装置。除将电气设备可靠接地（接零）外，还应有比较完善的保护、监测和报警装置，以便从技术上完善防火防爆措施。凡突然停电有可能引起火灾和爆炸的场所，必须有双电源供电，且双电源之间应装有自动切换联锁装置，当一路电源中断，另一路电源自动投入，保持供电不中断。

3. 对电气建筑的防火要求

电气建筑应采用耐火材料，如配电室、变压器室建筑材料应满足耐火等级的要求，隔墙应采用防火材料。充油设备之间应保持防火距离，当间距不能满足要求时，其间应装设能耐火的防火隔墙；为了防止充油设备发生火灾时火势的蔓延，应为充电设备设置储油和排油设施。在容易引起火灾的环境应在明显处装配灭火器和消防工具。

4. 防止和消除静电火花

一方面选择适当的设备或材料，限制流体速度和物体间的摩擦强度以减少静电的产生和积累；另一方面采用静电接地、抗静电添加剂、静电中和器等消除物体上产生的静电，避免静电火花的产生。

二、电气装置的防火防爆

（一）变压器的防火防爆

变压器是变电站最重要的电气设备，一旦发生火灾或爆炸，不仅会造成变压器损坏，还会造成变配电站停电及系统大面积停电，带来巨大的经济损失。

1. 变压器的火灾的危险性

电力变压器一般为油浸变压器，变压器油箱内充满变压器油，变压器油是一种燃点在140℃以上的可燃液体。变压器的绕组一般采用A级绝缘，用棉纱、棉布、天然丝、纸及其他类似的有机物做绕组的绝缘材料，变压器的铁心用木块、纸板作为支架和衬垫，这些材料都是可燃物质。因此，变压器发生火灾、爆炸的危险性很大。当变压器内部发生短路放电时，高温电弧可能使变压器油迅速分解气化，在变压器油箱中形成很高的压力，当压力超过油箱的机械强度时即产生爆炸；分解出来的油气混合物与变压器油一起从变压器的防爆管大量喷出，可能造成火灾。

2. 油浸变压器发生火灾和爆炸的主要原因

（1）绕组绝缘老化或损坏产生短路。变压器绕组的绝缘物如棉纱、棉布、纸等，如果受到过负荷发热或受变压器油酸化腐蚀的作用，其绝缘性能将会发生老化变质，耐受电压能力下降，甚至失去绝缘作用；变压器制造、安装、检修过程中也可能潜伏绝缘缺陷。由于变压器绕组的绝缘老化或损坏，能引起绕组匝间、层间短路，短路产生的电弧使绝缘物燃烧。同时，电弧分解变压器油产生的可燃气体与空气混合达到一定浓度，便形成爆炸混合物，遇火花便发生燃烧或爆炸。

（2）线圈接触不良产生高温或电火花。在变压器绕组的线圈与线圈之间，线圈端部与分接头之间，如果连接不好，可能松动或断开而产生电火花或电弧；当分接头转换开关位置不正，接触不良，都可能使接触电阻过大，发生局部过热而产生高温，使变压器油分解产生油气混合物引起燃烧和爆炸。

（3）套管损坏爆裂起火。变压器引线套管漏水、渗油或长期积满油垢而发生闪络；电容套管制造不良、运行维护不当或运行年久，都使套管内的绝缘损坏、老化，产生绝缘击穿，电弧高温使套管爆炸起火。

（4）变压器油老化变质引起绝缘击穿。变压器常年处在高温状态下运行，如果油中渗入水分、氧气、铁锈、灰尘和纤维等杂质时，会使变压器油逐渐老化变质，绝缘性能降低，引起油间隙放电，造成变压器爆炸起火。

（5）其他原因引起火灾和爆炸。变压器铁心硅钢片之间的绝缘损坏，形成涡流，使铁心过热；雷击或系统过电压使绕组主绝缘损坏；变压器周围堆积易燃物品出现外界火源；动物接近带电部分引起短路。以上诸因素均能引起变压器起火或爆炸。

3. 预防变压器火灾和爆炸的措施

变压器防火（防爆）的技术措施如下：

（1）预防变压器绝缘击穿。预防绝缘击穿的措施有：①安装前的绝缘检查。变压器安装之前，必须检查绝缘，核对使用条件是否符合制造厂的规定。②加强变压器的密封。不论变压器运输、存放、运行，其密封均应良好。为此，要结合检修，检查各部分的密封情况，必要时做检漏试验，防止潮气及水分进入。③彻底清理变压器内的杂物。变压器安装、检修时，要防止焊渣、铜丝、铁屑等杂物进入变压器内，并彻底清除变压器内的焊渣、铜丝、铁屑、油泥等杂物，用合格的变压器油彻底冲洗。④防止绝缘损坏。变压器检修吊罩、吊心时，应防止绝缘受损伤，特别是内部绝缘距离较为紧凑的变压器，勿使引线、绕组和支架损坏。⑤限制过电压值，防止因过电压引起绝缘击穿。

（2）预防铁心多点接地及短路。为预防铁心多点接地及短路，检查变压器时应测试下列项目：①测试铁心绝缘。通过测试，确定铁心是否有多点接地，如有多点接地，应查明原因，消除后才能投入运行。②测试穿心螺栓绝缘。穿心螺栓绝缘应良好，各部螺栓应紧固，防止螺栓掉下造成铁心短路。

（3）预防套管闪络爆炸。套管应保持清洁，防止积垢闪络；检查套管引出线端子发热情况，防止因接触不良或引线开焊过热引起套管爆炸。

（4）预防引线及分接开关事故。引线绝缘应完整无损，各引线焊接良好，若发现套管及分接开关的引线接头有缺陷应及时处理；要去掉裸露引线上的毛刺和尖角，防止运行中发生放电；安装、检修分接开关时，应认真检查，分接开关应清洁，触点弹簧应良好，接触紧密，分接开关引线螺栓应紧固无断裂。

（5）加强油务管理和监督。对油应定期做预防性试验和色谱分析，防止变压器油劣化变质；变压器油尽可能避免与空气接触。

除了从技术角度防止变压器发生火灾和爆炸外，还应从组织的角度做好变压器常规的防火防爆工作，其措施如下：

（1）加强变压器的运行监视。运行中应特别注意引线、套管、油位、油色的检查和油温、声音的监视，发现异常，要认真分析，正确处理。

（2）保证变压器的保护装置可靠运行。变压器运行时，全套保护装置应能可靠投入，所配保护装置应准确动作。保护用的直流电源应完好可靠，确保故障时，保护正确动作跳闸，防止事故扩大。

（3）保持变压器的良好通风。变压器的冷却通风装置应能可靠地投入和保持正常运行，以便保持变压器运行温度不超过规定值。

（4）设置事故蓄油坑。室内、室外变压器均应设置事故蓄油坑。蓄油坑应保持良好的状态，有足够的厚度和符合要求的卵石层。蓄油坑的排油管道应通畅，应能迅速将油排出（如排入事故总蓄油池），不得将油排入电缆沟。

（5）建防火隔墙或防火防爆建筑。室外变压器周围应设围墙或栅栏，若相邻间距太小，应建防火隔墙，以防火灾蔓延；室内变压器应安装在有耐火、防爆的建筑物内，并设有防爆铁门，室内一室一台变压器，且室内应通风散热良好。

（6）设置消防设备。大型变压器周围应设置适当的消防设备，如水雾灭火装置，室内可采用自动或遥控水雾灭火装置。

（二）电动机防火

1. 电动机起火的原因

电动机运行中起火有下述几种原因：

（1）电动机短路故障。电动机定子绕组发生相间、匝间短路或对地绝缘击穿，引起绝缘燃烧起火。

（2）电动机过负荷。电动机长期过负荷运行、被拖动机械负荷过大及机械卡住使电动机停转，引起的过电流造成定子绕组过热而起火。

（3）电源电压太低或太高。电动机起动时，若电源电压太低，则起动转矩小，使电动机起动时间长或不能起动，引起电动机定子电流增大，绕组过热而起火；运行中的电动机，若电源电压太低，电动机转矩变小而机械负荷不变，引起过电流，使绕组过热而起火；若电源电压大幅下降，会使运行中的电动机停转而烧毁；若电源电压过高，磁路高度饱和，励磁电流急剧上升，使铁心严重发热引起电动机起火。

（4）电动机运行中一相断线或一相熔断器熔断，造成缺相运行（即两相运行），引起定子绕组过负荷发热起火。

（5）电动机起动时间过长或短时间内连续多次起动，将使定子绕组温度急剧上升，引起绕组过热起火。

（6）电动机轴承润滑不足或润滑油脏污、轴承损坏卡住转子，导致定子电流增大，使定子绕组过热起火。

（7）电动机吸入纤维、粉尘而堵塞风道，热量不能排放，或转子与静子摩擦，引起绕组温度升高起火。

（8）接线端子接触电阻过大，电流通过产生高温，或接头松动产生电火花起火。

2. 电动机的防火措施

（1）根据电动机的工作环境，对电动机进行防潮、防腐、防尘、防爆，安装时要符合防火要求。

（2）电动机周围不得堆放杂物，电动机及其起动装置与可燃物之间应保持适当距离，以免引起火灾。

（3）检修后及停电超过 7 天的电动机，起动前应测量其绝缘电阻应合格，以防投入运行后，因绝缘受潮发生相间短路或对地击穿而烧坏电动机。

（4）电动机起动应严格执行规定的起动次数和起动间隔时间，尽量少起动，避免频繁起动，以免频繁起动使定子绕组热积累过热起火。

（5）加强运行监视。电动机运行时，应监视电动机的电流、电压不超过允许范围；电动机的温度、声音、振动、轴转动等正常，无焦臭味；电动机冷却系统应正常。

（6）发现缺相运行，应立即切断电源，防止电动机缺相运行，过负荷发热起火。

（三）油断路器防火防爆

1. 油断路器发生火灾、爆炸的主要原因

（1）油断路器的遮断容量不够，发生短路时，电弧不能及时熄灭，就会引起燃烧、爆炸。

（2）油断路器的油面过低或过高。若油断路器的油面过低，切断电弧时所产生的气体来不及冷却就冲出油面，在高温下与上层空气混合就会引起燃烧、爆炸。若油断路器的油面过高，油面上的空隙太小，当发生电弧时，油受热分解产生大量气体，但冲不出油面，会使油面上的气体压力急剧增大，而使油箱发生爆炸。

（3）油断路器的套管污垢或受潮，而使油断路器的相间空气被击穿，或相与地之间被击穿，发生闪络而引起油断路器燃烧、爆炸。

2. 防止油断路器火灾和爆炸的措施

（1）选用遮断容量与供电系统短路容量相适应的油断路器。

（2）油断路器的设计安装要符合国家标准。

（3）加强油断路器运行管理和检修工作。定期检查油断路器，监视油位指示器的油面在上下两条红刻线之间，不应过高或过低；定期做油断路器预防性试验，发现油老化、污秽或绝缘强度不够时，应及时更换；油断路器要定期进行检修，特别是多次短路故障后，要安排提前检修。

（4）结合电网设备改造，将油断路器逐步更换为真空断路器或 SF_6 断路器，消除火灾和爆炸隐患。

（四）油浸纸介质电容器的防火防爆

1. 油浸纸介质电容器发生火灾和爆炸的原因

油浸纸介质电容器的火灾危险一般都是由电容器爆炸引起的。油浸纸介质电容器最常见的故障是元件极间或对外壳绝缘的击穿，其原因大都是由于电容器真空度不高、不清洁、对地绝缘不良、运行环境温度过高等造成的。故障发展过程一般为先出现热击穿，逐步发展到电击穿。若电容器中具有单独熔断器保护时，则当某一元件极板间击穿时，其保护熔断器熔断将其切除，电容器仅减少一元件的电容量，不影响整个装置继续运行。若单个电容器元件不具有单独的熔断器保护时，尤其是对于多台并联运行的电容器，当发生电容器极板间击穿时，其他与之并联的各台电容器将一齐向故障电容器放电。通常这种放电能量与并联电容器的容量有关，其数值相当可观。在电弧和高温作用下，将产生大量的气体，使其压力急剧上升，最后电容器外壳崩破，爆炸起火，使事故扩大造成巨大损失。电容器爆炸事故一旦发生，一个电容器爆炸可能引起其余电容器的群爆，流油燃烧起火，进而使电容器室着火，影响其他电气设备的正常运行。

2. 防止电容器爆炸、火灾的措施

（1）完善电容器内部故障的保护，选用有熔断器保护的高低压电容器。对无熔断器保护的高压电容器应根据具体情况，采取下述四种内部故障的保护方式：①分组熔断器保护。②双星形接线的零序平衡保护。③双三角形接线的横差保护。④单三角形接线的零序电流保护。

（2）加强电容补偿装置的运行管理与维护，特别应强调定期清扫、巡视和检查；加强运行监视，监视电压、电流和环境温度不得超过制造厂的规定范围，发现电容器变形等故障应及时处理。

（3）电容器室应符合防火要求，严禁使用木板、油毛毡等易燃材料。当采用油质电容器时，电容器室建筑物的耐火等级要求是：额定电压为10kV以上的不低于二级，额定电压为10kV及以下的不低于三级。

（4）应备有防火设施。电容器室附近应备有砂箱、消防用铁铲及灭火器等消防设施。

（5）结合电网设备改造逐步淘汰油浸纸介质电容器，而采用塑膜式干式电容器，以防止产生电容器火灾。

（五）电力电缆的防火防爆

1. 电力电缆爆炸起火的原因

油纸绝缘电力电缆的绝缘层是由纸、油、麻、橡胶、塑料、沥青等各种可燃物质组成的，因此，电缆具有起火爆炸的可能性。导致电缆起火爆炸的原因如下：

（1）绝缘损坏引起短路故障。电力电缆的保护铅皮在敷设时被损坏或在运行中电缆绝缘受机械损伤，引起电缆相间或与铅皮间的绝缘击穿，产生的电弧使绝缘材料及电缆外保护层材料燃烧起火。

（2）电缆长时间过负荷运行。长时间的过负荷运行使电缆绝缘材料的运行温度超过正常发热的最高允许温度，使电缆的绝缘老化、干枯，这种绝缘老化干枯的现象，通常发生在整个电缆线路上。由于电缆绝缘老化、干枯，使绝缘材料失去或降低绝缘性能和机械性能，因而容易发生击穿着火燃烧，甚至沿电缆整个长度多处同时发生燃烧起火。

（3）油浸电缆因高度差发生淌、漏油。当油浸电缆敷设高度差较大时，可能发生电缆淌油现象。淌流的结果使电缆上部由于油的流失而干枯，使纸绝缘在热量作用下焦化而提前击穿。另外，由于上部的油向下淌，在上部电缆头处腾出空间并产生负压力，使电缆易于吸收潮气而使端部受潮；电缆下部由于油的积聚而产生很大的静压力，促使电缆头漏油。电缆受潮及漏油都增大了发生故障起火的几率。

（4）中间接头盒绝缘击穿。电缆中间接头盒的中间接头因压接不紧、焊接不牢或接头材料选择不当，运行中接头会氧化、发热、流胶；在做电缆中间接头时，灌注在中间接头盒内的绝缘剂质量不符合要求，灌注绝缘剂时，盒内存有气孔及电缆盒密封不良，损坏而漏入潮气。以上因素均能引起绝缘击穿，形成短路，使电缆爆炸起火。

（5）电缆头燃烧。由于电缆头表面受潮积污，电缆头瓷套管破裂及引出线相间距离过小，导致闪络着火，引起电缆头表层绝缘和引出线绝缘燃烧。

（6）外界火源和热源导致电缆火灾。如油系统的火灾蔓延，油断路器爆炸火灾的蔓延，炉制粉系统或输煤系统煤粉自燃、高温蒸汽管道的烘烤，酸碱的化学腐蚀，电焊火花及其他火种，都可使电缆产生火灾。

2. 电缆防火防爆措施

（1）选用满足热稳定要求的电缆。选用的电缆在正常情况下，能满足长期额定负荷的发热要求；在短路情况下，能满足短时热稳定，避免电缆过热起火。

（2）防止运行过负荷。电缆带负荷运行时，一般不超过额定负荷运行；若过负荷运行，应严格控制电缆的过负荷运行时间，以免过负荷发热使电缆起火。

（3）遵守电缆敷设的有关规定。电缆敷设时应尽量远离热源，避免与蒸汽管道平行或交叉布置；若平行或交叉，应保持规定好距离，并采取隔热措施，禁止电缆全线平行敷设在热管道的上边或下边。在有热管道的隧道或沟内，一般避免敷设电缆，如需敷设，应采取隔热措施。架空敷设的电缆，尤其是塑料、橡胶电缆，应有防止热管道等热影响的隔热措施。电缆敷设时，电缆之间、电缆与热力管道及其他管道之间，电缆与道路、铁路、建筑物等之间平行或交叉的距离应满足规程的规定。此外，电缆敷设应留有波余度，以防冬季电缆停止运行收缩产生过大拉力而损坏电缆绝缘；电缆转弯应保证最小的曲率半径，以防过度弯曲而损坏电缆绝缘。电缆隧道中应避免有接头，由于电缆接头是电缆中绝缘最薄弱的地方，接头处容易发生电缆短路故障；当必须在隧道中安装中间接头时，应用耐火隔板将其与其他电缆隔开。以上电缆敷设有关规定对防止电缆过热、绝缘损伤起火均起有效作用。

（4）定期巡视检查。对电力电缆应定期巡视检查，定期测量电缆沟中的空气温度和电缆温度，特别是应做好大容量电力电缆和电缆接头盒温度的记录，通过检查及时发现并处理缺陷。

（5）严密封闭电缆孔、洞和设置防火门及隔墙。为了防止电缆火灾，必须将所有穿越墙壁、楼板、竖井、电缆沟而进入控制室、电缆夹层、控制柜、仪表柜、开关柜等处的电缆孔洞进行严密封闭。对较长的电缆隧道及其分叉道口应设置防火隔墙及隔火门。在正常情况下，电缆沟或洞上的门应关闭。这样电缆一旦起火，可以隔离或限制燃烧范围，防止火势蔓延。

（6）剥去非直埋电缆外表黄麻外保护层。直埋电缆外表有一层浸沥青之类的黄麻保护层，对直埋地中的电缆有保护作用；当直埋电缆进入电缆沟、隧道、竖井中时，其外表浸沥青之类的黄麻保护层应剥去，以减小火灾扩大的危险。同时，电缆沟上面的盖板应盖好，且盖板应完整、坚固，电焊火渣不易掉入，减少发生电缆火灾的可能性。

（7）保持电缆隧道的清洁和适当通风。电缆隧道或沟道内应保持清洁，不许堆放垃圾和杂物，隧道及沟内的积水和积油应及时清除；在正常运行的情况下，电缆隧道和沟道应有适当的通风。

（8）保持电缆隧道或沟道有良好的照明。电缆层、电缆隧道或沟道内的照明经常保持良好状态，并对需要上下的隧道和沟道口备有专用的梯子，以便于运行检查和电缆火灾的扑救。

（9）防止火种进入电缆沟内。在电缆附近进行明火作业时，应采取一些措施，防止火种进入沟内。

（10）定期进行检修和试验。按规程规定及电缆运行的实际情况，对电缆应定期进行检修和试验，以便及时处理缺陷和发现潜伏故障，保证电缆安全运行和避免电缆火灾的发生。当进入电缆隧道或沟道内进行检修，试验工作时，应遵守《国家电网公司电力安全工作规程》的有关规定。

（六）低压电气的防火防爆

1. 低压配电屏和开关的防火措施

（1）低压配电屏（盘、柜、板）应采用耐火材料制成，木结构配电屏的盘面应铺设铁皮或涂防火漆等，户外配电屏应有防雨雪的措施。

（2）配电屏最好装在单独的房间内，并固定在干燥清洁的地方。

（3）配电屏上的设备应根据电压、负荷、用电场所和防火要求等选定。其电气设备应安装牢固，总开关和分路开关的容量应满足总负荷和各分路负载的需要。

（4）配电屏中的配线应采用绝缘线，破损导线要及时更换。敷线应连接可靠、排列整齐，尽量做到横平竖直、绑扎成束，且用线卡固定在板面上；尽量避免导线相互交叉，必须交叉时应加绝缘套管。

（5）要建立相应维修制度。定期测量配电屏线路的绝缘电阻，不合格时应予更换，或采取其他有关措施解决。

（6）配电屏金属支架及电气设备的金属外壳，必须实行可靠接地或接零保护。

2. 低压开关的防火措施

（1）选用开关应与环境的防火要求相适应，在有爆炸危险场所要采用防爆型开关，有化学腐蚀及火灾危险场所应用专门型的开关，否则应装在室外或其他合适的地方。

（2）刀开关应安装在耐热、不易燃烧的材料上。三相刀开关应远离易燃物，要防止其发热或拉合刀开关时产生火花引起燃烧。

（3）导线与开关接头处的连接要牢固，接触要良好，防止形成过大接触电阻而引起发热或火灾。

（4）容量较小的负荷可采用胶盖瓷底刀开关，潮湿、多尘等危险场所应用铁壳开关，容量较大的负荷要采用自动空气开关。

（5）开关的额定电压应与实际电源电压等级相符，额定电流要与负荷需要相适应，断流容量要满足系统短路容量的要求。

（6）自动空气开关运行中要常检查、勤清扫，防止开关触头发热、外壳积尘而引起闪络和爆炸；不论何种类型的低压开关，若有损坏时，均应及时更换；尤其对安装在环境条件不好场所的开关，更应加强维护、注意除尘和防潮。

（7）在中性点接地的低压配电系统中，单极开关一定要接在相线上，否则开关虽断，电气设备仍然带电，一旦相线接地，便有发生接地短路而引起火灾的危险。

（8）防爆开关在使用前必须将黄油擦除（出厂时为防止锈蚀而涂），然后再涂上机油。因黄油内所含水分等在电弧高温作用下会分解，极易引起爆炸。

3. 防止照明灯具引起火灾的措施

造成照明灯具火灾的主要原因是选型错误、使用不当、电灯线短路及接头冒火、周围环境有易燃或可燃物等。防止照明灯具起火的具体措施如下：

（1）正确选用合乎要求的灯具类型。在有火灾及爆炸危险场所应选择专用照明灯具，开启式照明灯具只能用于干燥、无腐蚀性和爆炸危险性气体的场所，在潮湿和有蒸汽环境应使用防潮型灯具，室外照明应安装防水型灯具。

（2）照明线路的导线及其敷设，应符合规定与实际照明负荷的需要；要防止混线短路，接头要少并连接可靠，且要用黑胶布包好，防止松动或过热产生火花，引起火灾。

（3）照明灯泡与可燃物之间应保持一定距离，在灯泡正下方不可存放可燃物，以防灯泡破碎时掉落火花引起燃烧；白炽灯泡的表面温度很高，高压水银荧光灯的表面温度与白炽灯相近，极易引发火灾。

（4）卤钨灯的石英管表面温度极高，1000W 的卤钨灯可达 500～800℃，故存放可燃、易燃物的库房不宜使用。

（5）要注意灯泡的散热通风，尤其是嵌入式照明灯具，切不可让散热孔堵塞，以免烤着周围可燃物引起火灾；对嵌入天花板内的灯具，其外壳周围应留有 10cm 以上的空间距离。

（6）使用 36V 的安全灯具时，其电源线必须有足够大的截面，否则会导致电线过热起火。这一点常易被疏忽，因同样功率的灯泡，电压越低时通过的电流就会越大。

（7）荧光灯和高压水银灯的镇流器不应安装在可燃性的建筑构件上，以免镇流器过热烤着可燃物；灯具应牢固地悬挂在规定的高度上，以防掉落或被碰落引着可燃物。

（8）更换防爆型灯具的灯泡时，不应换上比标明瓦数大的灯泡，更不可随意或临时用普通白炽灯泡代替。

（9）发现灯具及其配件有缺陷时应及时修理，切勿将就使用；各种灯具，尤其是大功率灯具，当不需要使用时，都应该随手关掉。

4. 防止电热器具引起火灾的措施

人们生活中常用的电热器具主要有电炉、烘箱、电熨斗、电烙铁、电饭锅及电热水器等。电热器具的电阻丝通常由镍铬合金制成，温度可达 800℃以上。由于电热器具的功率一般都较大，若使用不当，很容易引起火灾。其原因多为使用者粗心大意、器具内部有故障、通电后无人看管、电热器具附近有易燃或可燃物等。电热器具的主要防火措施如下：

（1）在有电热器具或设备的车间、班组等场所，应装设总电源开关和熔断器；大功率电热器具要使用单独的开关和熔断器，避免用电气插销，因其插拔时容易引起闪弧或短路。

（2）电热器具的导线的安全载流量一定要能满足电热器具的容量要求，且不可使用胶质线作为电源线。

（3）电热器具应放置在泥砖、石棉板等不可燃材料基座上，切不可直接放在桌子或台板上，以免烤燃起火，同时应远离易燃或可燃物；在有可燃气体、易燃液体蒸气和可燃粉尘等场所，均不应装设或使用电热器具。

（4）使用电热器具时必须有人看管，不可中途离开，必须离开时应先切断电源；对必须连续使用的电热器具，下班时也应指定专人看护及负责切断电源。

（5）日常应加强对电热器具的维护管理；使用前须检查是否完好，若发现其导线绝缘损坏、老化或开关、插销及熔断器不完整时，不准勉强使用，必须更换合格器件。

第三节　扑灭电气火灾

虽然采取了相应的措施，但电气火灾在所难免。火灾发生后，及时、正确地扑救可以有效地防止事态的扩大，减少事故损失。

一、一般灭火方法

从对燃烧的三要素的分析可知，只要阻止三要素并存或相互作用，就能阻止燃烧的发生。由此，灭火的方法可分为窒息灭火法、冷却灭火法、隔离灭火法和抑制灭火法等。

（1）窒息灭火法。阻止空气流入燃烧区或用不燃气体降低空气中的氧含量，使燃烧因助燃物含量过小而终止的方法称为窒息法。如用石棉布、浸湿的棉被等不燃或难燃物品覆盖燃烧物，或封闭孔洞；用惰性气体（CO_2、N_2 等）充入燃烧区降低氧含量等。

（2）冷却灭火法。冷却灭火法是将灭火剂喷洒在燃烧物上，降低可燃物的温度，使其温度低于燃点，而终止燃烧。如喷水灭火、“干冰”（固态 CO_2）灭火都是采用冷却可燃物达到灭火的目的。

（3）隔离灭火法。隔离灭火法是将燃烧物与附近的可燃物质隔离，或将火场附近的可燃物疏散，不使燃烧区蔓延，待已燃物质烧尽时，燃烧自行停止。如阻挡着火的可燃液体的流散，拆除与火区毗连的易燃建筑物构成防火隔离带等。

（4）抑制灭火法。前述三种方法的灭火剂，在灭火过程中不参与燃烧化学反应，均属物理灭火法。抑制灭火法是灭火剂参与燃烧的连锁反应，使燃烧中的游离基消失，形成稳定的物质分子，从而终止燃烧过程。

二、常用灭火器

根据灭火的基本原理和方法，可以制成不同类型、不同特点的灭火器。

1. 二氧化碳灭火器

使用二氧化碳灭火器时，液态二氧化碳从灭火器喷嘴喷出，迅速气化，由于强烈吸热作用，变成固体雪花状的二氧化碳，又称干冰，其温度为－78℃，固体二氧化碳又在燃烧物上迅速挥发，吸收燃烧物的热量，同时，使燃烧物与空气隔绝而达到灭火的目的。

二氧化碳灭火器主要适用于扑救贵重设备、档案资料、电气设备等，还适用于电压不超过 600V 时的带电灭火。其规格有 2、3、5kg 等多种。

使用时，因二氧化碳气体易使人窒息，人应该站在上风侧，手应握住灭火器手柄，防止干冰接触人体造成冻伤。

2. 干粉灭火器

干粉灭火器的灭火剂主要由钾或钠的碳酸盐类加入滑石粉、硅藻土等掺和而成，不导电。干粉灭火剂在火区覆盖燃烧物并受热产生二氧化碳和水蒸气，因其具有隔热吸热和阻隔空气的作用，故可使燃烧熄灭。

干粉灭火器适用于扑灭可燃气体、液体、油类、忌水物质（如电石等）及除旋转电机以外的其他电气设备的初起火灾。

使用干粉灭火器先打开保险，把喷管口对准火源，另一手紧握导杆提环，将顶针压下，干粉即喷出。扑救地面油火时，要平射左右摆动，由近及远，快速推进，同时应注意防止回火重燃。

3. 泡沫灭火器

泡沫灭火器的灭火剂利用硫酸或硫酸铝与碳酸氢钠作用放出二氧化碳的原理制成，其中加入甘草根汁等化学药品造成泡沫，浮在固体和比重大的液体燃烧物表面，隔热、隔氧，使燃烧停止。由于灭火剂中化学物质导电，故不适用于带电扑灭电气火灾，但切断电源后，可用于扑灭油类和一般固体物质的初起火灾。

灭火时，需将灭火器筒身颠倒过来，稍加摇动，两种药液即刻混合，喷射出泡沫，由喷嘴喷出。泡沫灭火器只能立着放置。

4. 卤代烷灭火器

由于环保要求，我国已明确提出，在2010年后禁止使用1211、1301灭火装置，替代品可选用七氟丙烷或三氟丙烷作为灭火剂的卤代烷灭火器。

5. 其他

水是一种最常用的灭火剂，具有很好的冷却效果。纯净的水不导电，但一般水中含有各种盐类物质，故具有良好的导电性。未采用防止人身触电的技术措施时，水不能用于带电灭火；但切断电源后，水却是一种廉价、有效的灭火剂。水不能对密度较小的油类物质灭火，以防油火飘浮水面使火灾蔓延。

干砂可覆盖燃烧物，吸热、降温并使燃烧物与空气隔离。其特别适用于扑灭油类和其他易燃液体的火灾，但禁止用于旋转电机灭火，以免损坏电机和轴承。

三、电气火灾的扑灭

从灭火角度看，电气火灾有两个显著特点：一是着火的电气设备可能带电，扑灭火灾时，若不注意可能发生触电事故；二是有些电气设备充有大量的油，如电力变压器、油断路器、电压互感器、电流互感器等，发生火灾时，可能发生喷油甚至爆炸，造成火势蔓延，扩大火灾范围。因此扑灭电气火灾必须根据其特点，采取适当措施进行扑救。

1. 切断电源

发生电气火灾时，首先设法切断着火部分的电源，切断电源时应注意下列事项：

（1）切断电源时应使用绝缘工具操作。因发生火灾后，开关设备可能受潮或被烟熏，其绝缘强度大大降低，因此，拉闸时应使用可靠的绝缘工具，防止操作中发生触电事故。

（2）切断电源的地点要选择得当，防止切断电源后影响灭火工作。

（3）要注意拉闸的顺序，以免引起弧光短路。对于高压设备，应先断开断路器后拉开隔离开关；对于低压设备，应先断开磁力启动器，后拉开闸刀。

（4）当剪断低压电源导线时，剪断位置应选在电源方向的支持绝缘子附近，以免断线线头下落造成触电伤人或发生接地短路；剪断非同相导线时，应在不同部位剪断，以免造成人为短路。

（5）如果线路带有负荷，应尽可能先切除负荷，再切断现场电源。

2. 断电灭火

在着火电气设备的电源切断后，扑灭电气火灾的注意事项如下：

（1）灭火人员应尽可能站在上风侧进行灭火。

（2）灭火时若发现有毒烟气（如电缆燃烧时），应戴防毒面具。

（3）若灭火过程中，灭火人员身上着火，应就地打滚或撕脱衣服，不得用灭火器直接向灭火人员身上喷射，可用湿麻袋或湿棉被覆盖在灭火人员身上。

（4）灭火过程中，应防止全厂（站）停电，以免给灭火带来困难。

（5）灭火过程中，应防止上部空间可燃物着火落下危害人身和设备安全。在屋顶上灭火时，要防止灭火人员坠落至附近“火海”中。

（6）室内着火时，切勿急于打开门窗，以防空气对流而加重火势。

3. 带电灭火

在来不及断电或由于生产或其他原因不允许断电的情况下，需要带电灭火。带电灭火的注意事项如下：

（1）根据火情适当选用灭火剂。由于未停电，应选用不导电的灭火剂。如手提灭火器使用的二氧化碳、四氯化碳或干粉等灭火剂都是不导电的，可直接用来带电喷射灭火。泡沫灭火器使用的灭火剂有一定的导电性，且对电气设备的绝缘有腐蚀作用，不宜用于带电灭火。

（2）采用喷雾水枪灭火。若用直流水枪灭火，通过水柱的泄漏电会威胁人身安全；而用喷雾水枪带电灭火时，通过水柱的泄漏电流较小，比较安全。

（3）灭火人员与带电体之间应保持必要的安全距离。用水灭火时，水枪喷嘴至带电体的距离为：110kV 及以下的不小于 3m，220kV 及以上的不小于 5m。用不导电灭火剂灭火时，喷嘴至带电体的最小距离为：10kV 的不小于 0.4m，35kV 的不小于 0.6m。

（4）对高空电气设备灭火时，人体位置与带电体之间的仰角不得超过 45°，以防导线断线危及灭火人员人身安全。

（5）若有带电导线落地，应划出一定的警戒区，防止跨步电压触电。

4. 充油电气设备灭火

绝缘油是可燃液体，受热气化还可能形成很大的压力造成充油设备爆炸。因此，充油设备着火有更大的危险性。

充油电气设备外部着火时，可用不导电灭火剂带电灭火。如果充油电气设备内部故障起火，则必须立即切断电源，用冷却灭火法和窒息灭火法使火焰熄灭。即使在火焰熄灭后，还应持续喷洒冷却剂，直到设备温度降至绝缘油闪点以下，防止高温使油气重燃造成重大事故。如果油箱已经爆裂，燃油外泄，可用泡沫灭火器或黄沙扑灭地面和蓄油池内的燃油，注意采取措施防止燃油蔓延。

发电机和电动机等旋转电机着火时，为防止轴和轴承变形，应使其慢慢转动，可用二氧化碳或蒸气灭火，也可用喷雾水灭火。用冷却剂灭火时注意使电机均匀冷却，但不宜用干粉、砂土灭火，以免损伤电气设备绝缘和轴承。

思考题

1. 什么是火灾？什么是爆炸？产生的条件是什么？
2. 引起电气火灾和爆炸的原因有哪些？应采取哪些防护措施？
3. 常用的灭火器有哪几种？可用于带电灭火的有哪些？
4. 电气火灾有何特点？
5. 带电灭火应遵循哪些安全规定？
6. 充油设备灭火应注意哪些问题？

客户事故调查与管理

为切实贯彻“安全第一，预防为主，综合治理”的方针，做到客户事故不出门、不扩大或不涉及电力系统，必须对客户事故进行必要的调查分析和统计，总结经验教训，研究事故规律，采取预防措施，以确保人身和电力系统及设备安全。

第一节　客　户　事　故

一、客户事故的常见类型

1. 客户事故引起的系统事故

客户内部发生的电气事故，引起了其他客户的停电或引起系统波动而造成大量减负荷，这种事故就是客户影响的系统事故。例如公用线路上的客户出了事故，越级将变电站（或发电厂）的馈线跳闸，造成了其他客户断电。

专线或公用线路客户，由于客户事故造成地区电压大幅度下降，使其他客户的大量用电设备受到影响而造成减产或中断生产，这时不论是否越级跳闸，均属于客户影响的系统事故。

专线供电客户，由于客户发生事故使变电站（或发电厂）的出线断路器跳闸，如果它没有影响其他客户，不能算作客户影响系统的事故，只能作为客户跳闸。

如果客户内部故障，客户进线断路器正确动作跳闸，但因供电线路的原因而扩大为系统事故时，不应算作客户影响系统的事故，而应该属于客户跳闸。

2. 客户全厂停电事故

客户内部事故造成本厂全厂停电而使生产停顿，这样的事故属于客户全厂停电事故。

双电源供电的客户，如果正常时为母线分段运行方式，其中一段母线因事故断电而另一段母线正常运行者不属全厂停电事故；如果另一路是保安电源，虽及时投入仍造成生产停顿的，应该作为全厂停电事故。

3. 重大设备事故

客户内部因使用、维护操作不当的原因造成一次受电的主要设备损坏（如主变压器、重要的高压电动机、变电站的高压变配电设备）的事故，称为重大设备事故。

4. 人身触电事故

人身触电伤亡事故是指客户的电气设备或用电线路因绝缘破坏或其他原因造成的人身触电伤亡。

5. 电气火灾事故

客户生产场所因电气设备或线路故障引起火灾，造成直接损失在 6000 元及以上者列为电气火灾事故。

二、客户事故性质

这里主要介绍人身伤亡事故等级（八级）和电网事故等级（八级）的分类。

（一）人身伤亡事故等级

1. 特别重大事故（一级人身伤亡事件）

一次事故造成30人以上死亡，或者100人以上重伤者。

2. 重大事故（二级人身伤亡事件）

一次事故造成10人以上30人以下死亡，或者50人以上100人以下重伤者。

3. 较大事故（三级人身伤亡事件）

一次事故造成3人以上10人以下死亡，或者10人以上50人以下重伤者。

4. 一般事故（四级人身伤亡事件）

一次事故造成3人以下死亡，或者10人以下重伤者。

5. 五级人身伤亡事件

无人员死亡和重伤，但造成重大影响的人员群体轻伤事件。

6. 六级人身伤亡事件

无人员死亡和重伤，但造成较大影响的人员群体轻伤事件。

7. 七级人身伤亡事件

无人员死亡和重伤，但造成3人以上群体轻伤事件。

8. 八级人身伤亡事件

无人员死亡和重伤，但造成1～2人轻伤。

（二）电网事故等级

1．特别重大事故（一级电网事件）

有下列情形之一者，为特别重大事故：

（1）造成区域性电网或者电网负荷20000兆瓦以上的省、自治区电网减供负荷30％以上者；

（2）造成电网负荷5000兆瓦以上20000兆瓦以下的省、自治区电网减供负荷40％以上者；

（3）造成直辖市电网减供负荷50％以上，或者60％以上供电客户停电者；

（4）造成电网负荷2000兆瓦以上的省、自治区人民政府所在地城市电网减供负荷60％以上，或者70％以上供电客户停电者。

2．重大事故（二级电网事件）

有下列情形之一者，为重大事故：

（1）造成区域性电网减供负荷10％以上30％以下者；

（2）造成电网负荷20000兆瓦以上的省、自治区电网减供负荷13％以上30％以下者；

（3）造成电网负荷5000兆瓦以上20000兆瓦以下的省、自治区电网减供负荷16％以上40％以下者；

（4）造成电网负荷1000兆瓦以上5000兆瓦以下的省、自治区电网减供负荷50％以上者；

（5）造成直辖市电网减供负荷20％以上50％以下，或者30％以上60％以下的供电客户停电者；

（6）造成电网负荷2000兆瓦以上的省、自治区人民政府所在地城市电网减供负荷40%以上60%以下，或者50%以上70%以下供电客户停电者；

（7）造成电网负荷2000兆瓦以下的省、自治区人民政府所在地城市电网减供负荷40%以上，或者50%以上供电客户停电者；

（8）造成电网负荷600兆瓦以上的其他设区的市电网减供负荷60%以上，或者70%以上供电客户停电者。

3. 较大事故（三级电网事件）

有下列情形之一者，为较大事故：

（1）造成区域性电网减供负荷7%以上10%以下者；

（2）造成电网负荷20000兆瓦以上的省、自治区电网减供负荷10%以上13%以下者；

（3）造成电网负荷5000兆瓦以上20000兆瓦以下的省、自治区电网减供负荷12%以上16%以下者；

（4）造成电网负荷1000兆瓦以上5000兆瓦以下的省、自治区电网减供负荷20%以上50%以下者；

（5）造成电网负荷1000兆瓦以下的省、自治区电网减供负荷40%以上者；

（6）造成直辖市电网减供负荷达到10%以上20%以下，或者15%以上30%以下供电客户停电者；

（7）造成省、自治区人民政府所在地城市电网减供负荷20%以上40%以下，或者30%以上50%以下供电客户停电者；

（8）造成电网负荷600兆瓦以上的其他设区的市电网减供负荷40%以上60%以下，或者50%以上70%以下供电客户停电者；

（9）造成电网负荷600兆瓦以下的其他设区的市电网减供负荷40%以上，或者50%以上供电客户停电者；

（10）造成电网负荷150兆瓦以上的县级市电网减供负荷60%以上，或者70%以上供电客户停电者；

（11）发电厂或者220千伏以上变电站因安全故障造成全厂（站）对外停电，导致周边电压监视控制点电压低于调度机构规定的电压曲线值20%并且持续时间30分钟以上，或者导致周边电压监视控制点电压低于调度机构规定的电压曲线值10%并且持续时间1小时以上者；

（12）发电机组因安全故障停止运行超过行业标准规定的大修时间两周，并导致电网减供负荷者。

4．一般事故（四级电网事件）

有下列情形之一者，为一般事故：

（1）造成区域性电网减供负荷4%以上7%以下者；

（2）造成电网负荷20000兆瓦以上的省、自治区电网减供负荷5%以上10%以下者；

（3）造成电网负荷5000兆瓦以上20000兆瓦以下的省、自治区电网减供负荷6%以上12%以下者；

（4）造成电网负荷1000兆瓦以上5000兆瓦以下的省、自治区电网减供负荷10%以上

20%以下者；

（5）造成电网负荷1000兆瓦以下的省、自治区电网减供负荷25%以上40%以下者；

（6）造成直辖市电网减供负荷5%以上10%以下，或者10%以上15%以下供电客户停电者；

（7）造成省、自治区人民政府所在地城市电网减供负荷10%以上20%以下，或者15%以上30%以下供电客户停电者；

（8）造成其他设区的市电网减供负荷20%以上40%以下，或者30%以上50%以下供电客户停电者；

（9）造成电网负荷150兆瓦以上的县级市电网减供负荷40%以上60%以下，或者50%以上70%以下供电客户停电者；

（10）造成电网负荷150兆瓦以下的县级市电网减供负荷40%以上，或者50%以上供电客户停电者；

（11）发电厂或者220千伏以上变电站因安全故障造成全厂（站）对外停电，导致周边电压监视控制点电压低于调度机构规定的电压曲线值5%以上10%以下并且持续时间2小时以上者；

（12）发电机组因安全故障停止运行超过行业标准规定的小修时间两周，并导致电网减供负荷者。

5. 五级电网事件

未构成四级以上电网事件，符合下列条件之一者定为五级电网事件：

（1）一次事件造成减供负荷100兆瓦以上者。

（2）220千伏以上电网非正常解列成三片以上，其中至少有三片每片内事件前供电能力超过100兆瓦。

（3）220千伏以上电网失去稳定。

（4）500千伏以上变电站全停。

（5）事故前实时运行方式为非单一线路供电的变电站内220千伏以上任一电压等级母线全停。

（6）220千伏以上系统中，一次事件造成同一输电断面两回线路跳闸（自动重合成功不计）、或同一变电站内两台以上主变或两条以上母线跳闸。

（7）±400千伏以上直流输电系统双极闭锁。

（8）220千伏以上系统中，开关失灵或继电保护、自动装置不正确动作致使越级跳闸。

（9）电网电能质量降低，造成下列后果之一者：

1）频率偏差超出以下数值：

装机容量在3000兆瓦以上电网，频率偏差超出50±0.2赫兹，延续时间30分钟以上；

装机容量在3000兆瓦以下电网，频率偏差超出50±0.5赫兹，延续时间30分钟以上。

2）220千伏以上电压监视控制点电压偏差超出±5%，延续时间超过2小时。

（10）一次事件风电脱网500兆瓦以上。

（11）由于供电原因引起重大公共安全事件。

（12）故障造成电网对电气化铁路（高铁）、机场停止供电。

（13）重大活动保电期间，保电场所发生停电。

6. 六级电网事件

未构成五级以上电网事件，符合下列条件之一者定为六级电网事件：

(1) 一次事件造成减供负荷30兆瓦以上者。

(2) 110千伏电网非正常解列。

(3) 事故前实时运行方式为单一线路供电的220千伏（含330千伏）变电站，或事故前实时运行方式为非单一线路供电35千伏变电站全停。

(4) 事故前实时运行方式为非单一线路供电的变电站内110千伏（含66千伏）母线全停。

(5) ±120千伏以上±400千伏以下直流输电系统双极闭锁。

(6) 电网安全水平降低，出现下列情况之一者：

1) 区域电网、省（自治区、直辖市）电网实时运行中的备用有功功率不能满足调度规定的备用要求；

2) 电网输电断面超稳定限额运行时间超过1小时；

3) 实时为联络线运行的220千伏以上线路、母线主保护非计划停运，造成无主保护运行（包括线路、母线陪停）；

4) 切机、切负荷、振荡解列、低频低压解列等安全自动装置非计划停用时间超过240小时；

5) 系统中发电机组AGC装置非计划停用时间超过72小时；

6) 地市供电公司以上调度自动化系统、通信系统失灵延误送电或影响事故处理。

(7) 电网电能质量降低，造成下列后果之一者：

1) 频率偏差超出以下数值：

装机容量在3000兆瓦以上电网，频率偏差超出50±0.2赫兹；

装机容量在3000兆瓦以下电网，频率偏差超出50±0.5赫兹。

2) 220千伏以上电压监视控制点电压偏差超出±5%，延续时间超过30分钟。

(8) 一次事件风机脱网200兆瓦以上。

(9) 故障造成电网对双回路以上供电的一类（重要、高危）客户停止供电。

7. 七级电网事件

未构成六级以上电网事件，符合下列条件之一者定为七级电网事件：

(1) 35千伏以上输变电设备异常运行或被迫停止运行后造成减供负荷者。

(2) 事故前实时运行方式为非单一线路供电的10千伏（含20千伏）配电站全停。

(3) 变电站内35千伏以上任一电压等级母线全停，或220千伏以上单一母线非计划停运。

(4) 直流输电系统单极闭锁。

(5) 110千伏（含66千伏）线路、变压器等主设备无主保护运行。

8. 八级电网事件

未构成七级以上电网事件，符合下列条件之一者定为八级电网事件：

(1) 10千伏（含20千伏、6千伏）供电设备（包括母线、直配线）异常运行或被迫停运引起对客户少送电。

(2) 直流输电系统被迫降功率、降压运行。

三、发生客户事故的原因

（一）思想问题

（1）安全管理不严。企业领导干部，特别是主管生产的领导干部没有认真坚持“安全第一，预防为主”的方针，在安全管理工作上存在严重偏差，没有切实抓好职工的安全教育和安全培训，没有真正落实各级人员安全责任制和各项安全措施，没有健全的安全监察机构，甚至有的领导带头违反规程，对不安全问题的解决不得力，对事故没有坚持“四不放过”的原则，对本单位发生的事故长期不报，隐瞒事实。

（2）人员素质低。除领导对安全重视不够外，职工缺乏高度的事业心和强烈的责任感，缺乏良好的安全意识和娴熟的职业技能，缺乏遵章守纪和严肃认真、一丝不苟的工作作风，违章不听忠告，违章不听劝告，甚至蛮干，自我保护能力差。

由于思想问题导致的违章操作主要表现：

（1）不办理工作票或不看运行图、运行记录，不检查设备情况，而开出错误操作票。

（2）不按操作票命令，违章或漏项操作，如不模拟操作，监护人和操作人同时操作，不唱票、不复诵、不核对设备编号操作，擅自解除闭锁操作等。

（3）安全措施、安全监督不到位，如不先验电而装设接地线或合接地开关。

（4）高空作业不系安全带，又不听人劝告。

（5）开工时不交代安全注意事项，收工不检查设备运行状态。

（6）在运行设备上违章清理和检修或违章跨越运行设备。

（二）设备问题

（1）未定期检修或检修质量差。规程规定电力生产设备都应定期检修。不定期检修消除缺陷，会因设备潜伏的缺陷引发事故。若检修不注意质量，不符合检验标准，则检修后投入运行很可能达不到预期运行时间和效果或发生事故。

（2）继电保护误动或拒动。继电保护三误（误碰、误整定、误接线）是造成继电保护误动或拒动事故的根本原因。误接线时，在故障情况下，保护该动作而不动作，故障不能切除而造成设备损坏或扩大事故；误碰、误整定造成继电保护误动而引起事故。所以继电保护工作是一项认真、细致、责任心很强的工作，来不得半点马虎。

第二节 事故调查及分析

一、事故调查分析的目的和任务

事故调查分析的目的主要是为了弄清事故情况，从思想、管理和技术等方面查明事故原因，分清事故责任，提出有效的改进措施，从中吸取教训，防止类似事故的重复发生。

事故调查分析的主要任务：

（1）查清事故发生经过，即通过现场留下的痕迹及空间环境的变化，对事故见证人及受伤者的询问、对有关现象的仔细观察以及进行必要的科学实验等方式或手段来弄清事故发生的前后经过，并用简短的文字准确地表达出来。

（2）找出事故原因，即从人的因素、管理因素、环境因素以及机器设备本身的安全因素等方面进行综合分析，找出事故发生的直接原因和间接原因。找出事故原因是事故调查分析的中心任务。

（3）分清事故责任，即通过事故调查，划清与事故事实有关的法律责任，并对有关责任者提出处理建议，包括行政处分、经济处罚，构成犯罪的，由司法机关依法追究其刑事责任。

（4）吸取事故教训，提出预防措施，防止类似事故的重复发生。这是事故调查分析的最终目的。

二、调查组的组成、成员的条件及其职责和权限

1. 调查组的组成

根据国务院 75 号令《企业职工伤亡事故报告和处理规定》（简称国务院 75 号令）第二章第九条和第十条的规定，事故调查组的组成应符合下列要求：

（1）对于轻伤、重伤事故，由企业负责人或其指定人员组织生产、技术、安全等有关人员以及工会成员参加的事故调查组，进行调查。

（2）对于死亡事故，由企业主管部门和企业所在地的市劳动部门、公安部门、工会组成事故调查组，进行调查。

（3）对于重大死亡事故，按照企业的隶属关系由省、自治区、直辖市企业主管部门或者国务院有关主管部门会同同级劳动部门、公安部门、监察部门、工会组成事故调查组，进行调查。第（2）、（3）两类的事故调查组应当邀请人民检察院派人员参加，还可邀请其他部门的人员和有关专家参加。

2. 调查组成员的条件

根据国务院 75 号令第三章第十一条的规定，事故调查组成员应符合下列条件：

（1）具有事故调查所需要的某一方面的专长。

（2）与所发生的事故没有直接的利害关系。

事故调查人员是代表国家政府部门或管理部门从事事故的调查处理工作，其言行和结论体现着国家劳动安全卫生法规的严肃性，因此，除国务院 75 号令规定的上述两方面条件外，还应具备下列基本素质：

（1）高度的责任感。工作认真负责，排除一切干扰，科学、认真、公正地进行事故调查。

（2）高尚的职业道德。事故调查时，必须公正、平等地对待有关事故责任者和事故肇事者，决不能假公济私或以私损公。

（3）良好的组织能力。善于同有关人员建立联系，争取有关人员的积极配合，适时调控事故肇事者及事故责任者的情绪，协调他们的行动，并在遇到紧急情况时，能当机立断作出有关决定。

（4）有较强的分析能力和判断能力。在事故调查过程中，要求调查人员在短时间内分析大量错综复杂的信息，并迅速作出判断和决定。因此，要求调查人员具有敏捷活跃的思维能力和分析判断能力，能对大量的事实和有关的信息进行概括和归纳，找出它们之间的相互联系及事故发生的前因后果的关系。

（5）具有广博的知识和丰富的经验。任何一起事故涉及的原因是多方面的，因而要求调查人员的知识面要广并具有丰富的实践经验。事故调查人员不仅要懂得安全管理知识和安全工程知识，而且要懂得各种社会科学和自然科学的一般知识；针对某一具体事故，还应对与事故有关的生产工艺流程和技术问题有所了解。只有这样，才能全面完整地对事故进行调查和分析。

3. 调查组的职责和权限

根据国务院75号令第三章第十二条的规定，事故调查组的职责如下：

（1）查明事故发生原因、过程和人员伤亡、经济损失情况。

（2）确定事故责任者。

（3）提出事故处理意见和防范措施的建议。

（4）写出事故调查报告。

根据国务院75号令第二章第十三条和第十五条的规定，事故调查组权限如下：

（1）事故调查组有权向发生事故的企业和有关单位、有关人员了解有关情况和索取有关资料，任何单位和个人不得拒绝。

（2）任何单位和个人不得阻碍、干涉事故调查组的正常工作。

此外，第三章第十四条还规定：事故调查组在查明事故情况后，如果对事故的分析和事故责任者的处理不能取得一致意见，劳动部门有权提出结论性的意见；如果仍有不同意见，应报上级劳动部门和有关部门处理；仍不能达成一致意见的，报同级人民政府裁决，但不得超过事故处理工作的时限。

三、事故调查程序

伤亡事故的调查是一项法律性、政策性、技术性和科学性很强的工作，在调查过程中，必须按照科学、合理的程序进行。这些程序主要包括伤员抢救与现场保护，各种资料及证明材料的搜集，事故现场摄影，事故图的绘制，事故原因的分析，事故责任的分析，写出事故调查报告等。下面介绍具体程序。

1. 伤员抢救与现场保护

事故发生之后，首先要做的工作是立即抢救伤员，疏散有关人员，并迅速采取措施防止事故蔓延扩大。同时，要认真保护好事故现场，不得破坏与事故有关的物体、状态及痕迹等。因抢救伤员和防止事故的扩大需要移动现场某些物件时，需做出标示，拍照，详细记录和绘制事故现场图。死亡事故现场还需经过当地劳动公安部门的同意，才能清理。

2. 搜集有关资料及证明材料

调查工作开始后，首先要搜集与事故有关的各种资料和证明材料，包括物证的搜集、事故事实材料及证人材料的搜集等。

（1）物证搜集。事故调查获取的第一手资料是事故现场所留下的各种物证，如遭破坏的部件、碎片，各种残留及其所处的位置等。现场所搜集到的各种物证均应贴上注有时间、地点、使用者及管理者等内容的标签。所有物证均应保持原样，不得冲洗与擦拭。需要对有害健康的危险物品采取安全防护措施时，也应在不损坏原始证据的条件下进行，确保各种现场物证的完整性和真实性。

（2）事故事实材料的搜集。在获取现场物证后，应对事故发生前的有关事实及有利于事故鉴别和分析事故的各种材料进行搜集。

事故发生前的有关事实包括事故发生前各种设备及设施的性能、质量及运行状况，使用的材料（必要时进行性能分析和试验），设计和工艺方面的技术文件，各种规章制度、操作规程等的建立和执行情况，工作环境状况（必要时可取样分析），个人防护措施状况及出事前受害者或肇事者的健康状况等。

有利于事故鉴别和分析的材料包括事故发生的时间、地点、单位，受害人和肇事者的姓名、性别、年龄、文化程度、技术水平、工龄及从事本工种的时间等，受害者及肇事者接受安全教育的情况，受害者及肇事者过去的事故记录，事故当天受害者及肇事者的开始工作时间、工作内容、工作量、作业程序和动作以及作业时的情绪和精神状态等。

3. 证人材料的搜集

在获取物证及事实材料后，应尽快找到事故的目击者和有关人员搜集证明材料。可以通过交谈、访问及询问等方式来获取证人材料，但在询问时应避免提一些具有诱导性的问题。此外，还应通过多方调查，前后对比等对证人口述材料的真实程度进行认真考证。

4. 事故现场摄影

对于一些不能较长时间保留、有可能被消除或被践踏的证据，如各种残骸、受害者原始存息地、各种痕迹、事故现场全貌等，应利用摄影或录像等手段记录下来，为随后的事故调查和分析提供原始和真实的信息。

5. 事故图的绘制

为了直观地反映事故的情况，还应将事故的有关情况绘制出来，如事故现场示意图、流程图、受害者位置图等。

6. 事故原因的分析

首先，要认真整理和研究调查材料，要如实反映客观情况，切忌主观臆断。在经过反复鉴别的基础上，按照 GB/T 6441—1986《企业职工伤亡事故分类》规定的以下内容进行分析：①受伤部位；②受伤性质；③起因物；④致害物；⑤伤害方式；⑥不安全状态；⑦不安全行为。

在分析事故原因时，应从直接原因（指直接导致事故发生的原因）入手，即从机械、物质或环境的不安全状态和人的不安全行为入手。确定导致事故的直接原因后，逐步深入到间接原因方面（指直接原因得以产生和存在的原因，一般可以理解为管理上的原因）进行分析，找出事故的主要原因，从而掌握事故的全部原因，分清主次，进行事故责任分析。事故间接原因主要按以下方面分析：

（1）技术上和设计上有缺陷，如工业构件、建筑物、机械设备、仪器仪表、工艺过程、操作方法、维修检验等的设计，施工和材料使用存在的问题。

（2）教育培训不够或未经培训，缺乏或不懂安全操作知识。

（3）劳动组织不合理。

（4）对现场工作缺乏检查或指导错误。

（5）没有安全操作规程或不健全。

（6）没有或不认真实施防范措施，对事故隐患整改不力。

（7）其他。

7. 事故责任的分析

必须以严肃认真的态度对待事故责任分析。要根据事故调查所确认的事实，通过对直接原因和间接原因的分析，确定事故的直接责任者和领导责任者。然后在此基础上，在直接责任者和领导责任者中，根据其在事故发生过程中的作用，确定事故的主要责任者。最后，根据事故后果和责任者应负的责任提出处理意见和防范措施建议。

8. 写出事故调查报告

调查组在完成上述工作后，应就所调查的内容写出书面的事故调查报告。报告应包括事故经过、基本事实、原因分析、结论意见、责任分析、处理意见、防范措施等基本内容。

四、安全考核计算方法

1. 有关人身安全考核项目的计算办法

$$人身重伤率（\%）=\frac{列入统计的重伤人数}{年平均职工人数}\times 100\%$$

$$触电死亡率=\frac{客户触电死亡人数}{年售电量}\ [人/(10亿\,\text{kW}\cdot\text{h}\cdot年)]$$

2. 有关供电设备安全考核项目的计算办法

$$输电事故率\ [次/(100\text{km}\cdot年)]=\frac{列入统计的输电线路事故次数}{输电线路总长度}$$

$$变电事故率\ [次/(台\cdot年)]=\frac{统计的变电事故次数}{主变压器（调相机）总台数}$$

$$10\text{kV}供电可靠率=\left(1-\frac{客户平均停电时间}{统计期间时间}\right)\times 100\%$$

3. 有关管理考核项目的计算方法

客户继电保护校验率的计算办法

$$校验率=\frac{实校保护套数}{应校保护套数}\times 100\%$$

客户电气设备预防性试验完成率的计算办法

$$完成率=\frac{实试设备台数}{应试设备台数}\times 100\%$$

客户档案建档率的计算办法

$$建档率=\frac{已建档用户数}{管理用户总数}\times 100\%$$

客户不定期安全检查完成率的计算办法

$$定检完成率=\frac{实际检查客户次数}{应检查用户次数}\times 100\%$$

客户电工培训考核率的计算办法

$$考核率=\frac{实际培训考核电工人数}{应参加培训考核电工人数}\times 100\%$$

思考题

1. 客户事故常见的类型有哪些？
2. 发生事故的原因有哪些？
3. 事故调查分析的主要任务有哪些？
4. 事故调查程序有哪些？

附录A　发电厂（变电站）第一种工作票格式

发电厂（变电站）第一种工作票　第____号

1. 工作负责人（监护人）：____________________班组：____________________
2. 工作班人员：____________________共____________________人
3. 工作内容和工作地点：____

____
4. 计划工作时间：　自____年____月____日____时____分

　　　　　　　　　至____年____月____日____时____分
5. 安全措施：

下列由工作票签发人填写　　　　　　下列由工作许可人（值班员）填写

应拉断的断路器和隔离开关，包括填写前已拉断的断路器和隔离开关（注明编号）	已拉断的断路器和隔离开关（注明编号）
应装的接地线（注明确实地点）	已装的接地线（注明接地线编号和装设地点）
应设的遮栏、应挂的标示牌	已设的遮栏、已挂的标示牌（注明地点）
工作票签发人签名： 收到工作票时间：　　年　月　日　时　分 值班负责人签名：	工作许可人签名： 值班负责人签名：

［发电厂（变电站）值长签名：　　　］

6. 许可开始工作时间：________年________月________日________时________分

　工作许可人签名：________　工作负责人签名：________
7. 工作负责人变动：

　原工作负责人________离去，变更____________为工作负责人。

　变动时间：________年________月________日________时________分

　工作票签发人签名：____________
8. 工作票延期，有效期延长到：________年________月________日________时________分

　工作负责人签名：________　值长或值班负责人签名：________
9. 工作终结：

　工作班人员已全部撤离，现场已清理完毕。

　全部工作于________年________月________日________时________分结束。

　工作负责人签名：________　工作许可人签名：________

　接地线共____________组已拆除。

值班负责人签名：________

10. 备注：____

____

____

____

附录B 发电厂(变电站)第二种工作票格式

发电厂(变电站)第二种工作票

编号:

1. 工作负责人(监护人):________班组________
   工作班人员:________
2. 工作任务:________________
3. 计划工作时间:自____年____月____日____时____分
   至____年____月____日____时____分
4. 工作条件(停电或不停电):________________
5. 注意事项(安全措施):________________

工作票签发人签名:________

6. 许可开始工作时间:____年____月____日____时____分
   工作许可人(值班员)签名:________工作负责人签名:________
7. 工作结束时间:____年____月____日____时____分
   工作负责人签名:________工作许可人(值班员)签名:________
8. 备注:________________

附录C　倒闸操作票格式

发电厂（变电站）倒闸操作票

编号：

<table>
<tr><td colspan="3">操作开始时间：　　年　月　日　时　分　　终了时间：　日　时　分</td></tr>
<tr><td colspan="3">操作任务：</td></tr>
<tr><td>√</td><td>顺序</td><td>操作项目</td></tr>
<tr><td></td><td></td><td></td></tr>
<tr><td></td><td></td><td></td></tr>
<tr><td></td><td></td><td></td></tr>
<tr><td></td><td></td><td></td></tr>
<tr><td></td><td></td><td></td></tr>
<tr><td></td><td></td><td></td></tr>
<tr><td></td><td></td><td></td></tr>
<tr><td></td><td></td><td></td></tr>
<tr><td></td><td></td><td></td></tr>
<tr><td></td><td></td><td></td></tr>
<tr><td></td><td></td><td></td></tr>
<tr><td></td><td></td><td></td></tr>
<tr><td></td><td></td><td></td></tr>
<tr><td></td><td></td><td></td></tr>
<tr><td></td><td></td><td></td></tr>
<tr><td></td><td></td><td></td></tr>
<tr><td></td><td></td><td></td></tr>
<tr><td></td><td></td><td></td></tr>
<tr><td></td><td></td><td></td></tr>
<tr><td colspan="3">备注：</td></tr>
</table>

操作人：　　监护人：　　值班负责人：　　值长：

参 考 文 献

[1] 李建明，朱康．高压电气设备试验方法．北京：中国电力出版社，2005.

[2] 沈其工，等．高电压技术．4版．北京：中国电力出版社，2011.

[3] 屠志健，张一尘．电气绝缘与过电压．2版．北京：中国电力出版社，2010.

[4] 李珞新，余建华．用电管理手册．北京：中国电力出版社，2006.

[5] 洪雪燕，林建军，王富勇．安全用电．2版．北京：中国电力出版社，2008.

[6] 国家电力公司发输电运营部．用电检查实用手册．北京：中国电力出版社，2001.

[7] 常美生．高电压技术．3版．北京：中国电力出版社，2012.

[8] 潘龙德. 电业安全（发电厂和变电站电气部分）．北京：中国电力出版社，2002.

[9] 王孔良，李珞新．用电管理．2版．北京：中国电力出版社，2002.

[10] 蓝小萌．电业安全．2版．北京：中国电力出版社，2007.

[11] 苏景军，薛婉瑜．安全用电．北京：中国水利水电出版社，2004.

[12] 陈淑芳．剩余电流动作保护装置安装与运行．北京：中国水利水电出版社，2006.

[13] 曾小春．安全用电．2版．北京：中国电力出版社，2007.

[14] 国家电网公司人力资源部．用电检查．北京：中国电力出版社，2010.

[15] 国家电网公司．国家电网电力安全工作规程（变电部分）．北京：中国电力出版社，2009.

[16] 国家电网公司人力资源部．电力安全生产及防护．北京：中国电力出版社，2010.